科技部科技基础性工作专项资助
项目名称：青藏高原低涡、切变线年鉴的研编
项目编号：2006FY220300

青藏高原低涡切变线年鉴 2001

李跃清 郁淑华 彭 骏 顾清源 张虹娇 徐会明 高文良 屠妮妮 肖递祥 编著

科学出版社
北 京

内 容 简 介

青藏高原低涡、切变线是影响我国灾害性天气的重要天气系统。本书根据对2001年高原低涡、切变线的系统分析，得出该年高原低涡、切变线的编号，名称，日期对照表，概况，影响简表，影响地区分布表，中心位置资料表及活动路径图，高原低涡、切变线移出高原的影响系统；计算得出该年高原低涡、切变线影响降水的各次高原低涡、切变线过程的总降水量图、总降水日数图。

本书可供气象、水文、水利、农业、林业、环保、航空、军事、地质、国土、民政、高原山地等方面的科技人员参考，也可作为相关专业教师、研究生、本科生的基本资料。

审图号：GS(2007)1573号

图书在版编目(CIP)数据

青藏高原低涡切变线年鉴. 2001/李跃清等编著. 北京：科学出版社，2010

ISBN 978-7-03-026183-0

Ⅰ. 青… Ⅱ. 李… Ⅲ. 青藏高原-灾害性天气-天气分析-2001-年鉴 Ⅳ. P44-54

中国版本图书馆CIP数据核字(2009)第224119号

责任编辑：罗 吉

责任校对：陈玉凤 / 责任印制：钱玉芬

科学出版社 出版

北京东黄城根北街16号

邮政编码：100717

http://www.sciencep.com

北京佳信达欣艺术印刷有限公司 印刷

科学出版社编务公司排版制作

科学出版社发行 各地新华书店经销

*

2010年1月第 一 版 开本：A4（880×1230）

2010年1月第一次印刷 印张：13

印数：1—1 400 字数：600 000

定价：380.00元

（如有印装质量问题，我社负责调换）

前　言

高原低涡、切变线是青藏高原上生成的特有的天气系统，其发生、发展和移动的过程中，常常伴随有暴雨、洪涝等气象灾害。我国夏季多发暴雨洪涝、泥石流滑坡灾害，在很大程度上与高原低涡、切变线东移出青藏高原密切相关。高原低涡、切变线的活动不仅影响青藏高原地区，而且还东移影响我国青藏高原以东下游广大地区。高原低涡、切变线是影响我国的主要灾害性天气系统之一。

建国以来，随着青藏高原观测站网的建立，卫星资料的应用，以及我国第一、第二次青藏高原大气科学试验的开展，关于高原低涡、切变线的科研工作也取得了一定的成绩，使我国高原低涡、切变线的科学研究、业务预报水平不断提高，为防灾减灾、公共安全做出了很大的贡献。

为了进一步适应农业、工业、国防和科学技术现代化的需要，满足广大气象台（站）及科研、教学、国防、经济建设等部门的要求，更好地掌握高原低涡、切变线的活动规律，系统地认识高原低涡、切变线发生、发展的基本特征，提高科学研究水平和预报技术能力，做好主要气象灾害的防御工作，在国家科技部的支持下，由中国气象局成都高原气象研究所负责，四川省气象台参加，组织人员，开展了青藏高原低涡、切变线年鉴的研编工作。

经过项目组的共同努力，以及有关省、市、自治区气象局的大力协助，高原低涡、切变线年鉴顺利完成。并且，它的整编出版，将为我国青藏高原低涡、切变线研究和应用提供基础性保障，推动我国灾害性天气研究与业务的深入发展，发挥对国家经济繁荣、社会进步、公共安全的气象支撑作用。

本年鉴由中国气象局成都高原气象研究所李跃清、郁淑华、彭骏、张虹娇、高文良、屠妮妮和四川省气象台顾清源、徐会明、肖递祥等完成。

《青藏高原低涡、切变线年鉴（2001）》的内容主要包括高原低涡、切变线概况、路径、东移出青藏高原的影响系统以及高原低涡、切变线引起的降水等资料图表。

Foreword

The Tibetan Plateau Vortex (TPV) and Shear Line (SL) are unique weather systems generated over The Qinghai-Xizang Plateau. The rain storms, floods and other meteorological disasters usually occur during the generation, development and movement of the TPV. In China, the regular happening mud-rock flow and land-slip disaster in summer has close relationship with the TPV which moved out of the Plateau. The movements of the TPV and SL not only influence the Qinghai-Xizang Plateau region, but also influence the east vast region of the Plateau. The TPV and SL are two of the most disastrous weather systems that influence China.

After the foundation of P.R.China, the researches on TPV and SL and the operational prediction works have gotten obvious achievements along with the establishment of the observatory station net, the applying of the satellite data, and the development of The First and The Second Tibetan Plateau Experiment of Atmospheric Sciences. All these have great contributions to preventing and reducing the happening of the weather disaster and the pubic safety.

In order to safisty the modernization demands of the agriculture, industry, national defence and scientific technology, and to meet the requirements of the vast meteorological stations, colleges, national defence administrations and economic bureaus, the Chengdu Institute of Plateau Meteorology did the researches on the yearbook of vortex and shear over Qinghai-Xizang Plateau under the support from the Ministry of Science and Technology of P.R.China. Also,this task is achieved with the helps from the researchers in Sichuan Provincial Meteorology Station. This task improves the understanding of the characteristics of the moving TPV and SL, get thorough recognition of the generation and development of TPV and SL, and improve abilities of the research works and operational predictions to prevent the meteorological disasters.

With the research group's efforts and the great support from related meteorclogical bureaus of provinces, autonomous region and cities, the TPV and SL yearbook completed successfully. The yearbook offers a basic summary to TPV and SL research works, improves the catastrophic weather research and operational prediction.Also, it is useful to the economy glory, advance of society and public safety.

The TPV and SL yearbook is accomplished by Li Yueqing, Yu Shuhua, Peng Jun, Zhang Hongjiao, Gao Wenliang and Tu Nini from Chengdu Institute of Plateau Meteorology, Gu Qingyuan, Xu Huiming and Xiao Dixiarg from Sichuan Provincial Meteorology Station.

The TPV and SL yearbook is mainly composed of figures and charts of survey, tracks, weather systems that move out of the Plateau Vortex and influenced rainfall of TPV and SL.

■说　明

本年鉴主要整编青藏高原上生成的低涡、切变线的位置、路径及青藏高原低涡、切变线引起的降水量、降水日数等基本资料。分为两大部分，即高原低涡和高原切变线。

高原低涡指500hPa等压面上反映的生成于青藏高原，有闭合等高线的低压或有三个站风向呈气旋式环流的低涡。

高原切变线指500hPa等压面上反映在青藏高原上，温度梯度小、三站风向对吹的辐合线或二站风向对吹的辐合线长度大于5个经/纬距。

冬半年指1～4月和11～12月，夏半年指5~10月。

本年鉴所用时间一律为北京时。

高原低涡

●高原低涡概况

高原低涡移出高原是指低涡中心移出海拔高度≥3000m的青藏高原区域。

高原低涡移出几率指某月移出高原的高原低涡个数与该年高原低涡个数之比。

高原低涡月移出率指某月移出高原的高原低涡个数与该年移出高原的高原低涡个数之比。

高原东（西）部低涡移出几率指某月移出高原的高原东（西）部低涡个数与该年高原东（西）部低涡个数之比。

高原东（西）部低涡月移出率指某月移出高原的高原东（西）部低涡个数与该年移出高原的高原东（西）部低涡个数之比。

高原东、西部低涡指低涡中心位置分别在92.5°E东、西。

高原低涡中心位势高度最小值频率分布指按各时次低涡500hPa等压面上位势高度（单位为位势什米）最小值统计的频率分布。

●高原低涡中心位置资料表

“中心强度”指在500hPa等压面上低涡中心位势高度，单位为位势什米。

●高原低涡纪要表

“生成点”指高原低涡活动路径的起始点，因资料所限，故此点不一定是真正的源地。

高原低涡活动的生成点、移出高原的地点，一般正确到县、市。

“转向”指路径总的趋向由偏东方向移动转为偏西方向移动。

“内折向”指高原低涡在青藏高原区域内转向，“外转向”指高原低涡在青藏高原区域以东转向。

●高原低涡降水

高原低涡和其他天气系统共同造成的降水，仍列入整编。

“总降水量图”指一次高原低涡活动过程中在我国引起的降水总量分布图。一般按0.1、10、25、50、100mm等级，以色标示出，绘出降水区外廓线，一般标注其最大的总降水量数值。

“总降水日数图”指一次高原低涡活动过程中在我国引起的降水总量≥0.1mm的降水日数区域分布图。

高原切变线

●高原切变线概况

高原切变线移出高原是指切变线中点移出海拔高度≥3000m的青藏高原区域。

高原切变线移出几率指某月移出高原的高原切变线个数与该年高原切变线个数之比。

高原切变线月移出率指某月移出高原的高原切变线个数与该年移出高原的高原切变线个数之比。

高原东（西）部切变线移出几率指某月移出高原的高原东（西）部切变线个数与该年高原东（西）部切变线个数之比。

高原东（西）部切变线月移出率指某月移出高原的高原东（西）部切变线个数与该年移出高原的高原东（西）部切变线个数之比。

高原东、西部切变线指切变线中点位置分别在92.5°E东、西。

高原切变线两侧最大风速频率分布指按各时次分别在切变线附近的南、北侧最大风速统计的频率分布。

●高原切变线位置资料表

高原切变线位置一般以起点、中点、终点的经/纬度位置表示。

“拐点”指高原切变线上东、西或北、南二段的切线的夹角≥30°的切变线上弯曲点。

●高原切变线纪要表

“生成位置”指高原切变线活动路径的起始位置，因资料所限，故此位置不一定是真正的源地。

高原切变线活动的生成位置、移出高原的位置，一般精确到县、市。

“移向”以高原切变线中点连线的趋向。“多次折向”指路径由出现在2次以上偏东方向移动转为偏西方向移动。

“内向反”指高原切变线在青藏高原区域内由偏东方向移动转为偏西方向移动。

“外向反”指高原切变线在青藏高原区域以东由偏东方向移动转为偏西方向移动。

●高原切变线降水

高原切变线和其他天气系统共同造成的降水，仍列入整编。

“总降水量图”指一次高原切变线过程中在我国引起的降水总量分布图。一般按0.1、10、25、50、100mm等级，以色标示出，绘出降水区外廓线，一般标注其最大的总降水量数值。

“总降水日数图”指一次高原切变线过程中在我国引起的降水总量≥0.1mm的降水日数区域分布图。

目 录 Contents

前言
Foreword
说明

第一部分 高原低涡

2001年高原低涡概况（表1~表10） 2~6
高原低涡纪要表 7~9
高原低涡对我国影响简表 10~14
2001年高原低涡编号、名称、日期对照表 15
高原低涡路径图 16~29

青藏高原低涡降水资料 30
① 0101 1月13日
总降水量图 31
总降水日数图 32
② 0102 3月5~6日
总降水量图 33
总降水日数图 34
③ 0103 3月10日
总降水量图 35
总降水日数图 36
④ 0104 3月24日
总降水量图 37
总降水日数图 38
⑤ 0105 3月30日
总降水量图 39
总降水日数图 40
⑥ 0106 4月19日
总降水量图 41
总降水日数图 42
⑦ 0107 4月21日
总降水量图 43
总降水日数图 44
⑧ 0108 5月3~4日
总降水量图 45
总降水日数图 46
⑨ 0109 5月5日
总降水量图 47
总降水日数图 48

目录 Contents

⑩ 0110 5月8日

总降水量图 49

总降水日数图 50

⑪ 0111 5月11日

总降水量图 51

总降水日数图 52

⑫ 0112 5月16~17日

总降水量图 53

总降水日数图 54

⑬ 0113 5月26日

总降水量图 55

总降水日数图 56

⑭ 0114 5月28~29日

总降水量图 57

总降水日数图 58

⑮ 0115 6月1~5日

总降水量图 59

总降水日数图 60

⑯ 0116 6月6~7日

总降水量图 61

总降水日数图 62

⑰ 0117 6月19日

总降水量图 63

总降水日数图 64

⑱ 0118 6月19~20日

总降水量图 65

总降水日数图 66

⑲ 0119 6月26日

总降水量图 67

总降水日数图 68

⑳ 0120 7月12日

总降水量图 69

总降水日数图 70

㉑ 0121 7月14~15日

总降水量图 71

总降水日数图 72

㉒ 0122 7月18~20日

总降水量图 73

总降水日数图 74

㉓ 0123 7月27日

总降水量图 75

总降水日数图 76

㉔ 0124 8月6~8日

总降水量图 77

总降水日数图 78

㉕ 0125 8月15~16日

总降水量图 79

总降水日数图 80

目录 Contents

㉖0126 8月18~19日

总降水量图 81

总降水日数图 82

㉗0127 8月21~22日

总降水量图 83

总降水日数图 84

㉘0128 8月29日~9月3日

总降水量图 85

总降水日数图 86

㉙0129 9月8~10日

总降水量图 87

总降水日数图 88

高原低涡中心位置资料表 89~91

目 录 Contents

第二部分 高原切变线

2001年高原切变线概况（表11~表20） 96~99
高原切变线纪要表 100~102
高原切变线对我国影响简表 103~106
2001年高原切变线编号、名称、日期对照表 107
高原切变线路径图 108~125
青藏高原切变线降水资料 126

①0101 1月13日
总降水量图 127
总降水日数图 128
②0102 2月24日
总降水量图 129
总降水日数图 130
③0103 3月10日
总降水量图 131
总降水日数图 132
④0104 3月11日
总降水量图 133
总降水日数图 134
⑤0105 4月15日
总降水量图 135
总降水日数图 136
⑥0106 5月4日
总降水量图 137
总降水日数图 138
⑦0107 5月5日
总降水量图 139
总降水日数图 140
⑧0108 5月12日
总降水量图 141
总降水日数图 142
⑨0109 5月17~19日
总降水量图 143
总降水日数图 144
⑩0110 5月18日

目　录 Contents

总降水量图 145
总降水日数图 146
⑪ 0111 5月26~27日
总降水量图 147
总降水日数图 148
⑫ 0112 5月30日~6月2日
总降水量图 149
总降水日数图 150
⑬ 0113 6月10日
总降水量图 151
总降水日数图 152
⑭ 0114 6月21日
总降水量图 153
总降水日数图 154
⑮ 0115 6月27日
总降水量图 155
总降水日数图 156
⑯ 0116 7月7日
总降水量图 157
总降水日数图 158
⑰ 0117 7月10~11日
总降水量图 159
总降水日数图 160
⑱ 0118 7月19日
总降水量图 161
总降水日数图 162
⑲ 0119 7月26~27日
总降水量图 163
总降水日数图 164
⑳ 0120 7月28~30日
总降水量图 165
总降水日数图 166
㉑ 0121 8月4日
总降水量图 167
总降水日数图 168
㉒ 0122 8月17~18日
总降水量图 169
总降水日数图 170
㉓ 0123 8月22日
总降水量图 171
总降水日数图 172
㉔ 0124 8月23~24日
总降水量图 173
总降水日数图 174
㉕ 0125 8月25日
总降水量图 175
总降水日数图 176
㉖ 0126 8月27~28日
总降水量图 177
总降水日数图 178
㉗ 0127 8月31日
总降水量图 179
总降水日数图 180
㉘ 0128 9月29日
总降水量图 181
总降水日数图 182
㉙ 0129 10月17日
总降水量图 183
总降水日数图 184
㉚ 0130 11月8日
总降水量图 185
总降水日数图 186
高原切变线位置资料表
187~195

第一部分

高原低涡

Tibetan Plateau Vortex

2001年
高原低涡概况

2001年发生在青藏高原上的低涡共有29个，其中在青藏高原东部生成的低涡共有24个，在青藏高原西部生成的低涡共有5个（表1~表3）。

2001年初生高原低涡出现在1月中旬，最后一个高原低涡生成在9月上旬（表1）。从月际分布看，主要集中在5～8月，占了接近3/4（表1）。移出高原的青藏高原低涡主要集中在6～8月，占了绝大部分（表4）。此外，本年度2月和10～12月没有高原低涡生成，其余各月都有高原低涡生成，各月生成高原低涡的个数差异大，具体详见表1。

2001年青藏高原低涡源地绝大多数在青藏高原东部。移出高原的青藏高原低涡共有8个，都生成于青藏高原东部（表4~表6），移出高原的地点主要集中在甘肃、四川、宁夏、陕西、重庆，其中，甘肃、四川、陕西各有2个（表7）。

本年度高原低涡中心位势高度最小值以576~579位势什米的频率最多，占了36.47%（表8）。夏半年，高原低涡中心位势高度最小值也以576~579位势什米的频率最多，占了41.89%（表9）；冬半年，高原低涡中心位势高度最小值在568~571位势什米，占54.55%（表10）。

全年有一次0105高原低涡无降水，其余28次中除影响青藏高原以外对我国其余地区有影响的高原低涡共有24个。其中8个高原低涡造成过程降水量在100mm以上，造成过程降水量在150mm以上的高原低涡有6个，它们是0115、0119、0123、0126、0128、

0129低涡，分别在广西灵山、贵州长顺、四川什邡、四川中江、浙江平湖、贵州关岭，造成过程降水量分别为235.4mm、205.7mm、223.1mm、265.2mm、265.3mm、275.8mm，降水日数分别是5天、1天、1天、2天、5天、2天。2001年影响我国降水强的主要是0115、0128高原低涡，其中0115高原低涡不仅是本年度影响我国降水最强的高原低涡，也是影响我国降水区域最大的高原低涡，造成过程降水量在100mm以上的区域最大、100mm以上的中心区最多，分布在长江以南地区的大多数省份。

6月1日在高原东部德格生成的0115高原低涡，中心位势高度为579位势什米，低涡形成初期先向西北移动，后转为东南移，2日20时低涡东北移出高原进入四川盆地，低涡中心强度不变，中心位势高度仍为579位势什米。出高原后，低涡在东移过程中低涡中心强度逐渐增强，5日20时低涡中心强度为569位势什米。受其影响，四川、云南、贵州、广西、广东、湖南、福建、江西和浙江降大到暴雨，并有6个100mm以上中心区，降水日数为4~5天。其中，云南有2个100mm以上中心区，广西、广东、福建、湖南各有1个100mm以上的中心区。西藏、青海、甘肃部分也普降小至中雨，降水日数为1~5天。

8月29日生成于曲麻莱的0128高原低涡，中心位势高度为578位势什米，是今年影响我国降水的另一强高原低涡，也是影响黄河流域降水最强的高原低涡，同时也是造成本年度低涡活动时间最长的高原低涡。29日08时低涡形成于高原中部，先向偏北方向移动；30日20时高原低涡东移出高原进入宁夏，中心位势高度为580位势什米，以后缓慢向东北移；31日08时低涡转向南移，强度增强，中心位势高度为578位势什米；9月1日08时低涡移到安徽西侧边缘，后转为北上进入山东，并东移至日本海。受其影响，四川、福建、浙江部分降大到暴雨，降水日数为4~6天。青海、西藏、山东、河北、山西、陕西、宁夏、甘肃、云南、贵州、江西、湖北、安徽、河南普降小至中雨。降水日数为2~6天。

表1　高原低涡出现次数

月 年	1	2	3	4	5	6	7	8	9	10	11	12	合计
2001	1	0	4	2	7	5	4	5	1	0	0	0	29
几率 / %	3.45	0.00	13.79	6.90	24.14	17.24	13.79	17.24	3.45	0.00	0.00	0.00	100

表2　高原东部低涡出现次数

月 年	1	2	3	4	5	6	7	8	9	10	11	12	合计
2001	1	0	3	1	5	4	4	5	1	0	0	0	24
几率 / %	4.17	0.00	12.50	4.17	20.83	16.67	16.67	20.83	4.16	0.00	0.00	0.00	100

表3　高原西部低涡出现次数

月 年	1	2	3	4	5	6	7	8	9	10	11	12	合计
2001	0	0	1	1	2	1	0	0	0	0	0	0	5
几率 / %	0.00	0.00	20.00	20.00	40.00	20.00	0.00	0.00	0.00	0.00	0.00	0.00	100

表4　高原低涡移出高原次数

月 年	1	2	3	4	5	6	7	8	9	10	11	12	合计
2001	0	0	0	0	1	2	1	3	1	0	0	0	8
移出几率 / %	0.00	0.00	0.00	0.00	3.45	6.90	3.45	10.34	3.45	0.00	0.00	0.00	27.59
月移出率 / %	0.00	0.00	0.00	0.00	12.50	25.00	12.50	37.50	12.50	0.00	0.00	0.00	100

表5　高原东部低涡移出高原次数

月 年	1	2	3	4	5	6	7	8	9	10	11	12	合计
2001	0	0	0	0	1	2	1	3	1	0	0	0	8
移出几率 / %	0.00	0.00	0.00	0.00	4.17	8.33	4.17	12.50	4.17	0.00	0.00	0.00	33.34
月移出率 / %	0.00	0.00	0.00	0.00	12.50	25.00	12.50	37.50	12.50	0.00	0.00	0.00	100

表6　高原西部低涡移出高原次数

月 年	1	2	3	4	5	6	7	8	9	10	11	12	合计
2001	0	0	0	0	0	0	0	0	0	0	0	0	0
移出几率 / %	0.00	0.00	0.00	0.00	0.00	0.00	0.00	0.00	0.00	0.00	0.00	0.00	0
月移出率 / %	0.00	0.00	0.00	0.00	0.00	0.00	0.00	0.00	0.00	0.00	0.00	0.00	0

表7 高原低涡移出高原的地区分布

年＼地区	新疆	甘肃	宁夏	四川	陕西	重庆	贵州	云南	内蒙古	合计
2001		2	2	2	1	1				8
出高原率 / %		25	25	25	12.5	12.5				100

表8 高原低涡中心位势高度最小值频率分布

中心位势高度 / 位势什米	587—584	583—580	579—576	575—572	571—568	567—564	563—560	559—556	合计
2001年 / %	18.82	17.64	36.47	9.41	11.76	4.71	1.18	0	99.99

表9 夏半年高原低涡中心位势高度最小值频率分布

中心位势高度 / 位势什米	587—584	583—580	579—576	575—572	571—568	567—564	563—560	559—556	合计
2001年 / %	21.62	20.27	41.89	10.81	5.41	0	0	0	100

表10 冬半年高原低涡中心位势高度最小值频率分布

中心位势高度 / 位势什米	587—584	583—580	579—576	575—572	571—568	567—564	563—560	559—556	合计
2001年 / %	0	0	0	0	54.55	36.36	9.09	0	100

高原低涡纪要表

序号	编号	中英文名称	起止日期（月.日）	中心最小位势高度/位势什米	发现点经纬度	移出高原的地点	移出高原时间	移出高原中心位势高度/位势什米	路径趋向	影响低涡移出高原的天气系统
1	0101	林芝，Linzhi	1.13	563	28.5°N,94°E				原地生消	
2	0102	当雄，Dangxiong	3.5～3.6	566	30.5°N,90°E				东南行后南行	
3	0103	扎多,Zhaduo	3.10	570	32.8°N,94.5°E				原地生消	
4	0104	索县,Suoxian	3.24	567	32.2°N,93.5°E				东北行	
5	0105	冷湖,Lenghu	3.30	568	38°N,93.5°E				稍向西移	
6	0106	甘孜,Ganzi	4.19	570	32.5°N,100°E				原地生消	
7	0107	双湖,Shuanghu	4.21	567	35.3°N,87.5°E				东行	
8	0108	双湖,Shuanghu	5.3～5.4	573	33.3°N,90°E				东行	
9	0109	浪卡子,Langkazi	5.5	578	28.5°N,91.5°E				原地生消	
10	0110	理塘,Litang	5.8	572	30°N,101°E				原地生消	
11	0111	乡城,Xiangcheng	5.11	580	28.8°N,98°E				原地生消	
12	0112	曲麻莱,Qumalai	5.16～5.17	577	34°N,95.5°E				东北行内折向西南行后转东行	
13	0113	波密,Bomi	5.26	576	31.5°N,94.5°E				原地生消	

高原低涡纪要表（续-1）

序号	编号	中英文名称	起止日期(月.日)	中心最小位势高度/位势什米	发现点经纬度	移出高原的地点	移出高原时间	移出高原中心位势高度/位势什米	路径趋向	影响低涡移出高原的天气系统
14	0114	共和,Gonghe	5.28～5.29	570	35.5°N,100°E	商洛	5.29^{8}	570	东南行后东行	西风槽前部
15	0115	德格,Dege	6.1～6.5	569	31.8°N,98.5°E	绵阳	6.2^{20}	579	西北行内折向东南行后外转东北行	切变线
16	0116	茫崖,Mangya	6.6～6.7	574	36.7°N,90.5°E				东南行后东行	
17	0117	刚察,Gangcha	6.19	577	37.5°N,100.4°E	乌鞘岭	6.19^{20}	577	东南行	西风槽前部
18	0118	玛多,Maduo	6.19～6.20	577	34.7°N,98.7°E				南行后东南行	
19	0119	康定,Kangding	6.26	582	30°N,102°E				原地生消	
20	0120	都兰,Dulan	7.12	584	32.1°N,97.7°E	重庆	7.12^{20}	584	东南行	切变流场
21	0121	昌都,Changdu	7.14～7.15	582	30.2°N,97°E				东北行内折向西北行后转东北行	
22	0122	曲麻莱,Qumalai	7.18～7.20	582	34°N,95°E				西南行	
23	0123	扎多,Zhaduo	7.27	584	33°N,95.4°E				原地生消	
24	0124	曲麻莱,Qumalai	8.6～8.8	585	35°N,95.5°E	岷县	8.8^{8}	586	东北行内折向东南行后外转南行	切变流场
25	0125	治多,Zhiduo	8.15～8.16	582	33.8°N,95.5°E				西南行内折向东南行	
26	0126	门源,Menyuan	8.18～8.19	578	37.4°N,100.5°E				东南行内折向西南行	

高原低涡纪要表（续-2）

序号	编号	中英文名称	起止日期(月.日)	中心最小位势高度/位势什米	发现点经纬度	移出高原的地点	移出高原时间	移出高原中心位势高度/位势什米	路径趋向	影响低涡移出高原的天气系统
27	0127	马尔康,Maerkang	8.21～8.22	582	31.5°N,102°E	阆中	8.22^{8}	582	东北行外转东南行	切变线
28	0128	曲麻莱,Qumalai	8.29～9.3	576	34°N,95°E	同心	8.30^{20}	577	东行后北行外转东北行后又南行再转东北行	切变线
29	0129	曲麻莱,Qumalai	9.8～9.10	578	34.8°N,96°E	中宁	9.9^{20}	579	东南行外转东北行	切变流场

高原低涡对我国影响简表

序号	编号	简述活动的情况	高原低涡对我国的影响			
			项目	时间（月.日）	概况	极值
1	0101	高原南部生消	降水	1.13	西藏南部地区有微量降水。	西藏米林 0.0mm（1天）
2	0102	高原南部东南行后南行	降水	3.5~3.6	西藏东、南部地区降水量在17mm以下，降水日数为2天。	西藏洛隆 16.5mm（2天）
3	0103	高原中部生消	降水	3.10	西藏中、北部，青海南部地区降水量在5mm以下，降水日数为1天。	西藏当雄 3.2mm（1天）
4	0104	高原中部东北行	降水	3.24	西藏中、东部，青海南部，四川、重庆大部地区降水量为0.1~35mm，降水日数为1天。	四川黑水 32.7mm（1天）
5	0105	高原北部稍向西移	降水	3.30	青藏高原北部无降水。	0mm（1天）
6	0106	高原东部生消	降水	4.19	西藏东半部，青海、甘肃南部，四川大部，重庆，贵州北、中部和湖北西部地区降水量为0.1~35mm，降水日数为1天。	四川邻水 31.0mm（1天）
7	0107	高原北部东行	降水	4.21	西藏中、北部，青海东南、南部，甘肃南部，四川中、北部地区降水量为0.1~40mm，降水日数为1天。	四川沐川 36.4mm（1天）
8	0108	高原中部东行	降水	5.3~5.4	西藏东半部，青海、甘肃南部，贵州大部，四川，重庆，云南西北部，湖北西部，湖南西北部地区降水量为0.1~90mm，降水日数为1~2天。	四川渠县 86.4mm（1天）

高原低涡对我国影响简表（续-1）

序号	编号	简述活动的情况	高原低涡对我国的影响			
			项目	时间(月.日)	概况	极值
9	0109	高原南部生消	降水	5.5	西藏东半部，四川中、西部和云南西北部地区降水量为0.1~30mm，降水日数为1天。	西藏嘉黎 27.1mm（1天）
10	0110	高原东南部生消	降水	5.8	西藏东半部，青海南部，云南，贵州，四川，重庆大部，湖北、湖南西部地区降水量为0.1~55mm，降水日数为1天。	四川峨眉山 51.5mm（1天）
11	0111	高原东南部生消	降水	5.11	西藏东南角、云南西半部地区降水量为0.1~25mm，降水日数为1天。	云南勐腊 22.2mm（1天）
12	0112	高原中东部迂回东行	降水	5.16~5.17	西藏东北部，青海南、东部，四川、重庆大部，甘肃、陕西南部，湖北、河南西部地区降水量为0.1~40mm，降水日数为1~2天。其中，西藏东北部，青海南部，四川中部，甘肃、陕西南部地区有成片大于10mm区域，降水日数为2天。	青海杂多 36.5mm（1天）
13	0113	高原南部生消	降水	5.26	西藏东半部，青海东、南部，甘肃南部和四川西半部地区降水总量为0.1~25mm，降水日数为1天。	西藏索县 23.8mm（1天）
14	0114	高原东北部东南行出高原	降水	5.28~5.29	西藏东北部，青海南、东部，甘肃南部，四川，重庆，贵州，湖北、湖南大部，江西北部，安徽西部，云南东北部地区降水量为0.1~50mm，降水日数为1~2天。其中，西藏、青海、四川、重庆、湖北、贵州、湖南有成片大于10mm区域，降水日数为2天。	湖北洪湖 46.0mm（2天）

高原低涡对我国影响简表（续-2）

序号	编号	简述活动的情况	高原低涡对我国的影响			
			项目	时间（月.日）	概况	极值
15	0115	高原东部东南行出高原后东北行到黄海	降水	6.1~6.5	西藏东半部至长江流域，青海东半部，甘肃中、南部，贵州，云南，广西，广东，海南，福建，江西和浙江降水量在240mm以下，降水日数为1~5天。其中，四川、云南、贵州、广西、广东、湖南、福建、江西和浙江有成片大于50mm雨区，降水日数为4~5天。	广西灵山 235.4mm（5天）
16	0116	高原中北部东南行	降水	6.6~6.7	西藏东半部，青海南、东部，甘肃南部，四川，重庆，陕西南部和湖北西部地区降水量为0.1~50mm，降水日数为1~2天。	四川荥县 49.3mm（2天）
17	0117	高原东北部东南行	降水	6.19	西藏东北部、青海东半部、甘肃南部和四川西北部地区降水量为0.1~25mm，降水日数为1天。	四川甘孜 22.1mm（1天）
18	0118	高原东部南行	降水	6.19~6.20	西藏东半部，青海东、南部，四川，重庆大部，甘肃中、南部，陕西南部和湖北西部地区降水量为0.1~80mm，降水日数为1~2天。	四川雅江 76.0mm（2天）
19	0119	高原东南部生消	降水	6.26	西藏东北部、青海东南部、甘肃南部、四川、贵州、重庆大部地区降水量为0.1~210mm，降水日数为1天。	贵州长顺 205.7mm（1天）

高原低涡对我国影响简表（续-3）

序号	编号	简述活动的情况	高原低涡对我国的影响			
			项目	时间（月.日）	概况	极值
20	0120	高原东部东南行出高原	降水	7.12	西藏东半部，青海南、东部，四川西半部，云南西北部，贵州中、东北部地区降水量为0.1~40mm，降水日数为1天。	贵州瓮安 38.2mm（1天）
21	0121	高原东南部东北行	降水	7.14~7.15	西藏东半部，青海南部，四川西、中部，云南西北部地区降水总量为0.1~60mm，降水日数为1~2天。	西藏定日 59.2mm（2天）
22	0122	高原中部西南行	降水	7.18~7.20	西藏东半部，青海、甘肃、四川大部地区降水量为0.1~80mm，降水日数为1~3天。	甘肃玛曲 75.5mm（3天）
23	0123	高原中部生消	降水	7.27	西藏东半部，青海南、东部，甘肃中、南部，四川大部，云南西北部地区降水量为0.1~225mm，降水日数为1天。	四川什邡 223.1mm（1天）
24	0124	高原中部东北行后南行出高原	降水	8.6~8.8	西藏东半部，青海、四川、重庆大部，甘肃西、南部，贵州、陕西南部，云南西北部地区降水量为0.1~140mm，降水日数为1~3天。	四川峨眉山 136.0mm（3天）
25	0125	高原中部西南行内折向东南行	降水	8.15~8.16	西藏东半部，青海、甘肃、四川大部，云南西北部地区降水量为0.1~105mm，降水日数为1~2天。	四川名山 102.4mm（2天）

高原低涡对我国影响简表（续-4）

序号	编号	简述活动的情况	高原低涡对我国的影响			
			项目	时间（月.日）	概况	极值
26	0126	高原东部东南行内折向西南行	降水	8.18~8.19	西藏东半部，青海东、南部，甘肃中、南部，四川大部，重庆南部，云南北部和贵州西北部地区降水量在270mm以下，降水日数为1~2天。	四川中江 265.2mm（2天）
27	0127	高原东部东行出高原	降水	8.21~8.22	西藏东部，青海东南部，甘肃南部，重庆，四川、贵州、湖南、湖北大部，陕西、河南南部，云南东北部地区降水量为0.1~100mm，降水日数为1~2天。	贵州玉屏 98.6mm（2天）
28	0128	高原中部东北行出高原继续东北行后南行再转东北行到日本海	降水	8.29~9.3	青海，西藏东半部至长江流域与黄、淮河流域，云南北部，贵州、福建、甘肃大部，河北西部，浙江降水量为0.1~270mm，降水日数为1~6天。其中，四川、福建、江苏和浙江有成片大于50mm雨区，降水日数在4天以上。	浙江平湖 265.3mm（5天）
29	0129	高原中部东南行出高原后东北行	降水	9.8~9.10	西藏东半部，青海南、东部，甘肃南部，四川，重庆，贵州，云南北部，陕西南部和湖南、湖北西部地区降水总量为0.1~280mm，降水日数为1~3天。	贵州关岭 275.8mm（2天）

2001年高原低涡编号、名称、日期对照表

未移出高原的高原东部涡	未移出高原的高原西部涡	移出高原的高原低涡
① 0101 林芝，Linzhi	② 0102 当雄，Dangxiong	⑭ 0114 共和，Gonghe
1.13	3.5~3.6	5.28~5.29
③ 0103 扎多，Zhaduo	⑦ 0107 双湖，Shuanghu	⑮ 0115 德格，Dege
3.10	4.21	6.1~6.5
④ 0104 索县，Suoxian	⑧ 0108 双湖，Shuanghu	⑰ 0117 刚察，Gangcha
3.24	5.3~5.4	6.19
⑤ 0105 冷湖，Lenghu	⑨ 0109 浪卡子，Langkazi	⑳ 0120 都兰，Dulan
3.30	5.5	7.12
⑥ 0106 甘孜，Ganzi	⑯ 0116 茫崖，Mangya	㉔ 0214 曲麻莱，Qumalai
4.19	6.6~6.7	8.6~8.8
⑩ 0110 理塘，Litang		㉗ 0217 马尔康，Maerkang
5.8		8.21~8.22
⑪ 0111 乡城，Xiangcheng		㉘ 0128 曲麻莱，Qumalai
5.11		8.29~9.3
⑫ 0112 曲麻莱，Qumalai		㉙ 0129 曲麻莱，Qumalai
5.16~5.17		9.8~9.10
⑬ 0113 波密，Bomi		
5.26		
⑱ 0118 玛多，Maduo		
6.19~6.20		
⑲ 0119 康定，Kangding		
6.26		

2001年高原低涡编号、名称、日期对照表（续）

未移出高原的高原东部涡
㉑ 0121昌都，Changdu
7.14~7.15
㉒ 0122曲麻莱，Qumalai
7.18~7.20
㉓ 0123扎多，Zhaduo
7.27
㉕ 0125治多，Zhiduo
8.15~8.16
㉕ 0126门源，Menyuan
8.18~8.19

高原低涡路径图

2001年1~2月

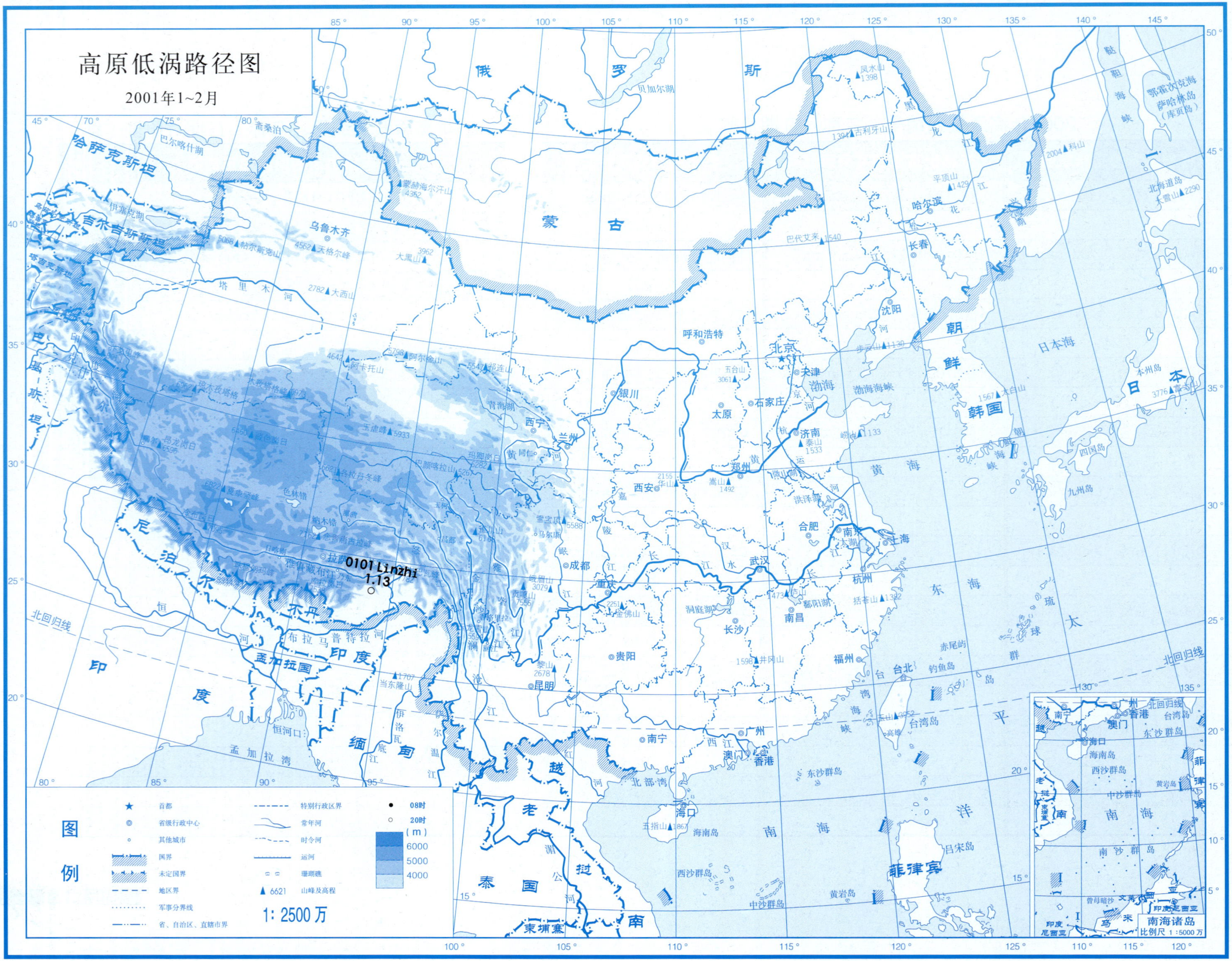

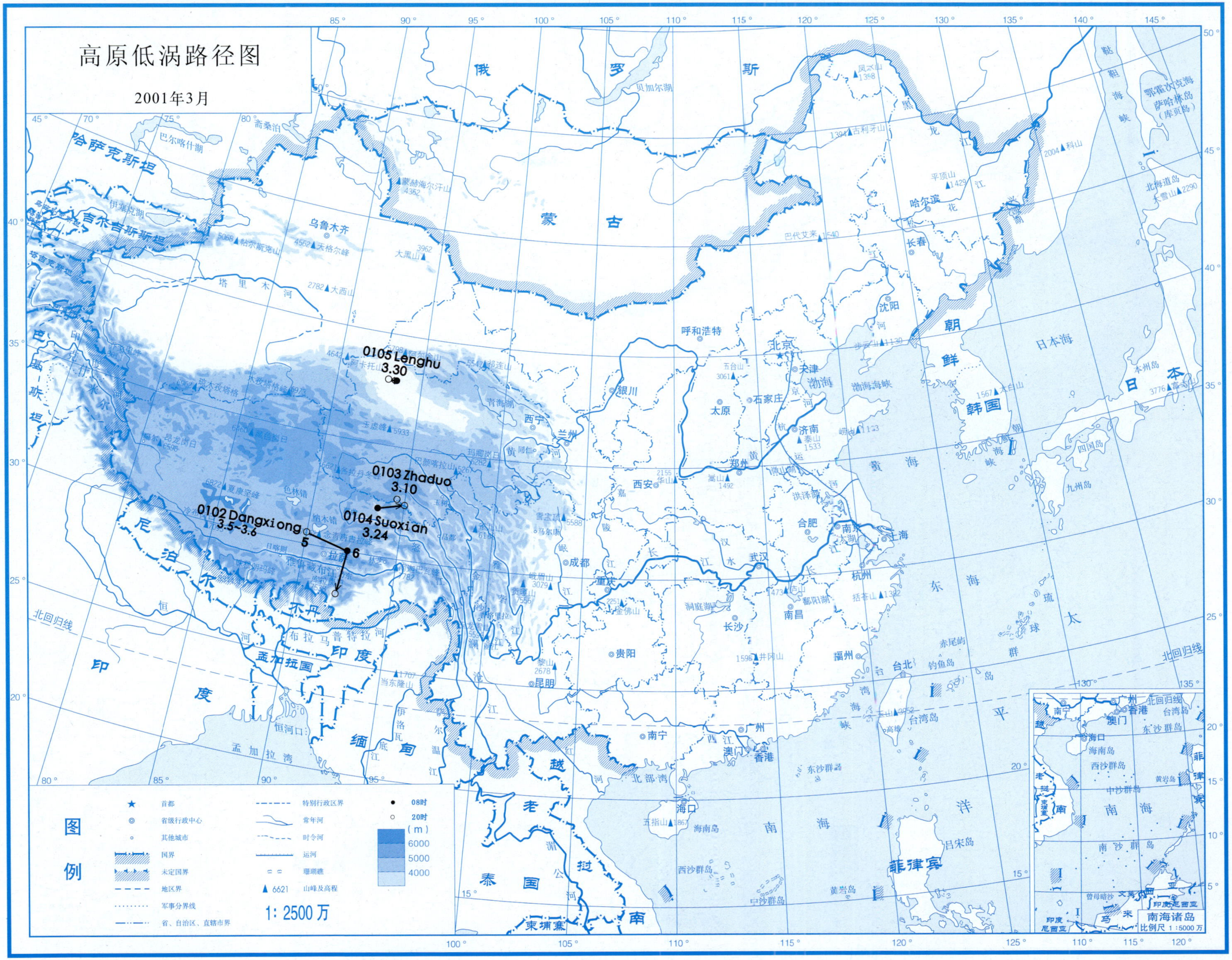
高原低涡路径图
2001年3月
0105 Lenghu
3.30
0103 Zhaduo
3.10
0102 Dangxiong
3.5~3.6
5
6
0104 Suoxian
3.24
图例
首都
省级行政中心
其他城市
国界
未定国界
地区界
军事分界线
省、自治区、直辖市界
特别行政区界
常年河
时令河
运河
珊瑚礁
6621 山峰及高程
08时
20时
(m)
6000
5000
4000
1: 2500万
南海诸岛
比例尺 1:5000万

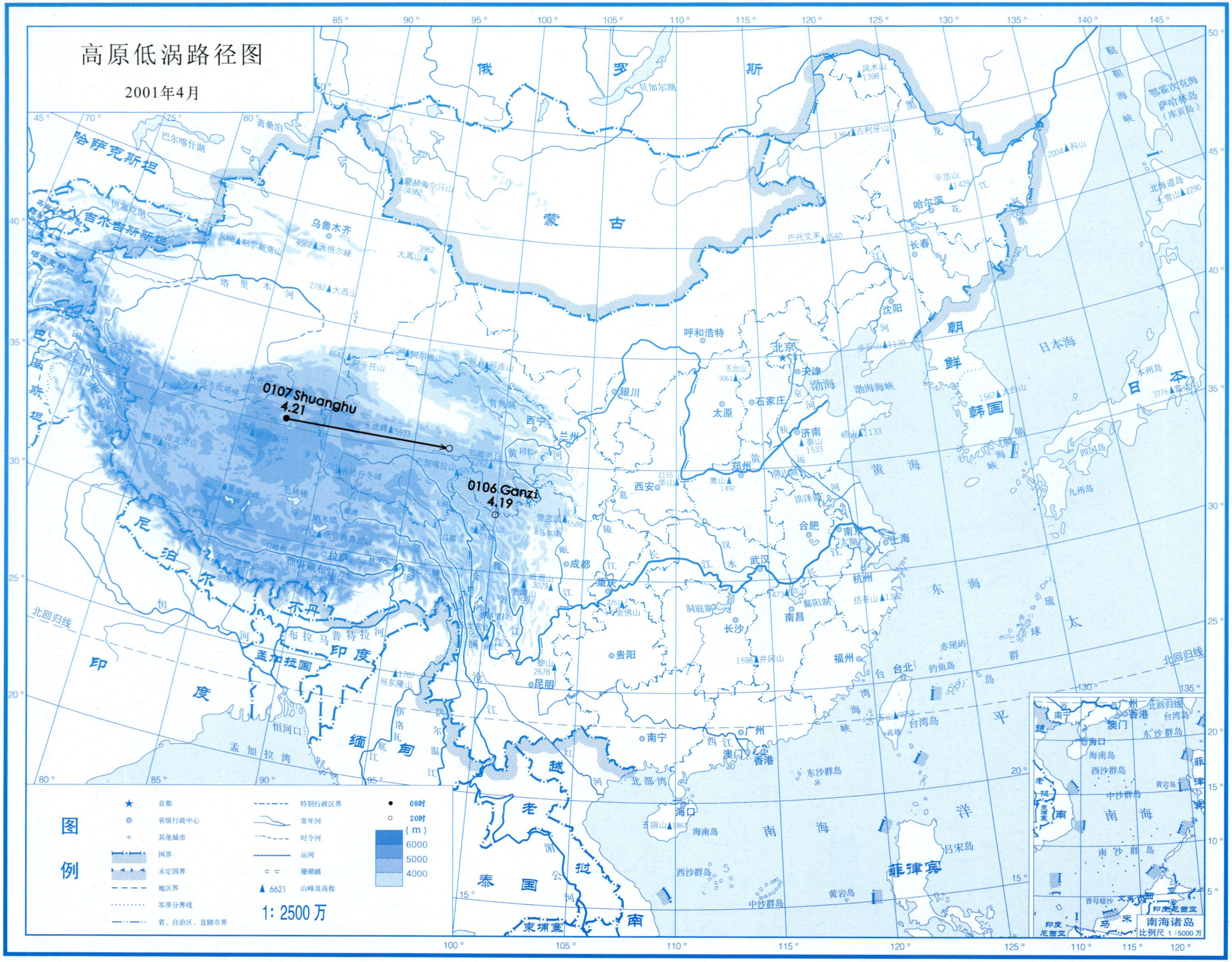

高原低涡路径图
2001年4月

高原低涡路径图

2001年5月(1)

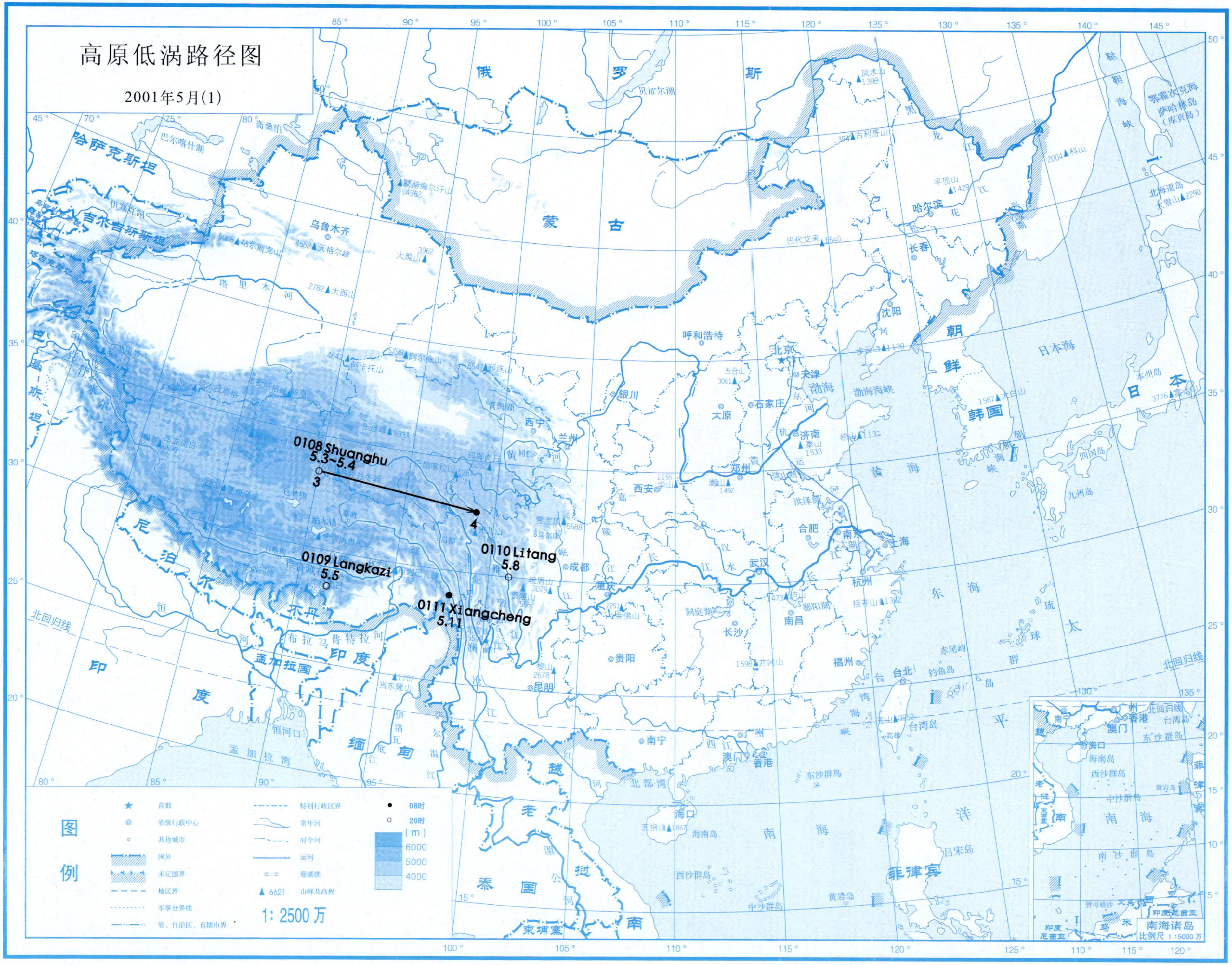

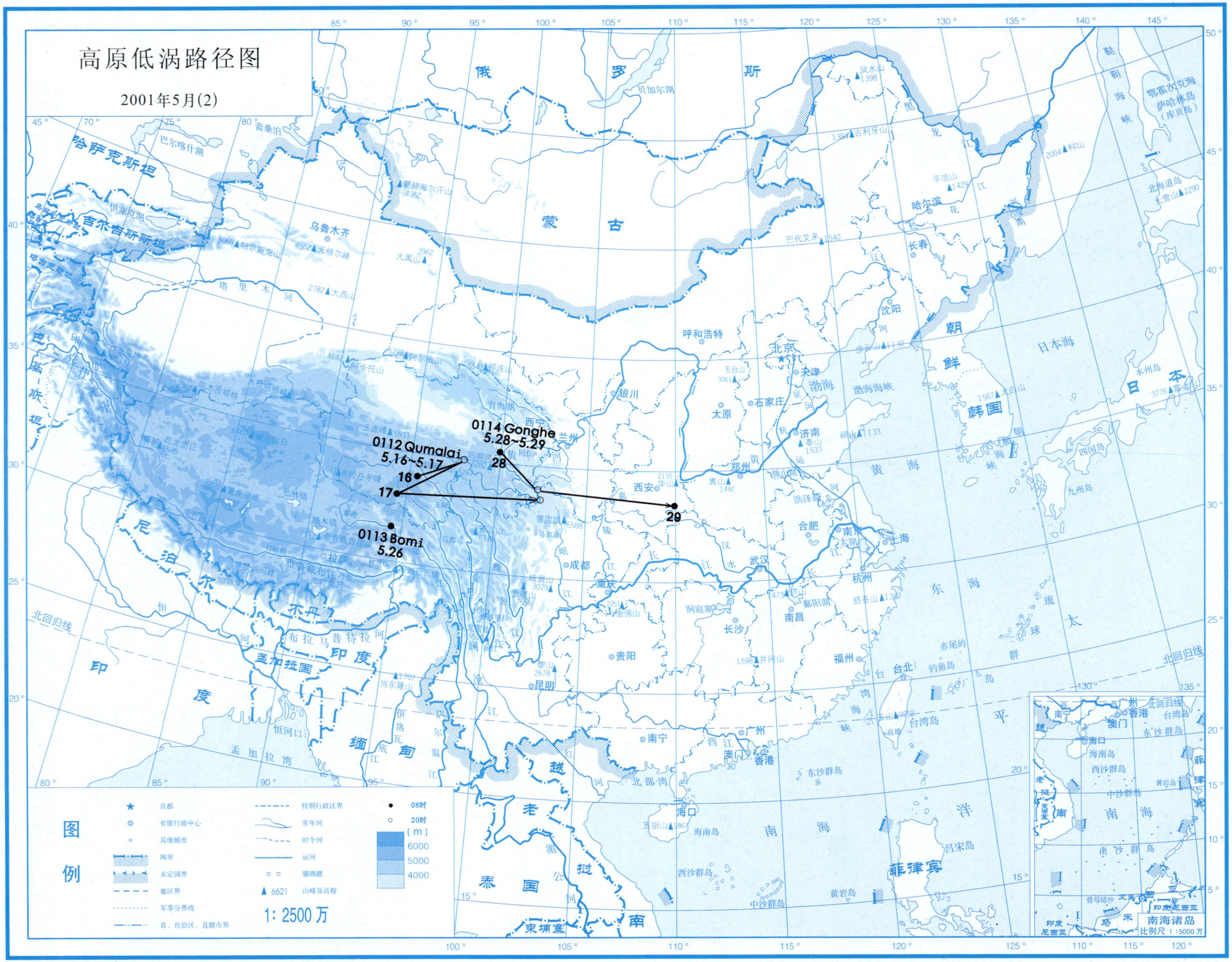
高原低涡路径图
2001年5月(2)
0112 Qumalai
5.16~5.17
16
17
0113 Bomi
5.26
0114 Gonghe
5.28~5.29
28
29
图例
首都
省级行政中心
其他城市
国界
未定国界
地区界
军事分界线
省、自治区、直辖市界
特别行政区界
常年河
时令河
运河
珊瑚礁
山峰及高程
08时
20时
(m)
6000
5000
4000
1: 2500 万
南海诸岛
比例尺 1 : 5000 万

高原低涡路径图

2001年6月(1)

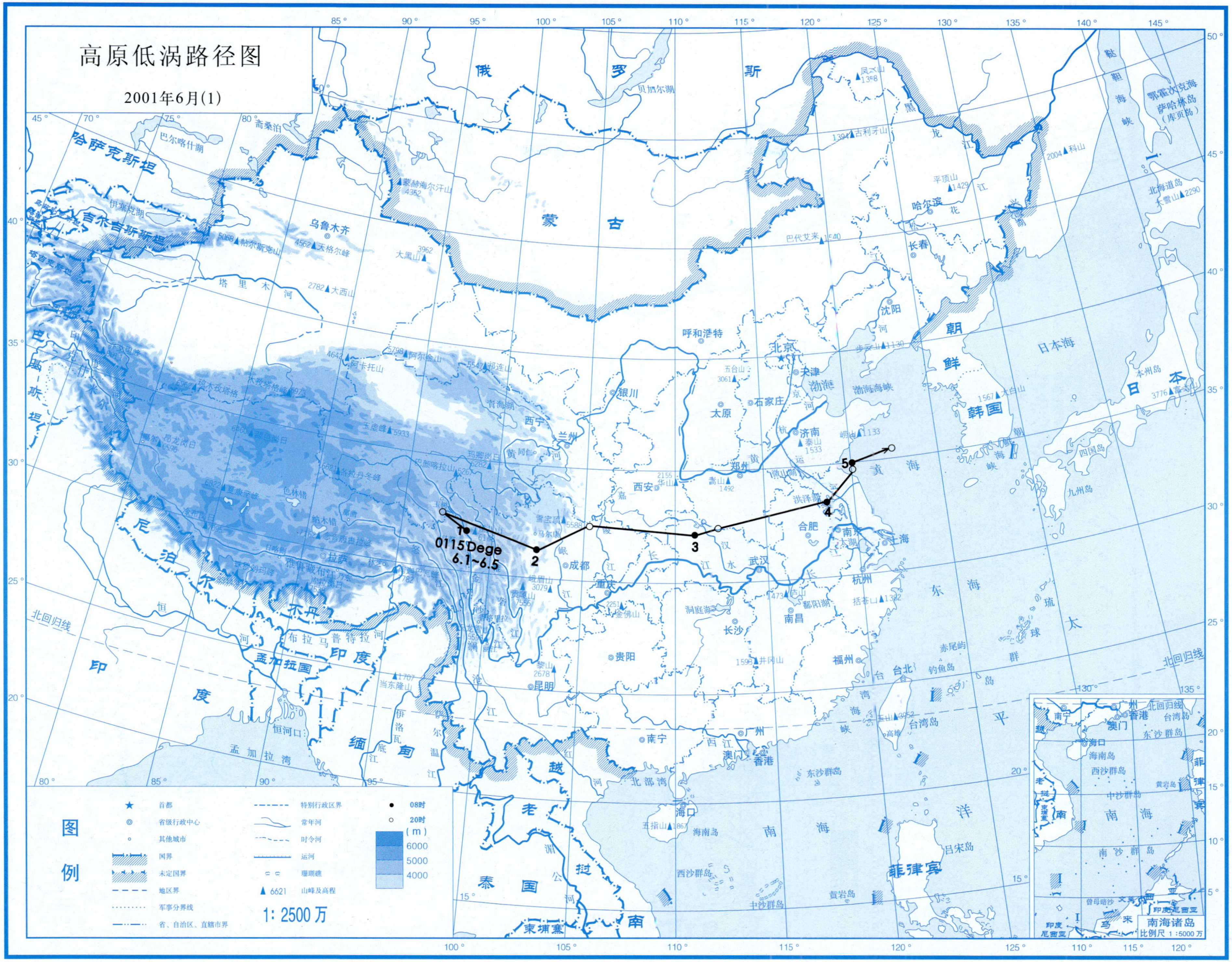

Page...21

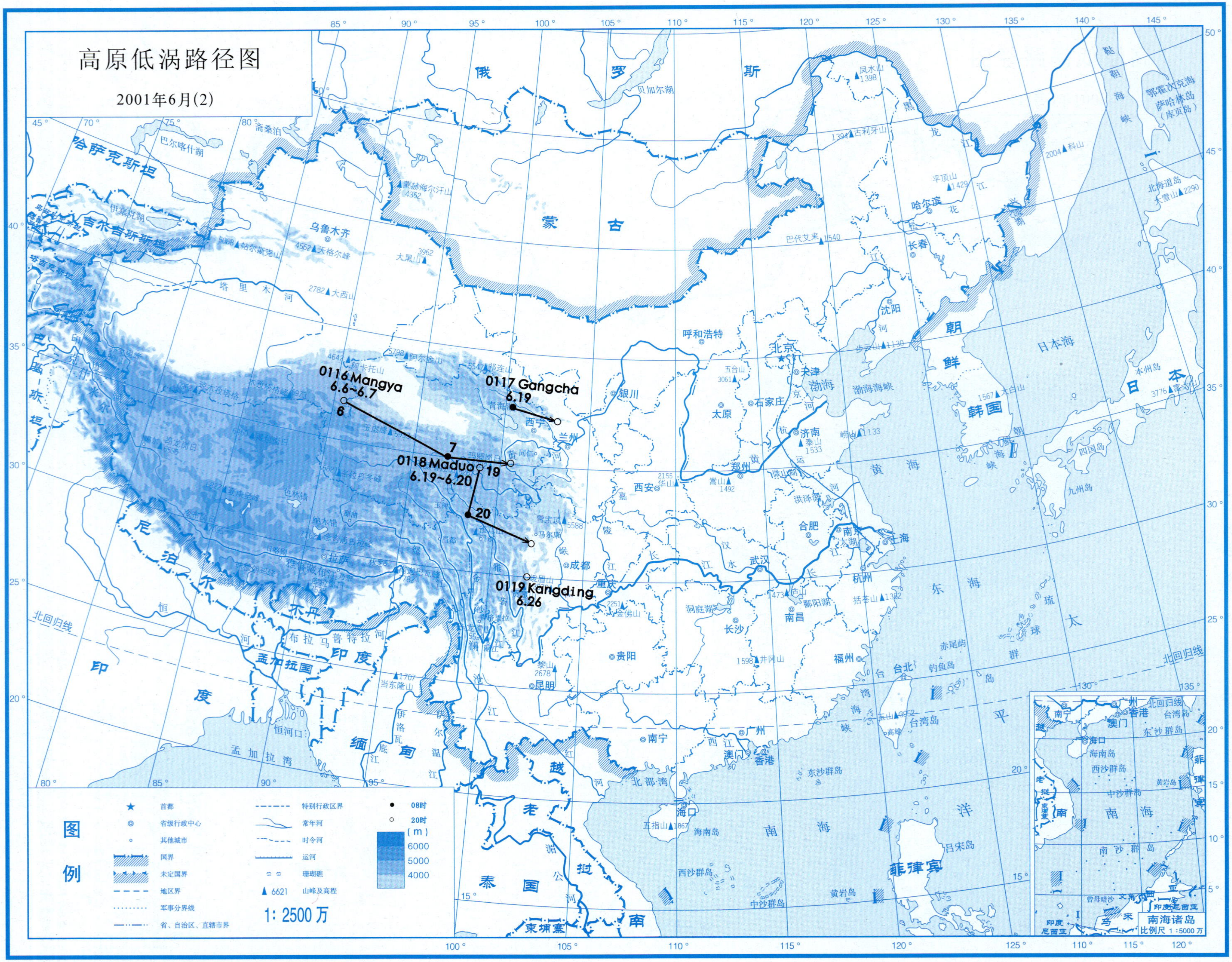
高原低涡路径图
2001年6月(2)
0116 Mangya
6.6~6.7
6
7
0117 Gangcha
6.19
0118 Maduo
6.19~6.20
19
20
0119 Kangding
6.26
图例
首都
省级行政中心
其他城市
国界
未定国界
地区界
军事分界线
省、自治区、直辖市界
特别行政区界
常年河
时令河
运河
珊瑚礁
6621 山峰及高程
08时
20时
(m)
6000
5000
4000
1: 2500 万
南海诸岛
比例尺 1:5000 万

高原低涡路径图

2001年7月(1)

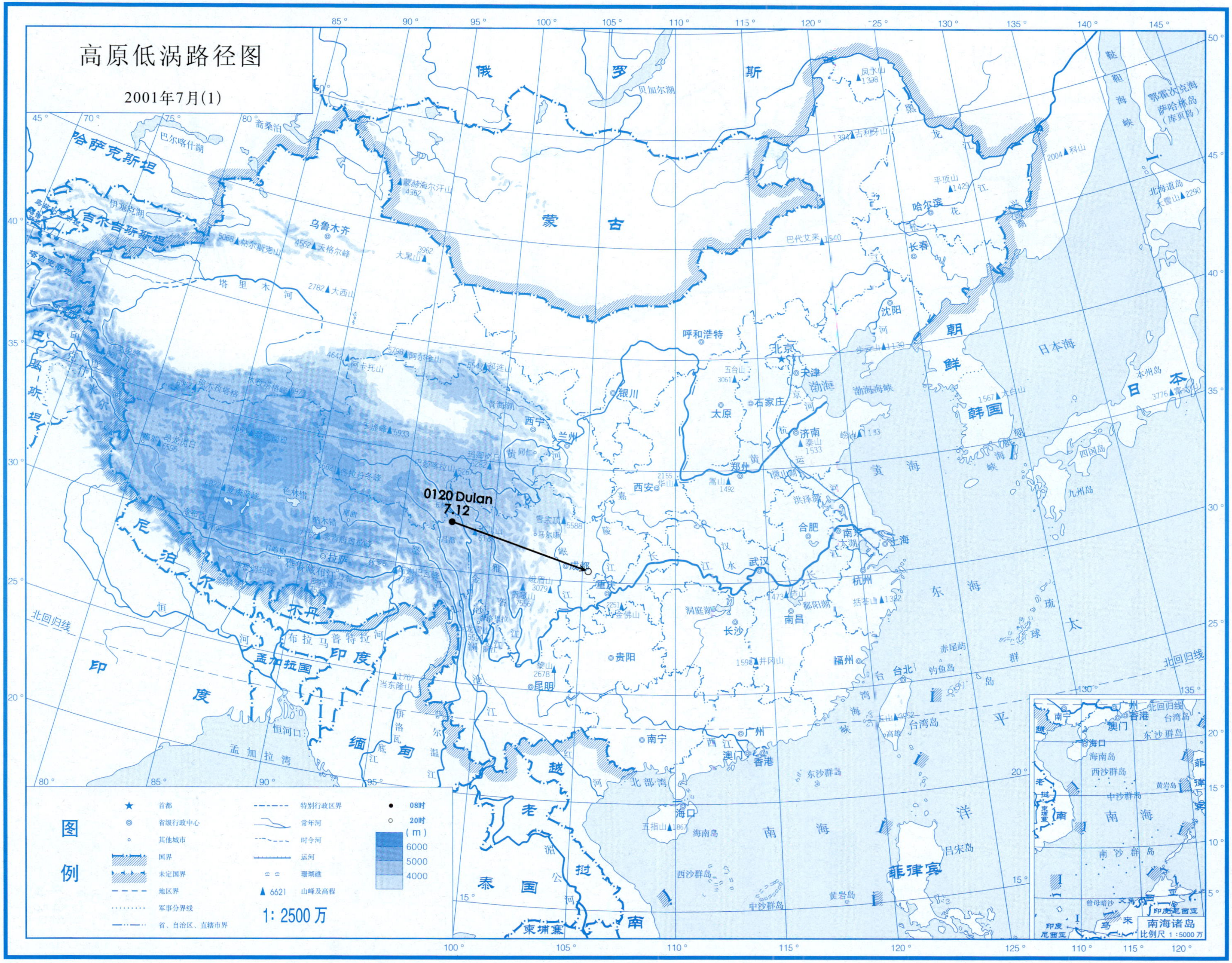

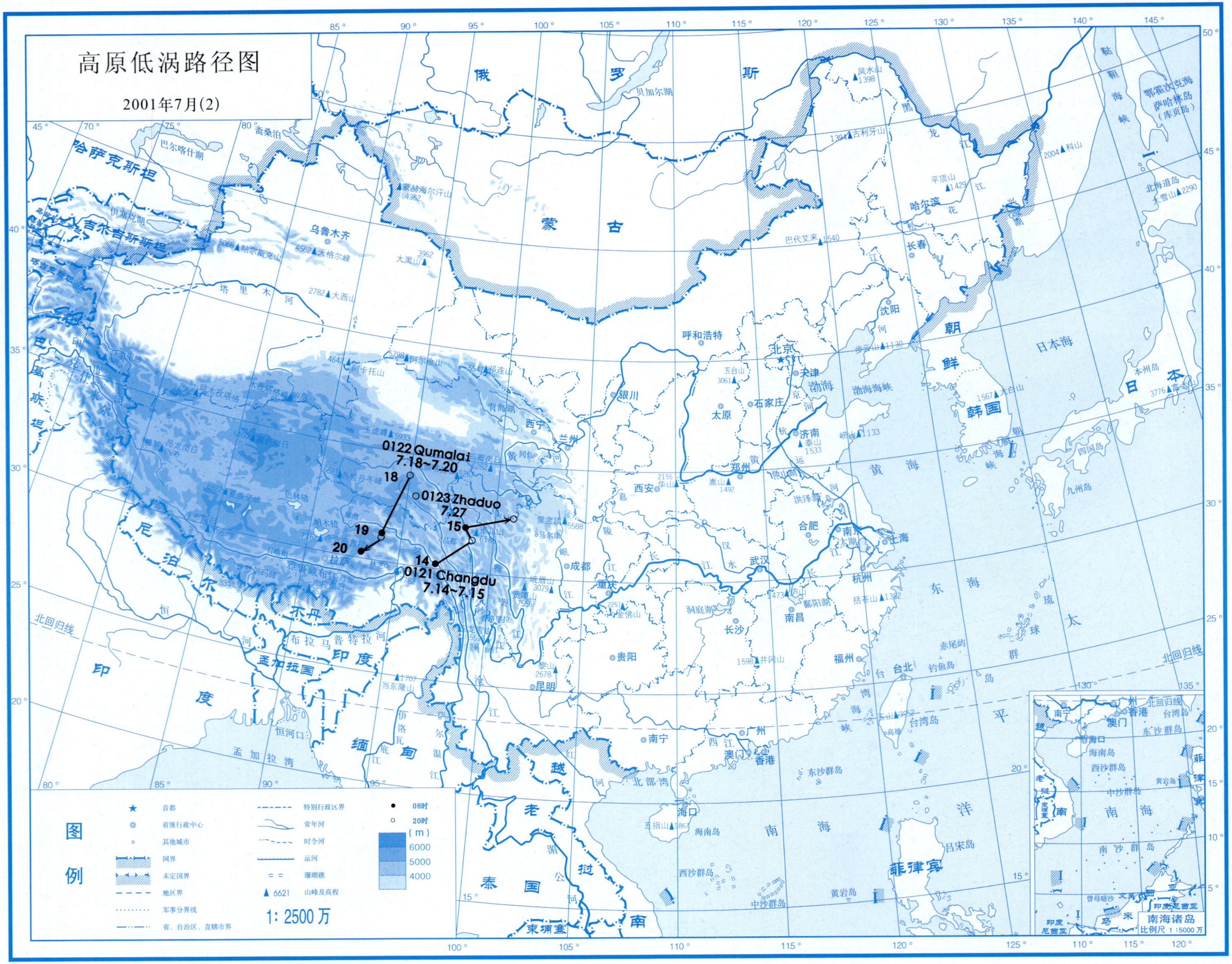
高原低涡路径图
2001年7月(2)
0122 Qumalai
7.18~7.20
18
19
20
0123 Zhaduo
7.27
15
14
0121 Changdu
7.14~7.15
图例
首都
省级行政中心
其他城市
国界
未定国界
地区界
军事分界线
省、自治区、直辖市界
特别行政区界
常年河
时令河
运河
珊瑚礁
山峰及高程
08时
20时
(m)
6000
5000
4000
1: 2500 万
南海诸岛
比例尺 1:5000 万

高原低涡路径图

2001年8月(1)

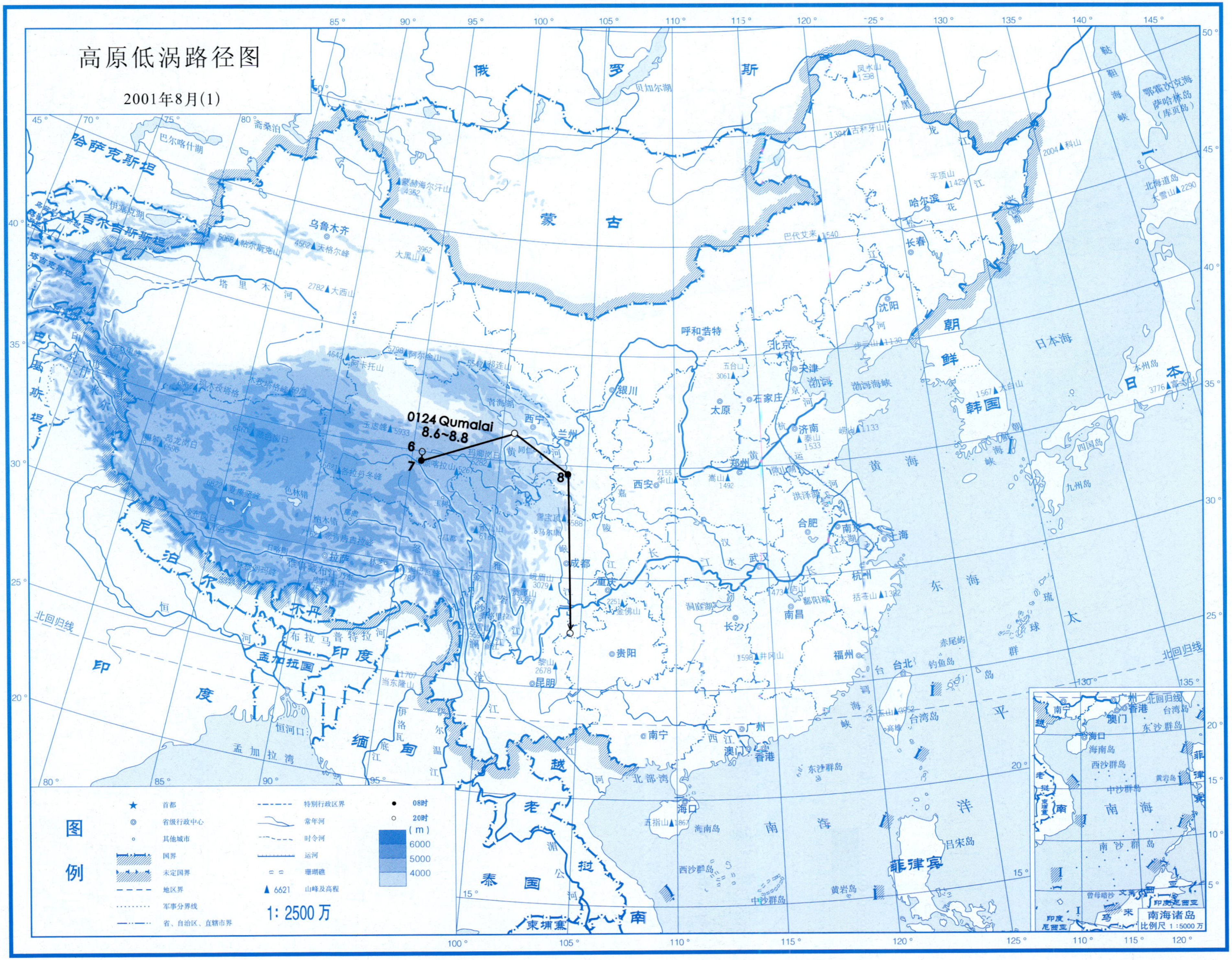

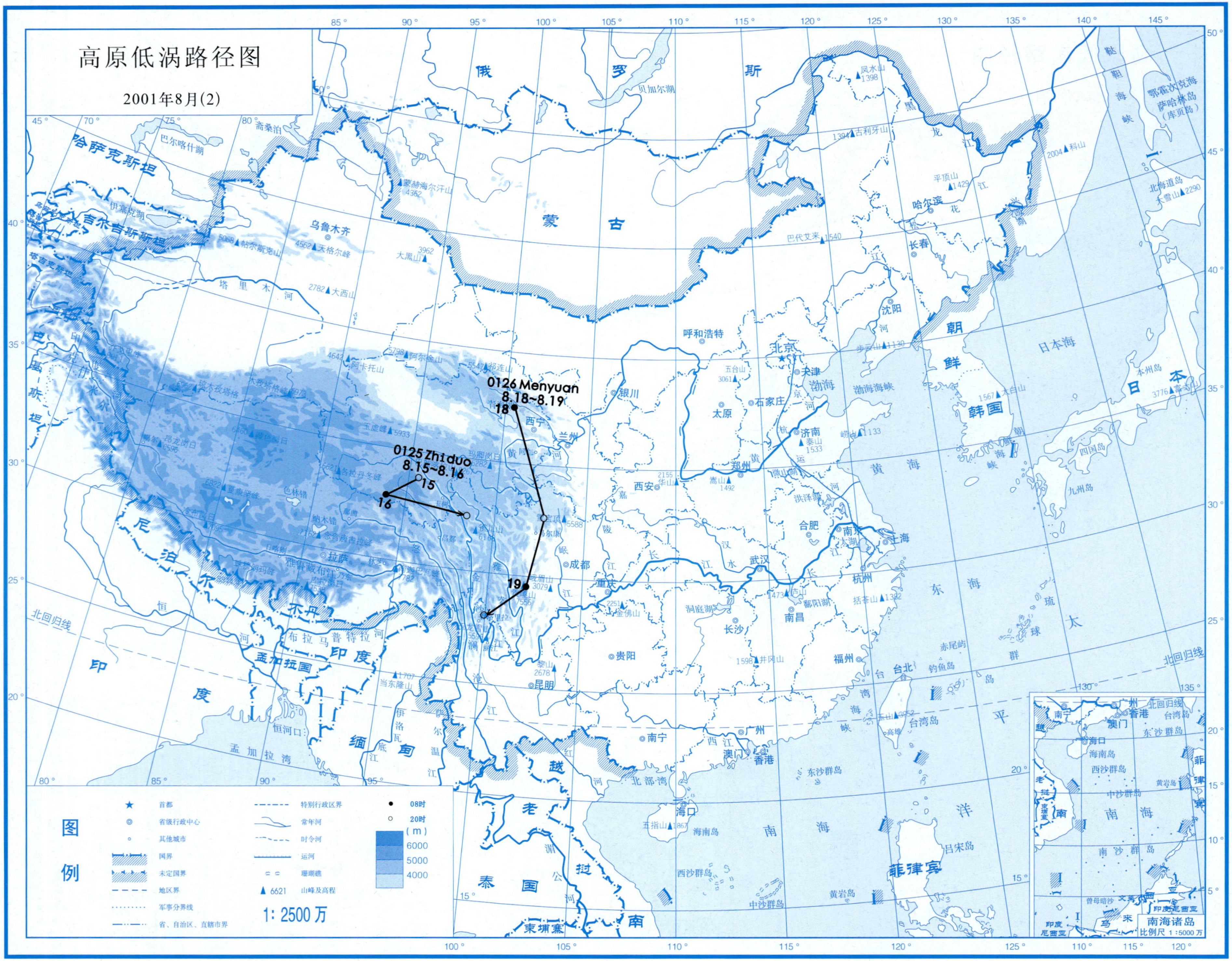
高原低涡路径图
2001年8月(2)
0126 Menyuan
8.18~8.19
18
19
0125 Zhiduo
8.15~8.16
15
16
图例
首都
省级行政中心
其他城市
国界
未定国界
地区界
军事分界线
省、自治区、直辖市界
特别行政区界
常年河
时令河
运河
珊瑚礁
山峰及高程
08时
20时
(m)
6000
5000
4000
1: 2500 万
南海诸岛
比例尺 1:5000万
俄罗斯
蒙古
哈萨克斯坦
吉尔吉斯斯坦
朝鲜
韩国
日本
印度
尼泊尔
不丹
孟加拉国
缅甸
老挝
泰国
越南
柬埔寨
菲律宾
日本海
渤海
黄海
东海
南海
太平洋
北京
天津
石家庄
太原
呼和浩特
沈阳
长春
哈尔滨
济南
郑州
西安
银川
兰州
西宁
成都
重庆
武汉
合肥
南京
上海
杭州
南昌
长沙
贵阳
昆明
南宁
广州
福州
台北
香港
澳门
海口
乌鲁木齐
北回归线

高原低涡路径图

2001年8月(3)

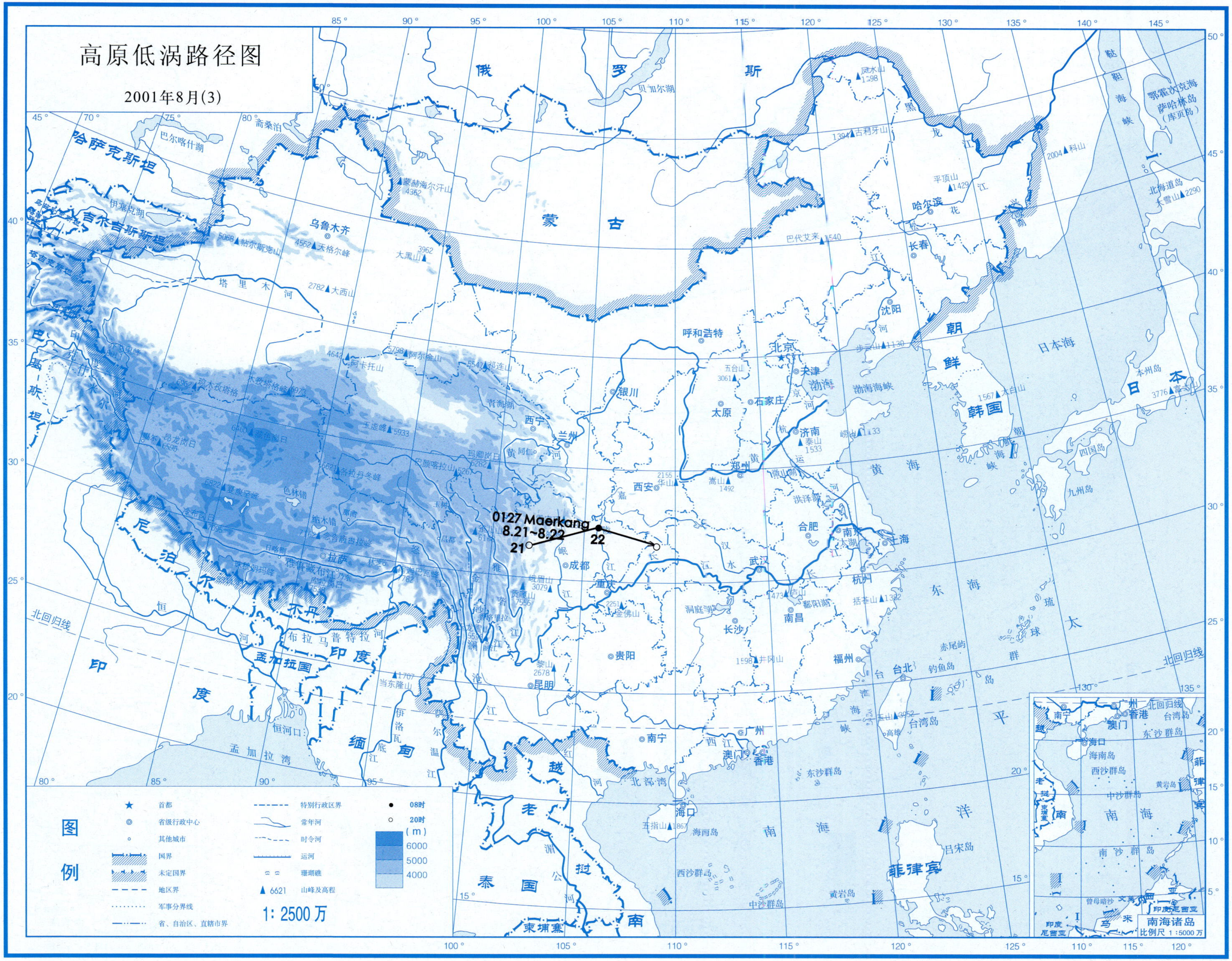

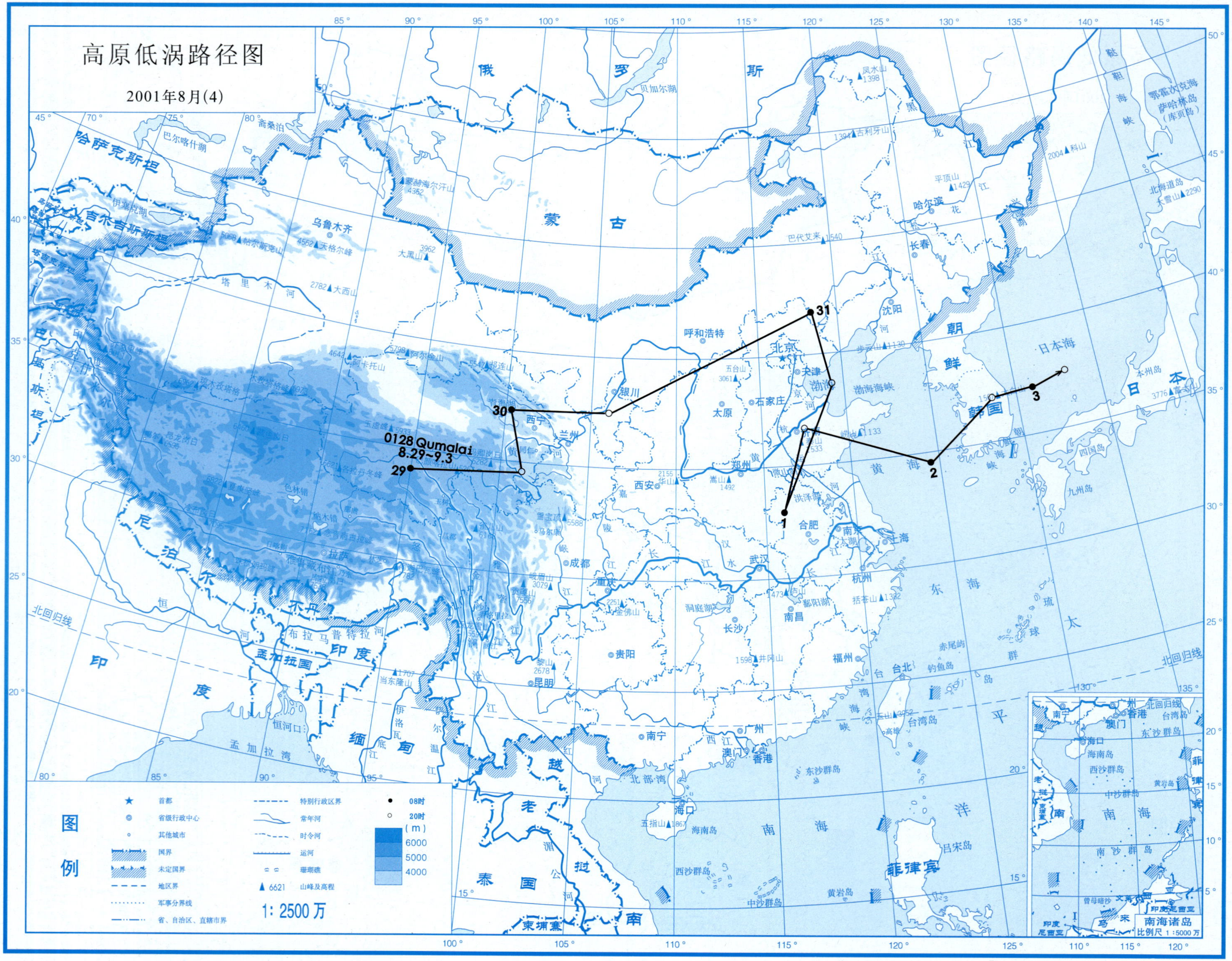
高原低涡路径图
2001年8月(4)
0128 Qumalai
8.29~9.3
29
30
31
1
2
3
图例
首都
省级行政中心
其他城市
国界
未定国界
地区界
军事分界线
省、自治区、直辖市界
特别行政区界
常年河
时令河
运河
珊瑚礁
6621 山峰及高程
08时
20时
(m)
6000
5000
4000
1:2500万
南海诸岛
比例尺 1:5000万

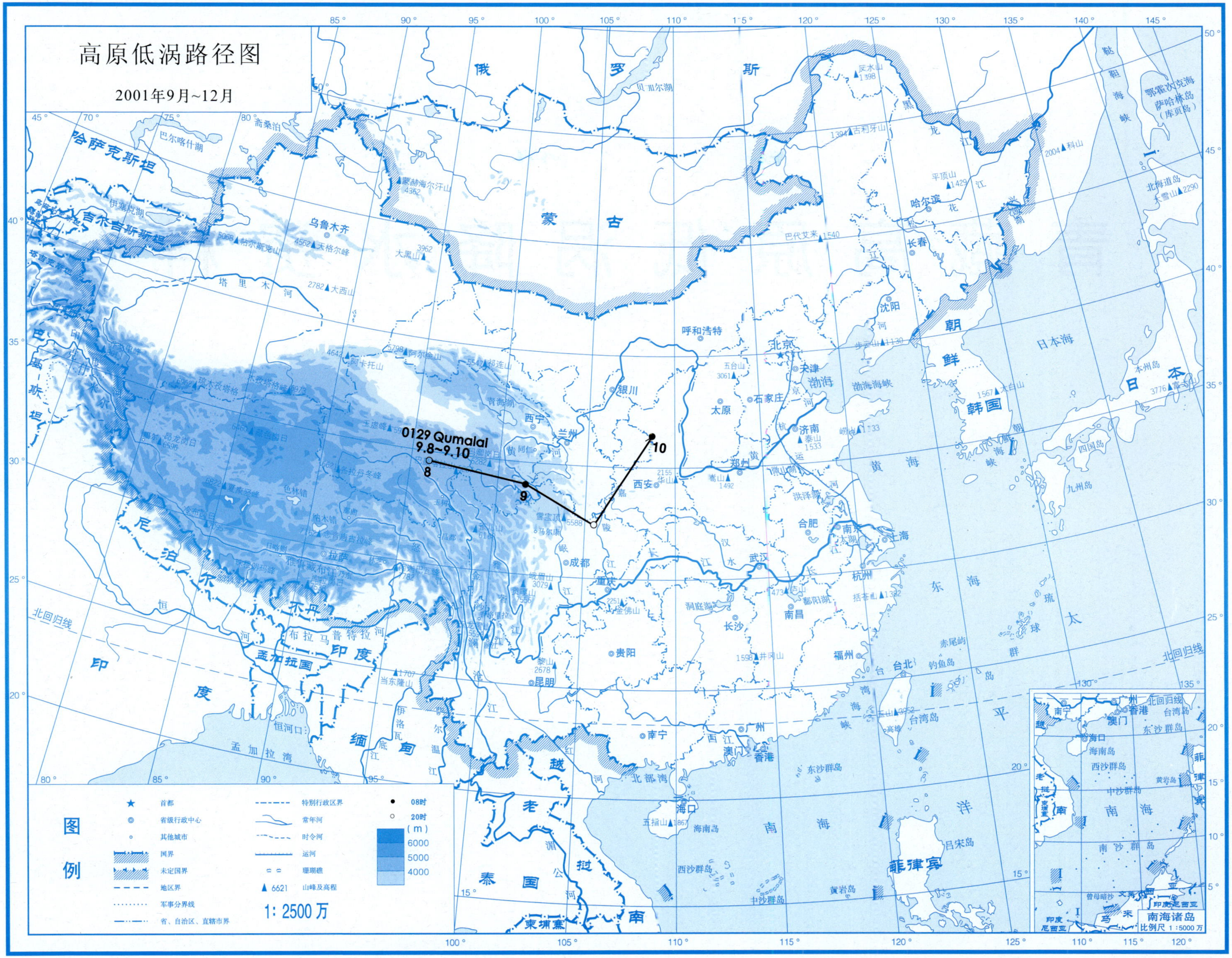

高原低涡路径图
2001年9月~12月
0129 Qumalai
9.8~9.10
8
9
10
图例
首都
省级行政中心
其他城市
国界
未定国界
地区界
军事分界线
省、自治区、直辖市界
特别行政区界
常年河
时令河
运河
珊瑚礁
山峰及高程
08时
20时
(m)
6000
5000
4000
1: 2500万
南海诸岛
比例尺 1:5000万

青 藏 高 原 低 涡 降 水 资 料

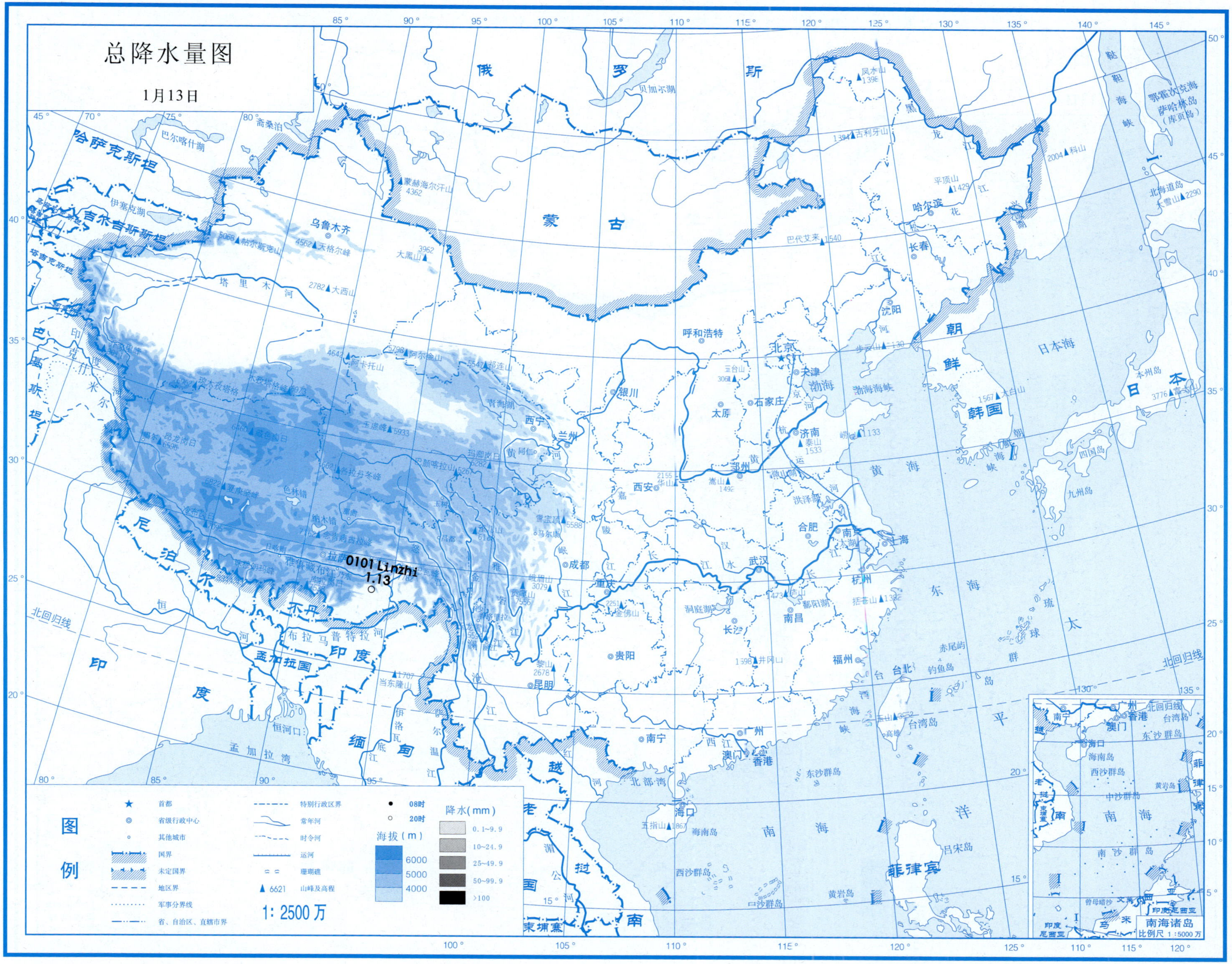
总降水量图
1月13日
0101 Linzhi
1.13
俄
罗
斯
蒙
古
哈萨克斯坦
吉尔吉斯斯坦
塔吉克斯坦
巴基斯坦
尼
泊
尔
不丹
印
度
孟加拉国
缅
甸
老
挝
越
南
柬埔寨
朝
鲜
韩国
日
本
菲律宾
北京
天津
石家庄
太原
呼和浩特
沈阳
长春
哈尔滨
济南
郑州
西安
银川
兰州
西宁
乌鲁木齐
拉萨
成都
重庆
武汉
合肥
南京
上海
杭州
南昌
长沙
福州
台北
贵阳
昆明
南宁
广州
海口
香港
澳门
渤海
黄海
东海
日本海
南海
太平洋
北回归线
图例
首都
省级行政中心
其他城市
国界
未定国界
地区界
军事分界线
省、自治区、直辖市界
特别行政区界
常年河
时令河
运河
珊瑚礁
山峰及高程
08时
20时
海拔(m)
6000
5000
4000
降水(mm)
0.1~9.9
10~24.9
25~49.9
50~99.9
>100
1: 2500 万
南海诸岛
比例尺 1:5000 万

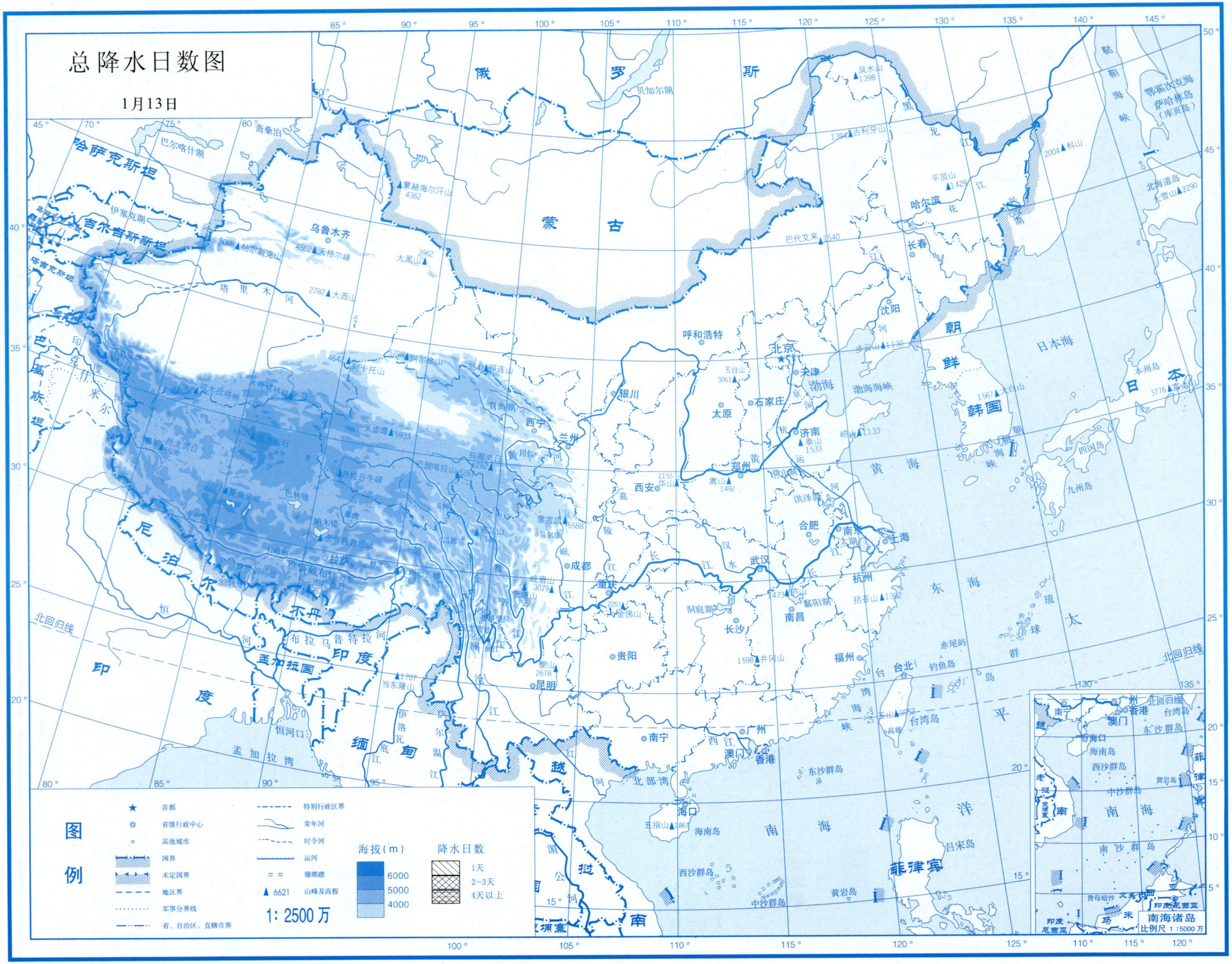
总降水日数图
1月13日
俄 罗 斯
贝加尔湖
蒙 古
哈萨克斯坦
吉尔吉斯斯坦
乌鲁木齐
塔里木河
呼和浩特
北京
天津
沈阳
长春
哈尔滨
银川
太原
石家庄
济南
西宁
兰州
西安
郑州
合肥
南京
上海
成都
重庆
武汉
杭州
长沙
南昌
贵阳
福州
昆明
台北
南宁
广州
澳门
香港
海口
拉萨
尼泊尔
不丹
印度
孟加拉国
缅甸
越南
朝鲜
韩国
日本
日本海
渤海
黄海
东海
南海
菲律宾
太平洋
台湾岛
海南岛
北回归线
图例
首都
省级行政中心
其他城市
国界
未定国界
地区界
军事分界线
省、自治区、直辖市界
特别行政区界
常年河
时令河
运河
珊瑚礁
6621 山峰及高程
1: 2500 万
海拔（m）
6000
5000
4000
降水日数
1天
2~3天
4天以上
南海诸岛
比例尺 1:5000 万

总降水量图

3月5~6日

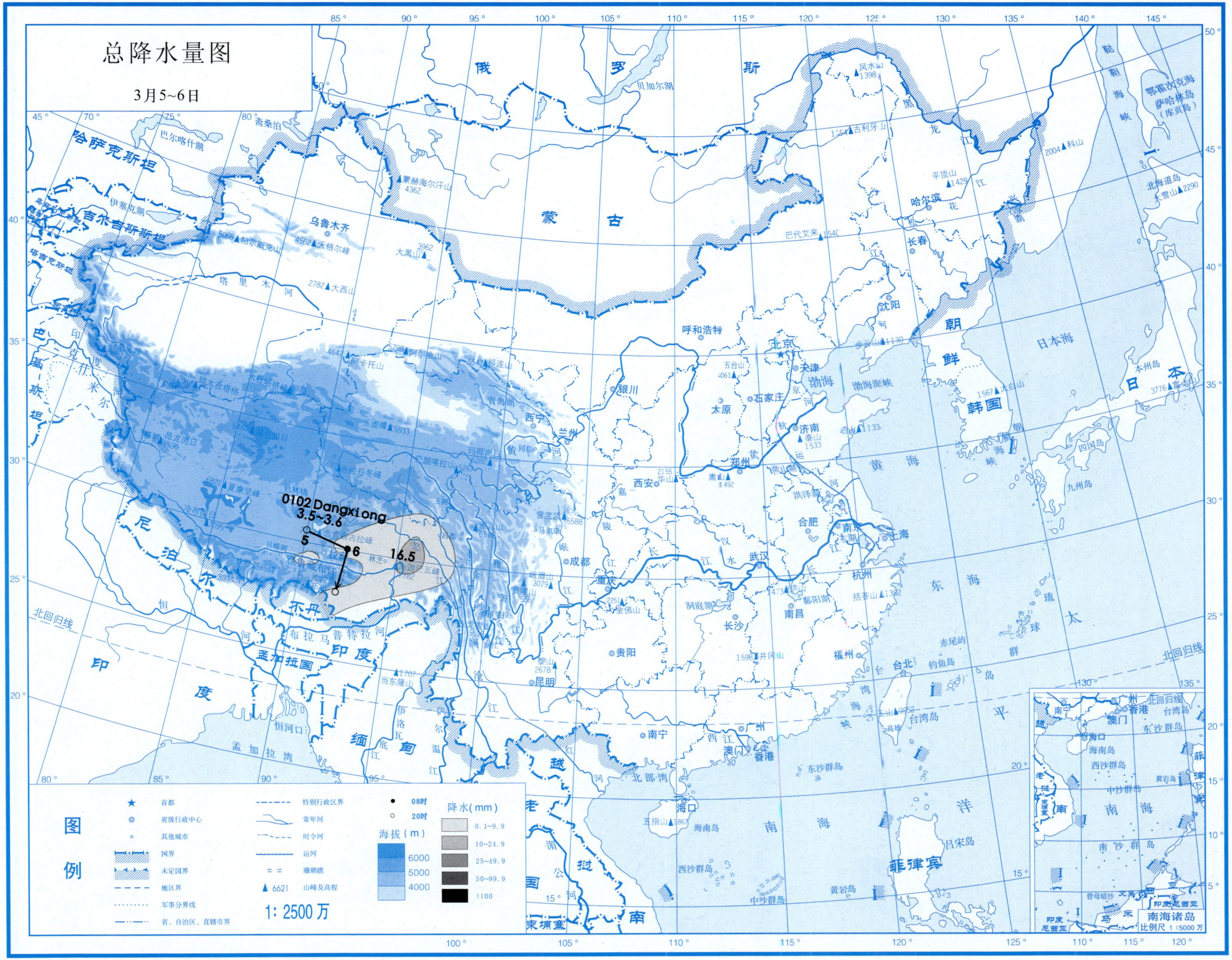

0102 Dangxiong
3.5~3.6
5
6
16.5
图例
首都
省级行政中心
其他城市
国界
未定国界
地区界
军事分界线
省、自治区、直辖市界
特别行政区界
常年河
时令河
运河
珊瑚礁
山峰及高程
08时
20时
降水(mm)
0.1~9.9
10~24.9
25~49.9
50~99.9
>100
海拔(m)
6000
5000
4000
1: 2500万
南海诸岛
比例尺 1:5000万

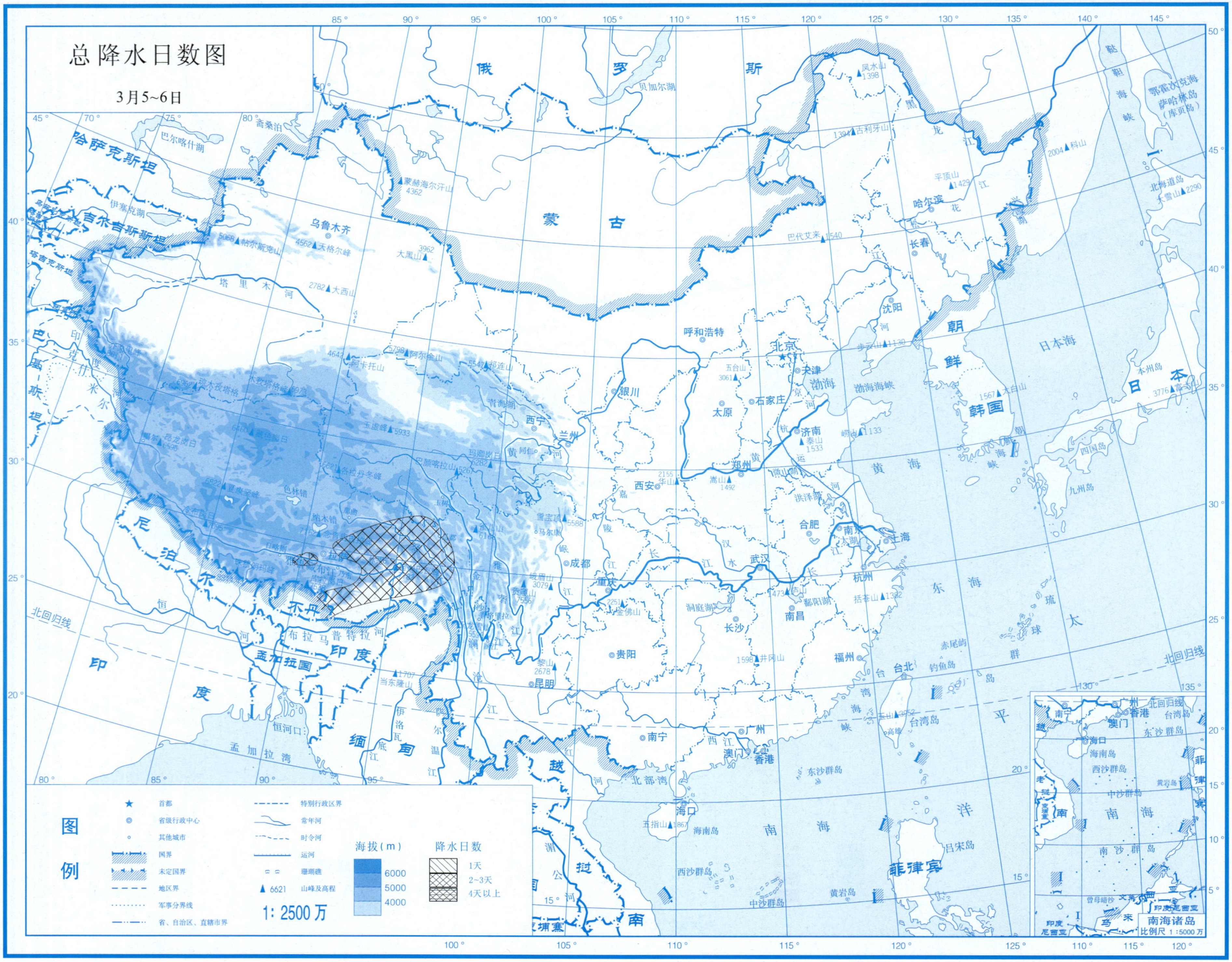

总降水日数图
3月5~6日
图例
首都
省级行政中心
其他城市
国界
未定国界
地区界
军事分界线
省、自治区、直辖市界
特别行政区界
常年河
时令河
运河
珊瑚礁
6621 山峰及高程
1: 2500 万
海拔（m）
6000
5000
4000
降水日数
1天
2~3天
4天以上
南海诸岛
比例尺 1:5000 万

总降水量图

3月10日

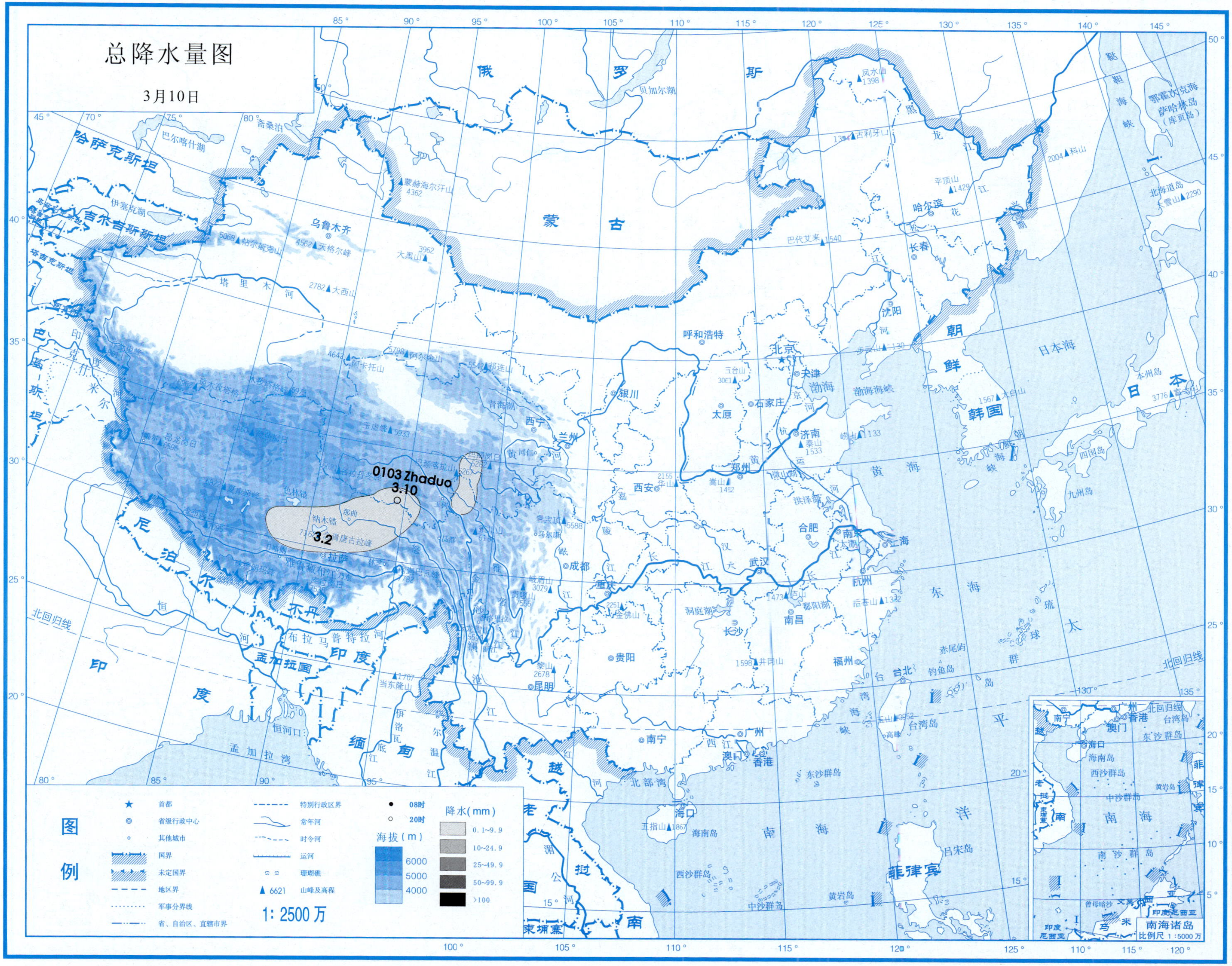
0103 Zhaduo
3.10
3.2
图例
首都
省级行政中心
其他城市
国界
未定国界
地区界
军事分界线
省、自治区、直辖市界
特别行政区界
常年河
时令河
运河
珊瑚礁
6621 山峰及高程
1: 2500 万
08时
20时
海拔（m）
6000
5000
4000
降水(mm)
0.1~9.9
10~24.9
25~49.9
50~99.9
>100
南海诸岛
比例尺 1:5000 万

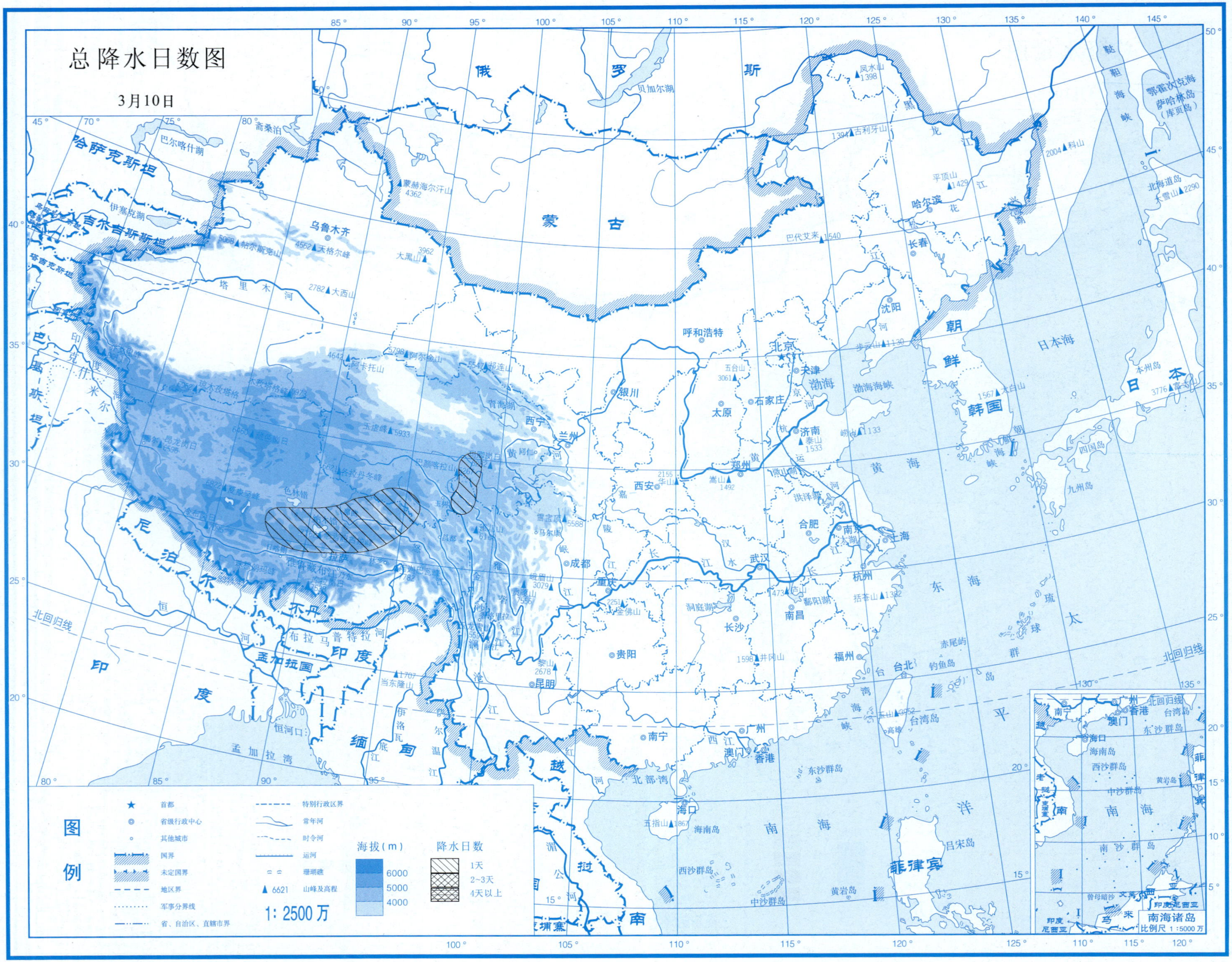
总降水日数图
3月10日
图例
首都
省级行政中心
其他城市
国界
未定国界
地区界
军事分界线
省、自治区、直辖市界
特别行政区界
常年河
时令河
运河
珊瑚礁
6621 山峰及高程
1: 2500 万
海拔（m）
6000
5000
4000
降水日数
1天
2~3天
4天以上
南海诸岛
比例尺 1：5000 万

总降水量图

3月24日

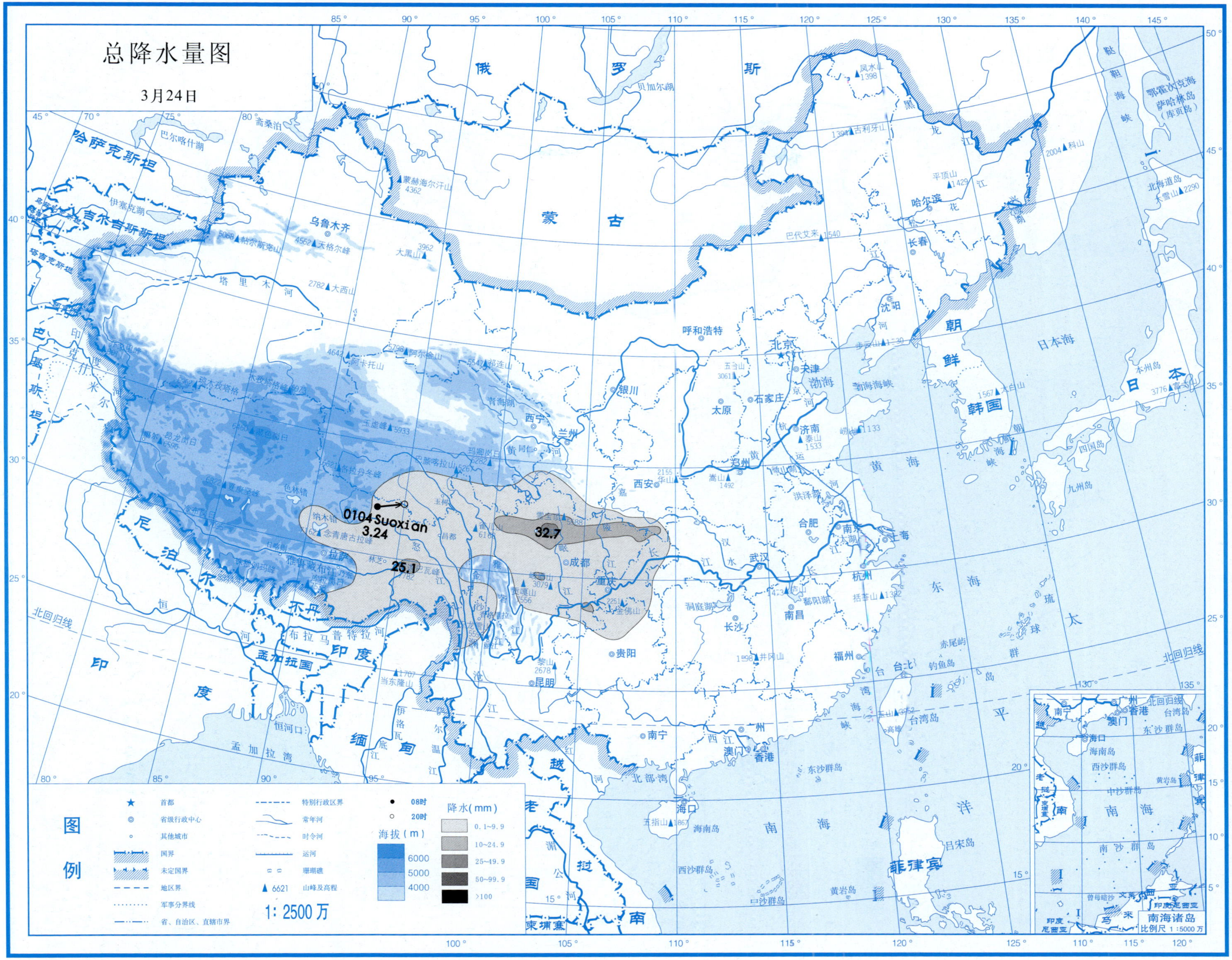
0104 Suoxian
3.24
32.7
25.1
图例
首都
省级行政中心
其他城市
国界
未定国界
地区界
军事分界线
省、自治区、直辖市界
特别行政区界
常年河
时令河
运河
珊瑚礁
6621 山峰及高程
08时
20时
海拔（m）
6000
5000
4000
降水(mm)
0.1~9.9
10~24.9
25~49.9
50~99.9
>100
1: 2500 万
南海诸岛
比例尺 1:5000 万

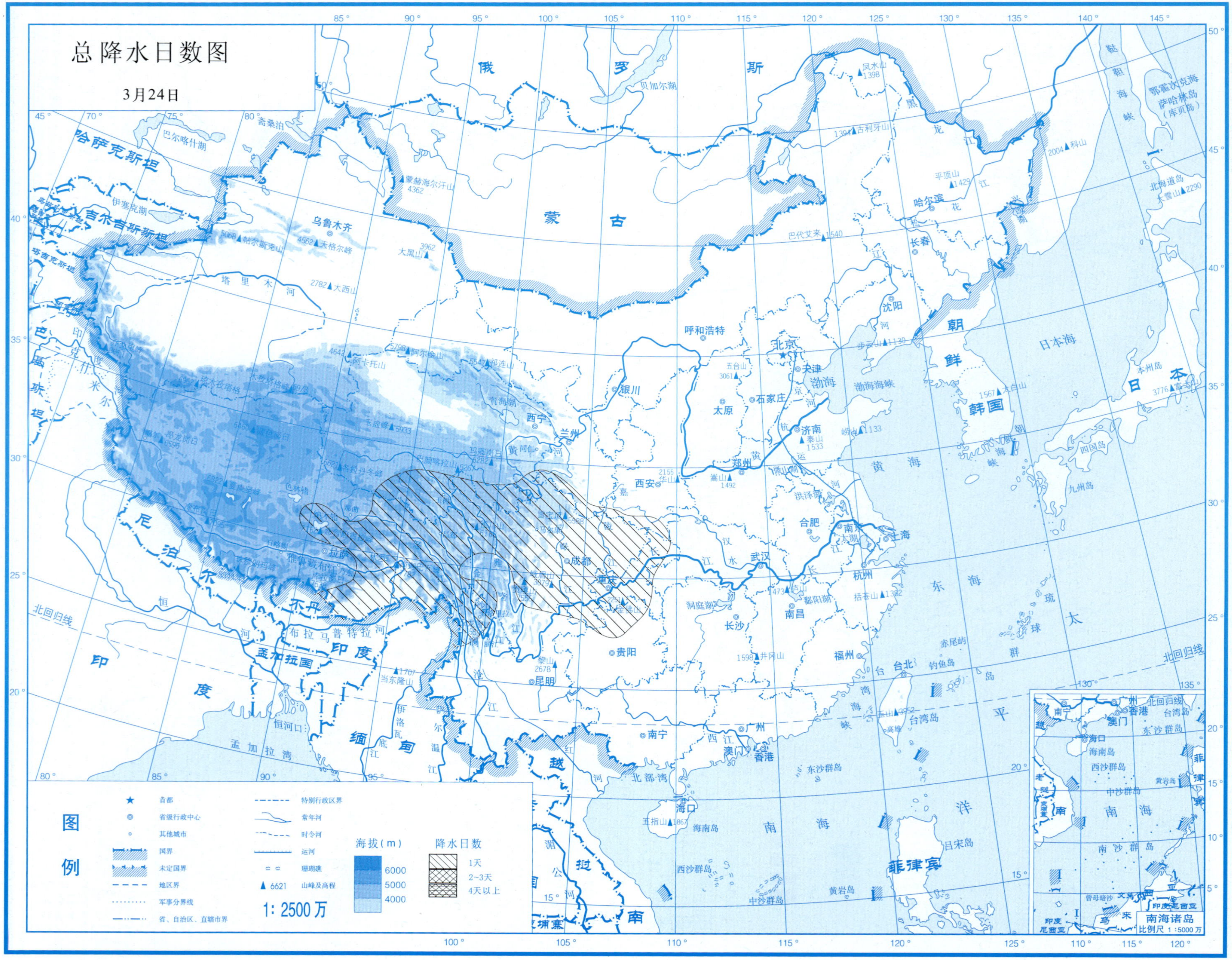
总降水日数图
3月24日
图例
首都
省级行政中心
其他城市
国界
未定国界
地区界
军事分界线
省、自治区、直辖市界
特别行政区界
常年河
时令河
运河
珊瑚礁
山峰及高程
海拔(m)
6000
5000
4000
降水日数
1天
2~3天
4天以上
1:2500万
南海诸岛
比例尺 1:5000万

总降水量图

3月30日

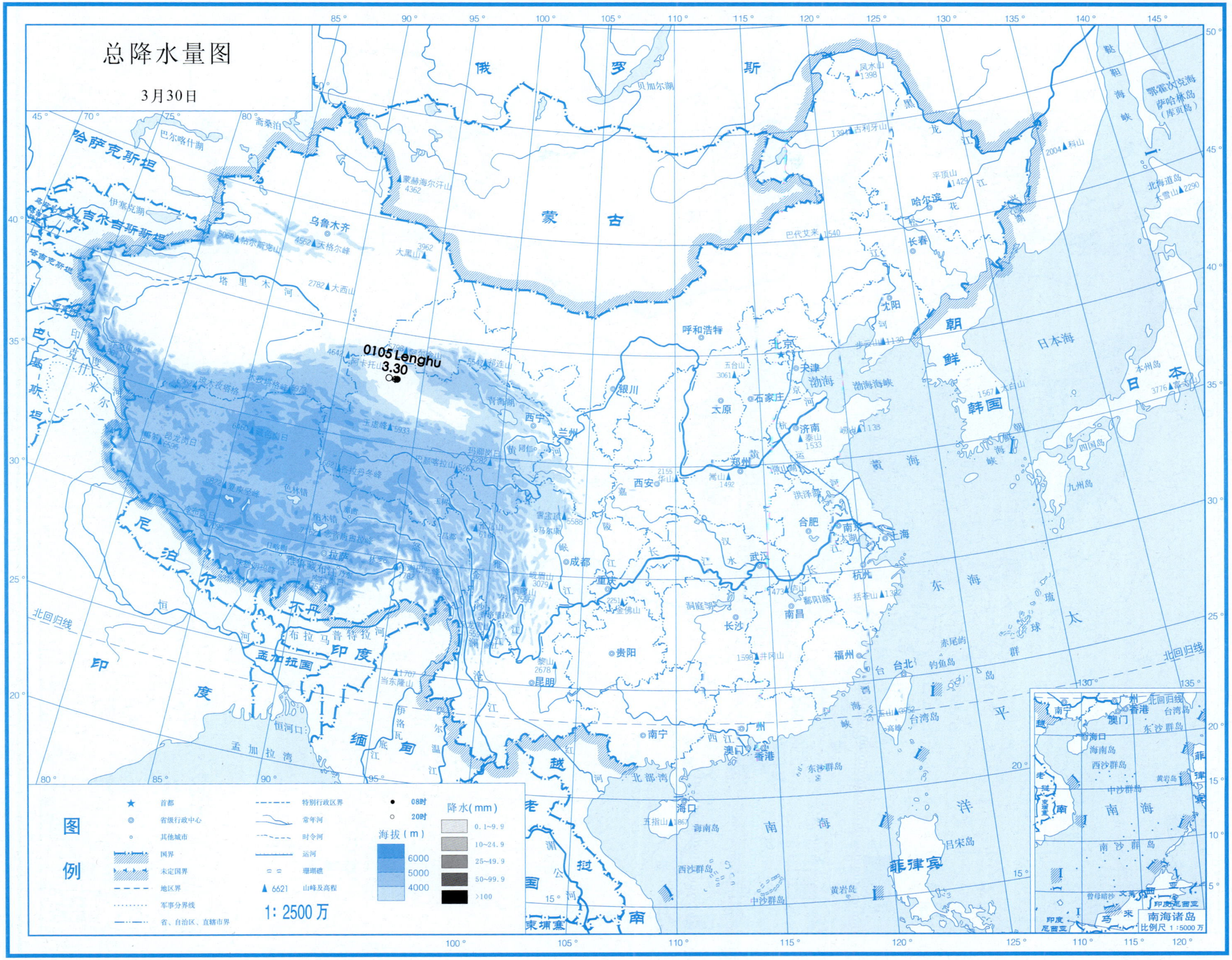
0105 Lenghu
3.30
图例
首都
省级行政中心
其他城市
国界
未定国界
地区界
军事分界线
省、自治区、直辖市界
特别行政区界
常年河
时令河
运河
珊瑚礁
6621 山峰及高程
1：2500万
08时
20时
海拔（m）
6000
5000
4000
降水（mm）
0.1~9.9
10~24.9
25~49.9
50~99.9
>100
俄罗斯
蒙古
哈萨克斯坦
吉尔吉斯斯坦
塔吉克斯坦
巴基斯坦
尼泊尔
不丹
印度
孟加拉国
缅甸
老挝
越南
泰国
柬埔寨
朝鲜
韩国
日本
菲律宾
北京
天津
石家庄
太原
呼和浩特
哈尔滨
长春
沈阳
乌鲁木齐
西宁
兰州
银川
西安
郑州
济南
合肥
南京
上海
杭州
武汉
长沙
南昌
福州
台北
广州
香港
澳门
南宁
海口
贵阳
昆明
成都
重庆
拉萨
黄海
东海
渤海
日本海
南海
太平洋
北回归线
南海诸岛
比例尺 1：5000万

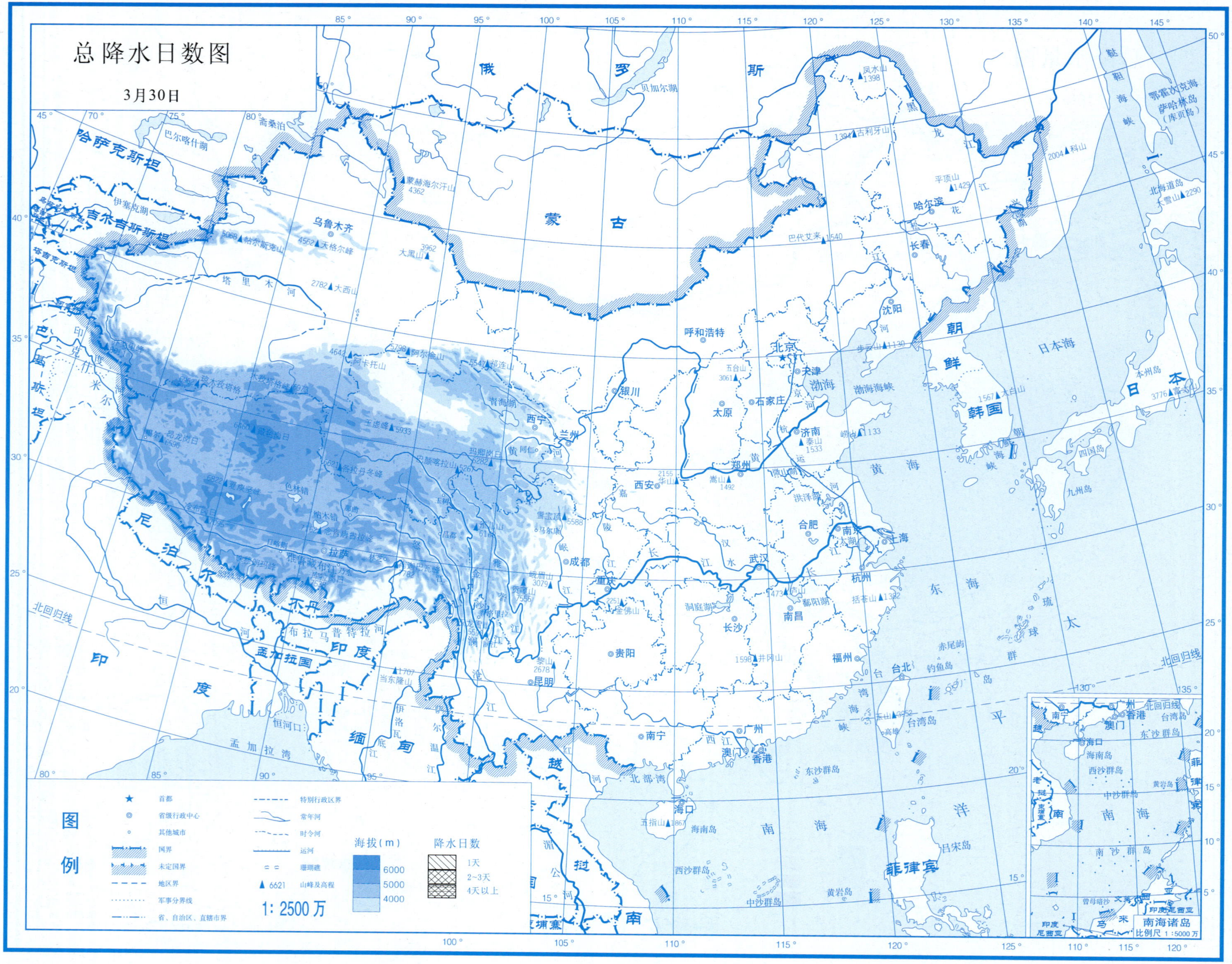
总降水日数图
3月30日
图例
首都
省级行政中心
其他城市
国界
未定国界
地区界
军事分界线
省、自治区、直辖市界
特别行政区界
常年河
时令河
运河
珊瑚礁
6621 山峰及高程
1: 2500万
海拔(m)
6000
5000
4000
降水日数
1天
2~3天
4天以上
南海诸岛
比例尺 1:5000万

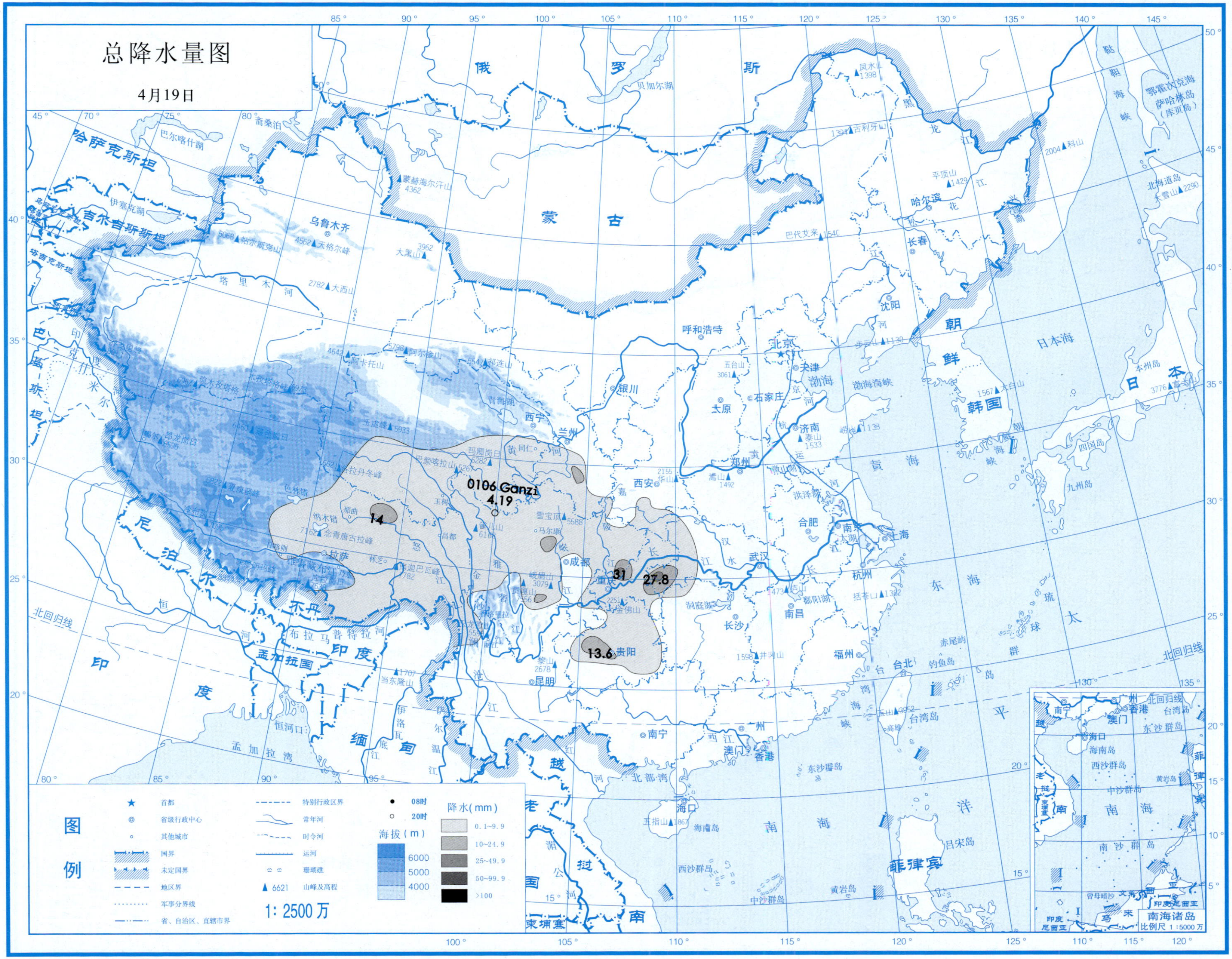

总降水量图
4月19日
0106 Ganzi
4.19
14
31
27.8
13.6
图例
首都
省级行政中心
其他城市
国界
未定国界
地区界
军事分界线
省、自治区、直辖市界
特别行政区界
常年河
时令河
运河
珊瑚礁
6621 山峰及高程
08时
20时
海拔（m）
6000
5000
4000
降水(mm)
0.1~9.9
10~24.9
25~49.9
50~99.9
>100
1: 2500 万
南海诸岛
比例尺 1 : 5000 万

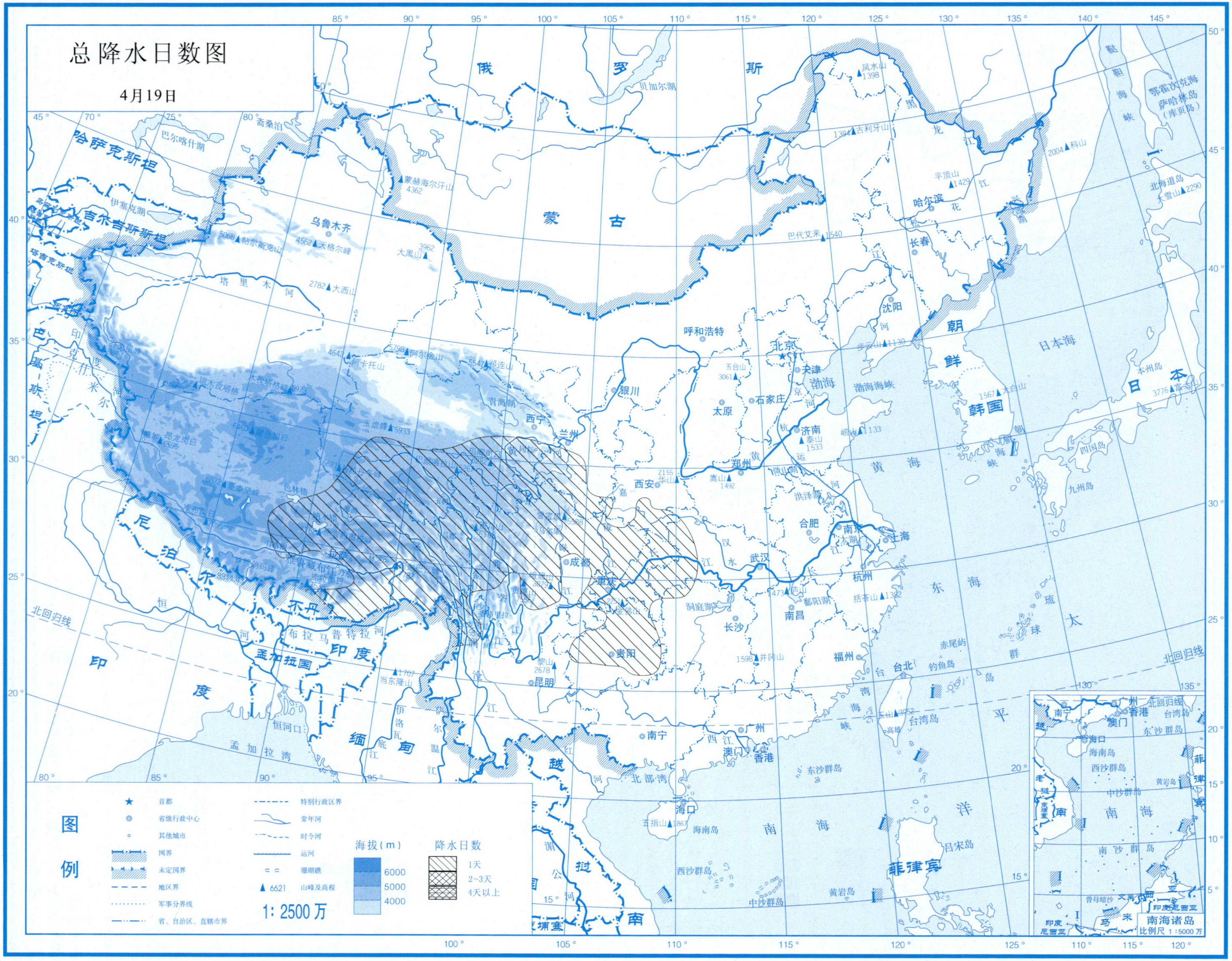

总降水日数图
4月19日
图例
首都
省级行政中心
其他城市
国界
未定国界
地区界
军事分界线
省、自治区、直辖市界
特别行政区界
常年河
时令河
运河
珊瑚礁
6621 山峰及高程
1: 2500 万
海拔(m)
6000
5000
4000
降水日数
1天
2~3天
4天以上
南海诸岛
比例尺 1:5000 万
俄罗斯
蒙古
哈萨克斯坦
吉尔吉斯斯坦
塔吉克斯坦
巴基斯坦
印度
尼泊尔
不丹
孟加拉国
缅甸
越南
老挝
泰国
柬埔寨
菲律宾
朝鲜
韩国
日本
北京
天津
石家庄
太原
呼和浩特
沈阳
长春
哈尔滨
济南
郑州
西安
银川
兰州
西宁
乌鲁木齐
成都
重庆
贵阳
昆明
南宁
广州
长沙
武汉
南昌
合肥
南京
上海
杭州
福州
台北
香港
澳门
海口
北回归线
渤海
黄海
东海
南海
日本海
太平洋

总降水量图

4月21日

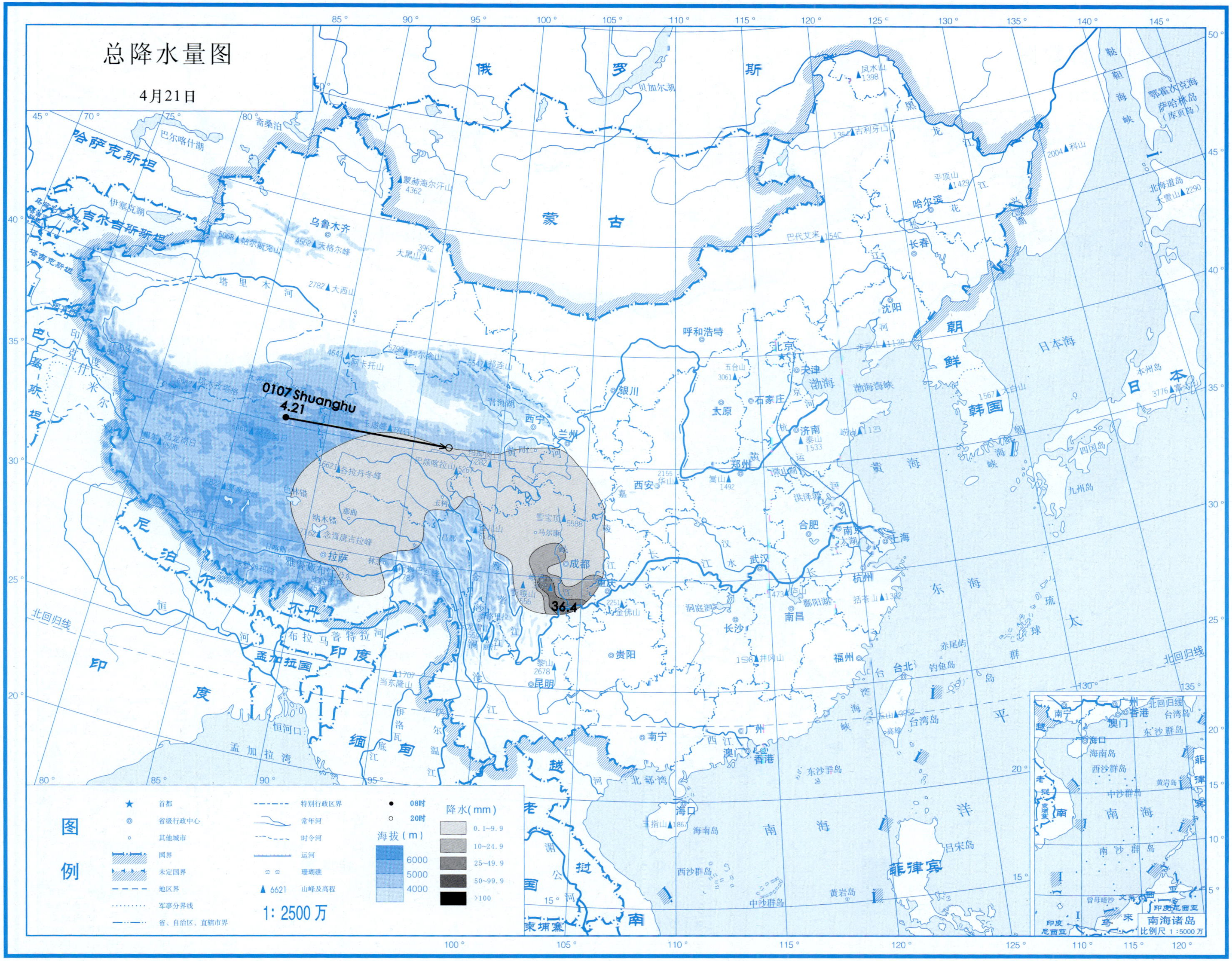
0107 Shuanghu
4.21
36.4
图例
首都
省级行政中心
其他城市
国界
未定国界
地区界
军事分界线
省、自治区、直辖市界
特别行政区界
常年河
时令河
运河
珊瑚礁
6621 山峰及高程
08时
20时
海拔（m）
6000
5000
4000
降水(mm)
0.1~9.9
10~24.9
25~49.9
50~99.9
>100
1: 2500万
南海诸岛
比例尺 1:5000万

总降水日数图

4月21日

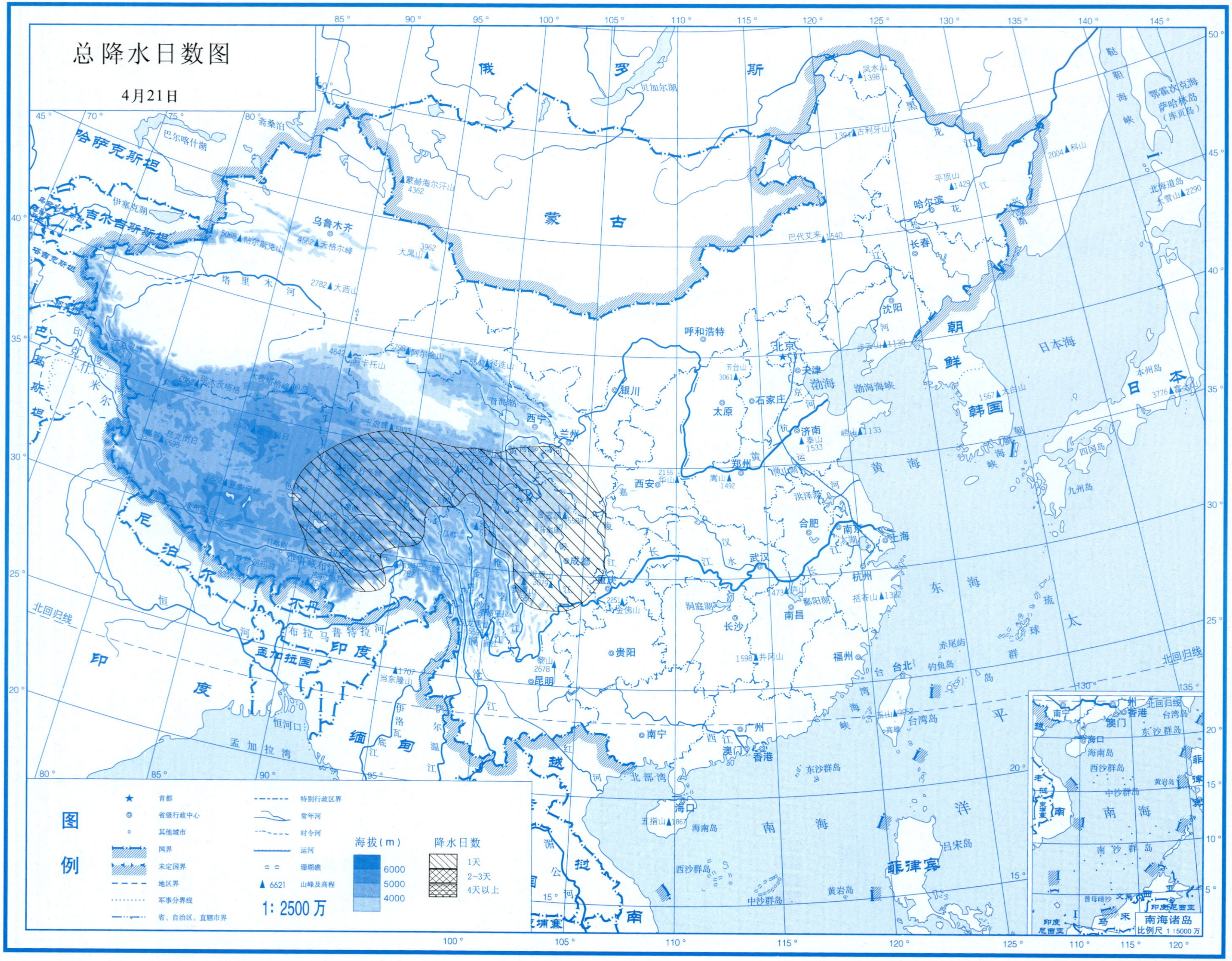

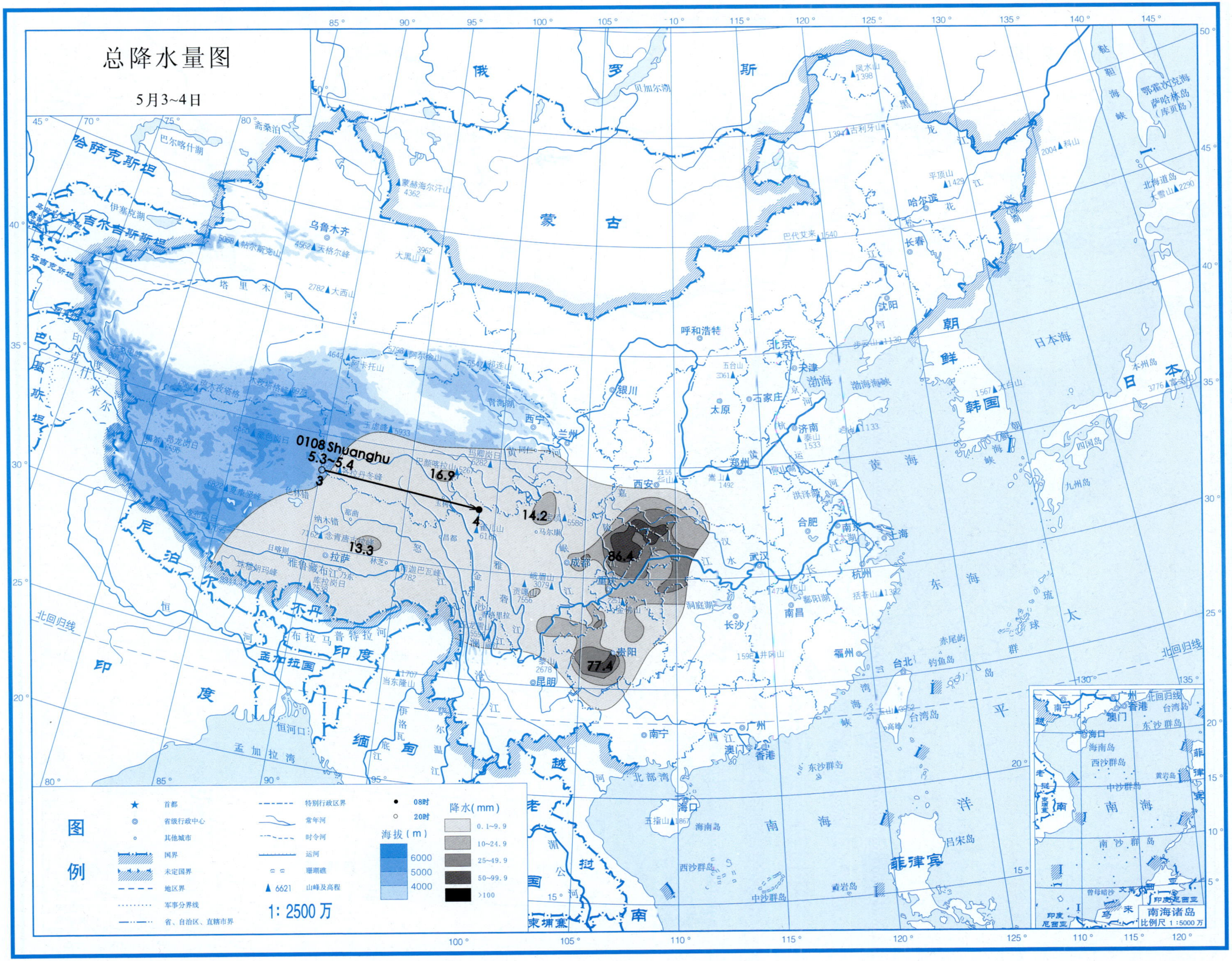
总降水量图
5月3~4日
0108 Shuanghu
5.3~5.4
3
4
16.9
14.2
13.3
86.4
77.4
图例
首都
省级行政中心
其他城市
国界
未定国界
地区界
军事分界线
省、自治区、直辖市界
特别行政区界
常年河
时令河
运河
珊瑚礁
6621 山峰及高程
08时
20时
海拔（m）
6000
5000
4000
降水（mm）
0.1~9.9
10~24.9
25~49.9
50~99.9
>100
1: 2500 万
南海诸岛
比例尺 1：5000 万

总降水日数图

5月3~4日

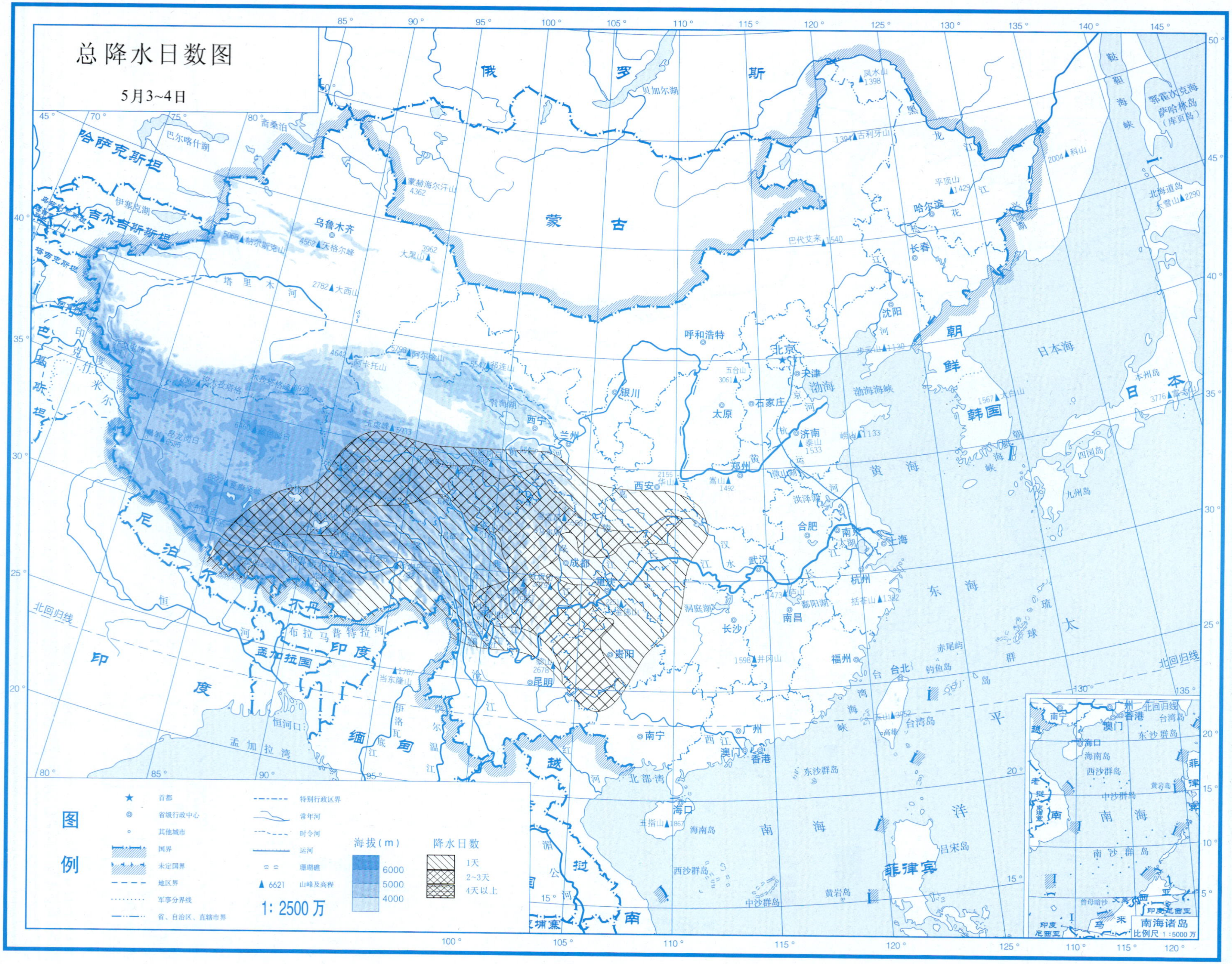

总降水量图

5月5日

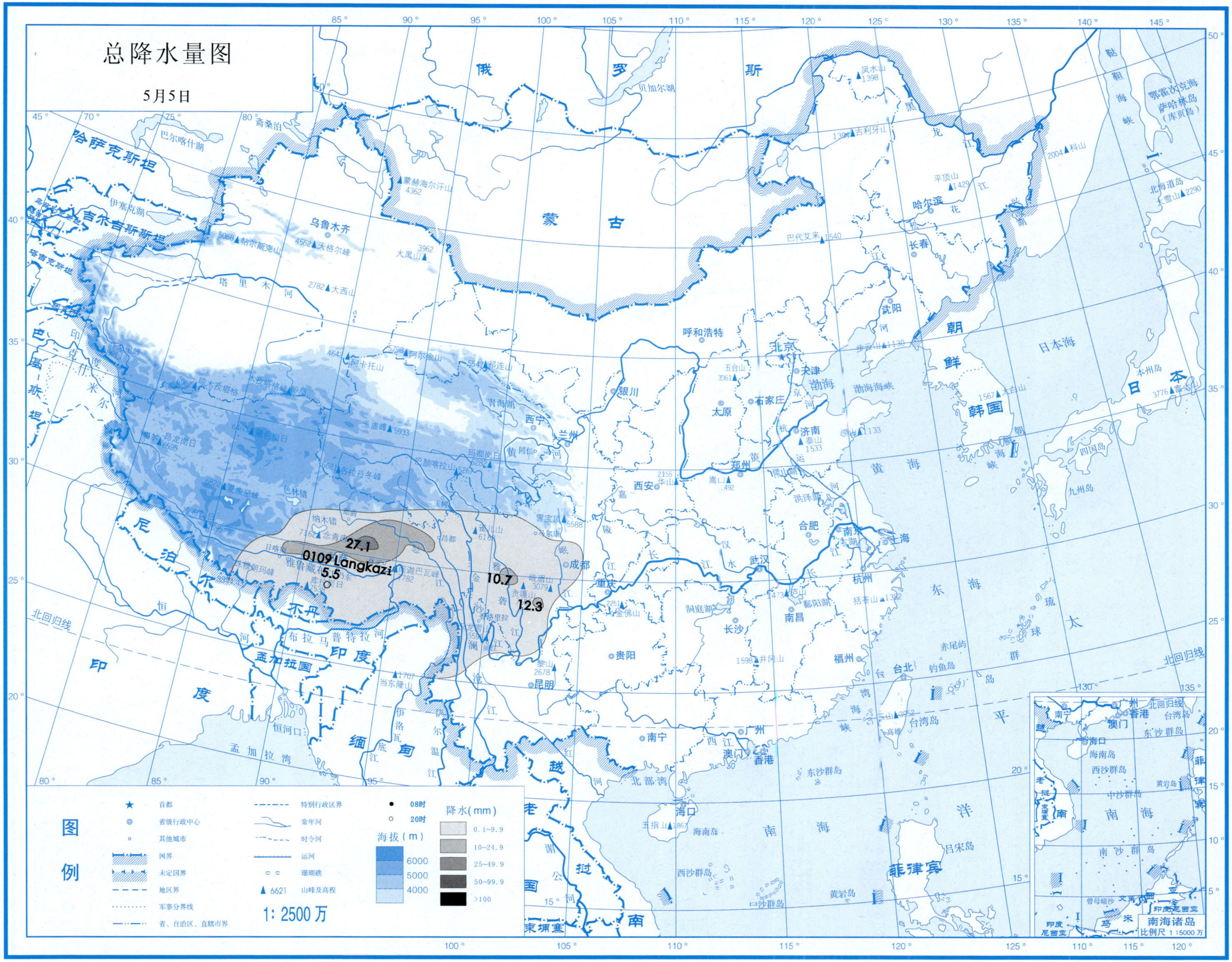
27.1
0109 Langkazi
5.5
10.7
12.3
图例
首都
省级行政中心
其他城市
国界
未定国界
地区界
军事分界线
省、自治区、直辖市界
特别行政区界
常年河
时令河
运河
珊瑚礁
6621 山峰及高程
08时
20时
海拔（m）
6000
5000
4000
降水（mm）
0.1~9.9
10~24.9
25~49.9
50~99.9
>100
1：2500万
南海诸岛
比例尺 1：5000万

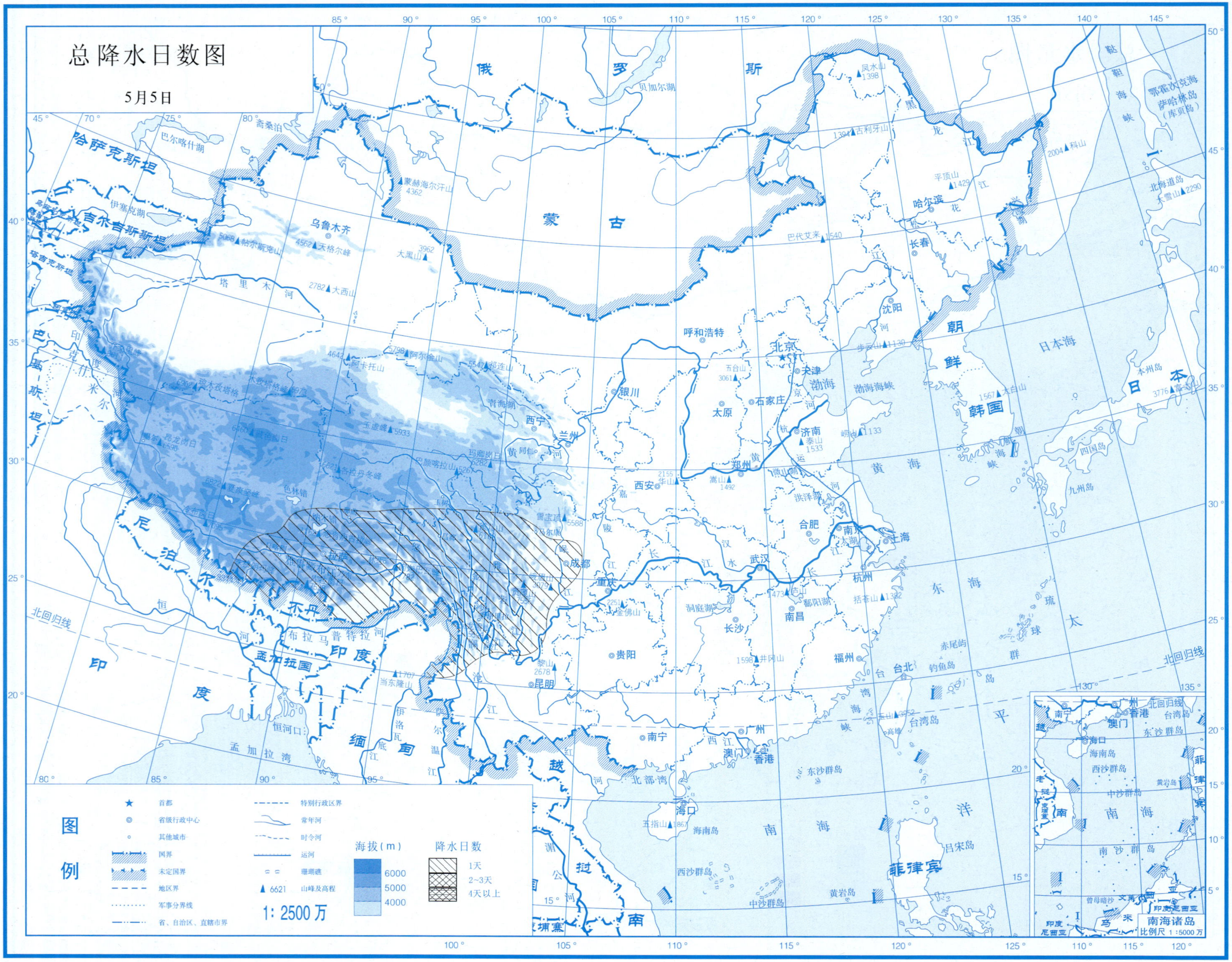
总降水日数图
5月5日
图例
首都
省级行政中心
其他城市
国界
未定国界
地区界
军事分界线
省、自治区、直辖市界
特别行政区界
常年河
时令河
运河
珊瑚礁
6621 山峰及高程
海拔(m)
6000
5000
4000
降水日数
1天
2~3天
4天以上
1: 2500万
南海诸岛
比例尺 1 : 5000 万

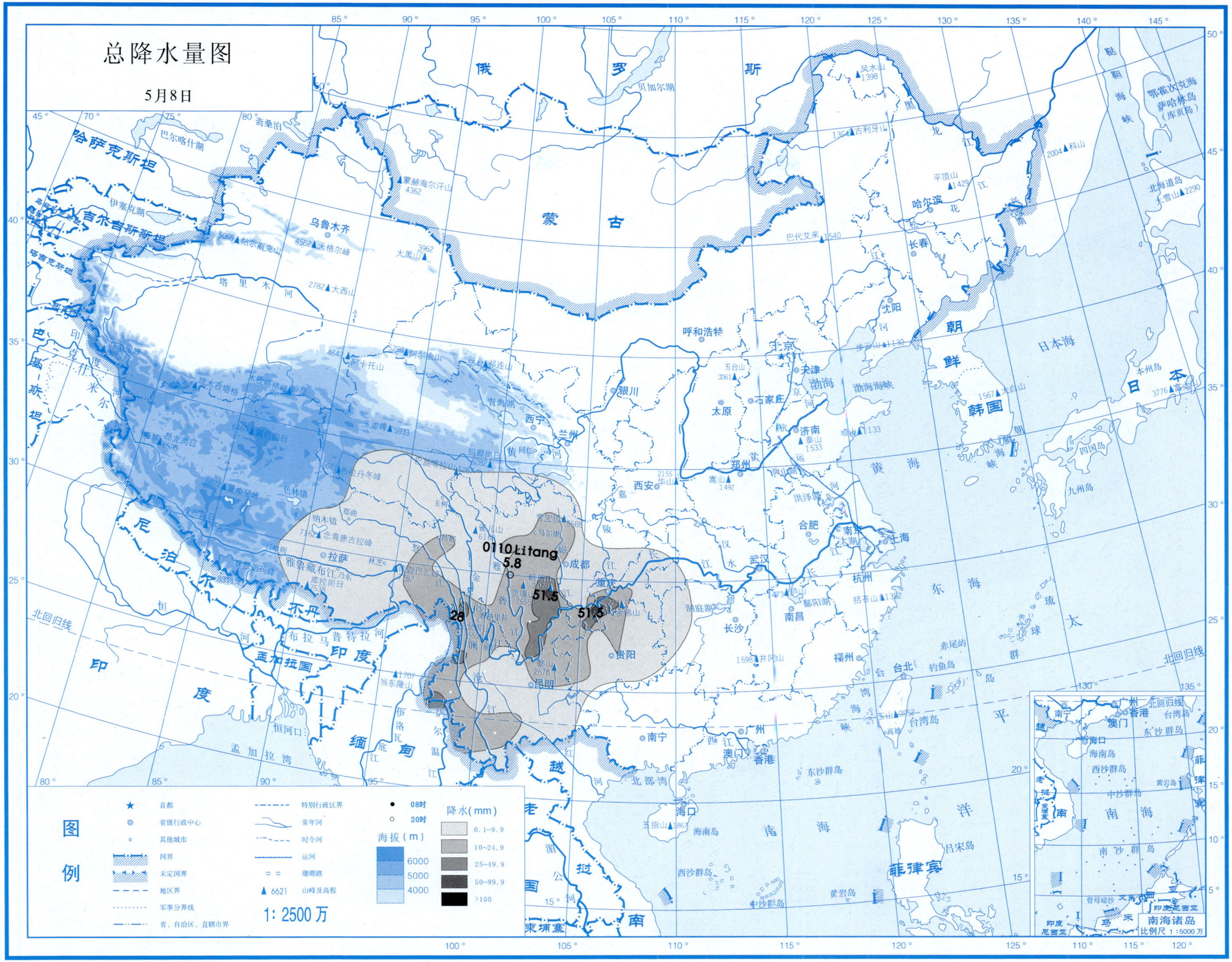

总降水量图
5月8日
0110Litang
5.8
51.5
51.5
28
图例
首都
省级行政中心
其他城市
国界
未定国界
地区界
军事分界线
省、自治区、直辖市界
特别行政区界
常年河
时令河
运河
珊瑚礁
6621 山峰及高程
08时
20时
海拔（m）
6000
5000
4000
降水（mm）
0.1~9.9
10~24.9
25~49.9
50~99.9
>100
1：2500万
南海诸岛
比例尺 1：5000万

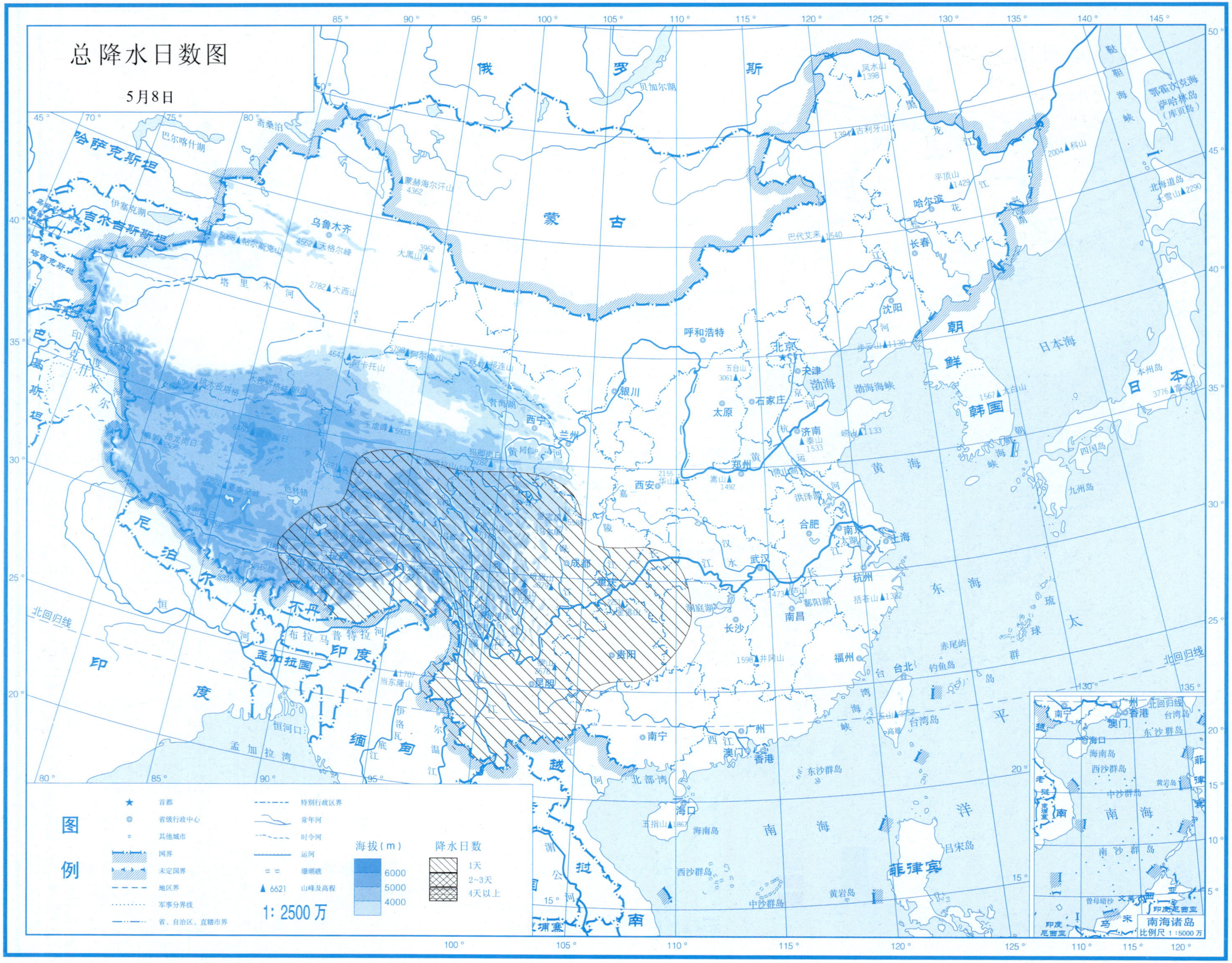
总降水日数图
5月8日
图例
首都
省级行政中心
其他城市
国界
未定国界
地区界
军事分界线
省、自治区、直辖市界
特别行政区界
常年河
时令河
运河
珊瑚礁
6621 山峰及高程
1: 2500 万
海拔(m)
6000
5000
4000
降水日数
1天
2~3天
4天以上
南海诸岛
比例尺 1:5000 万

总降水量图

5月11日

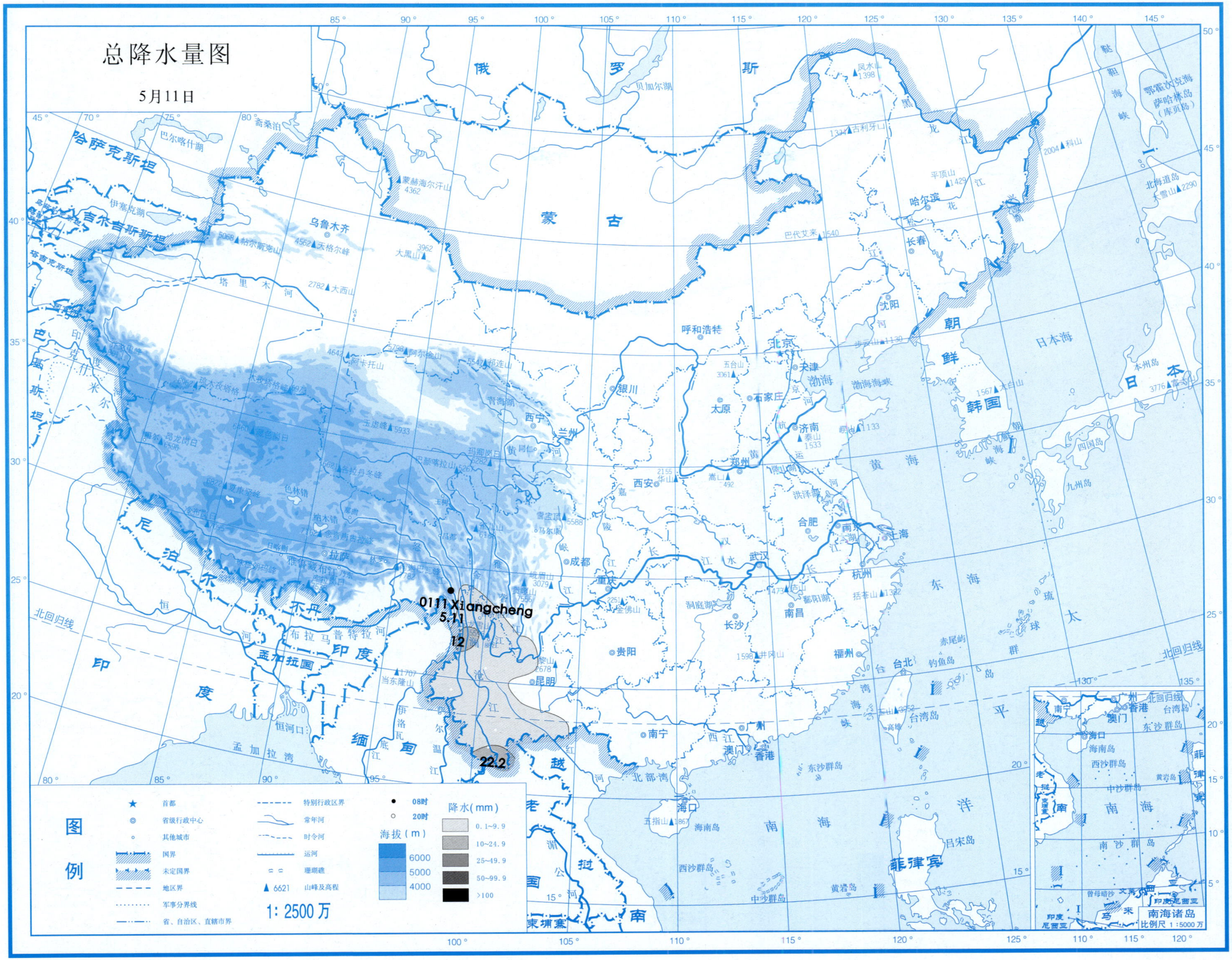

0111 Xiangcheng
5.11
12
22.2
图例
首都
省级行政中心
其他城市
国界
未定国界
地区界
军事分界线
省、自治区、直辖市界
特别行政区界
常年河
时令河
运河
珊瑚礁
6621 山峰及高程
08时
20时
海拔（m）
6000
5000
4000
降水(mm)
0.1~9.9
10~24.9
25~49.9
50~99.9
>100
1: 2500 万
南海诸岛
比例尺 1:5000 万

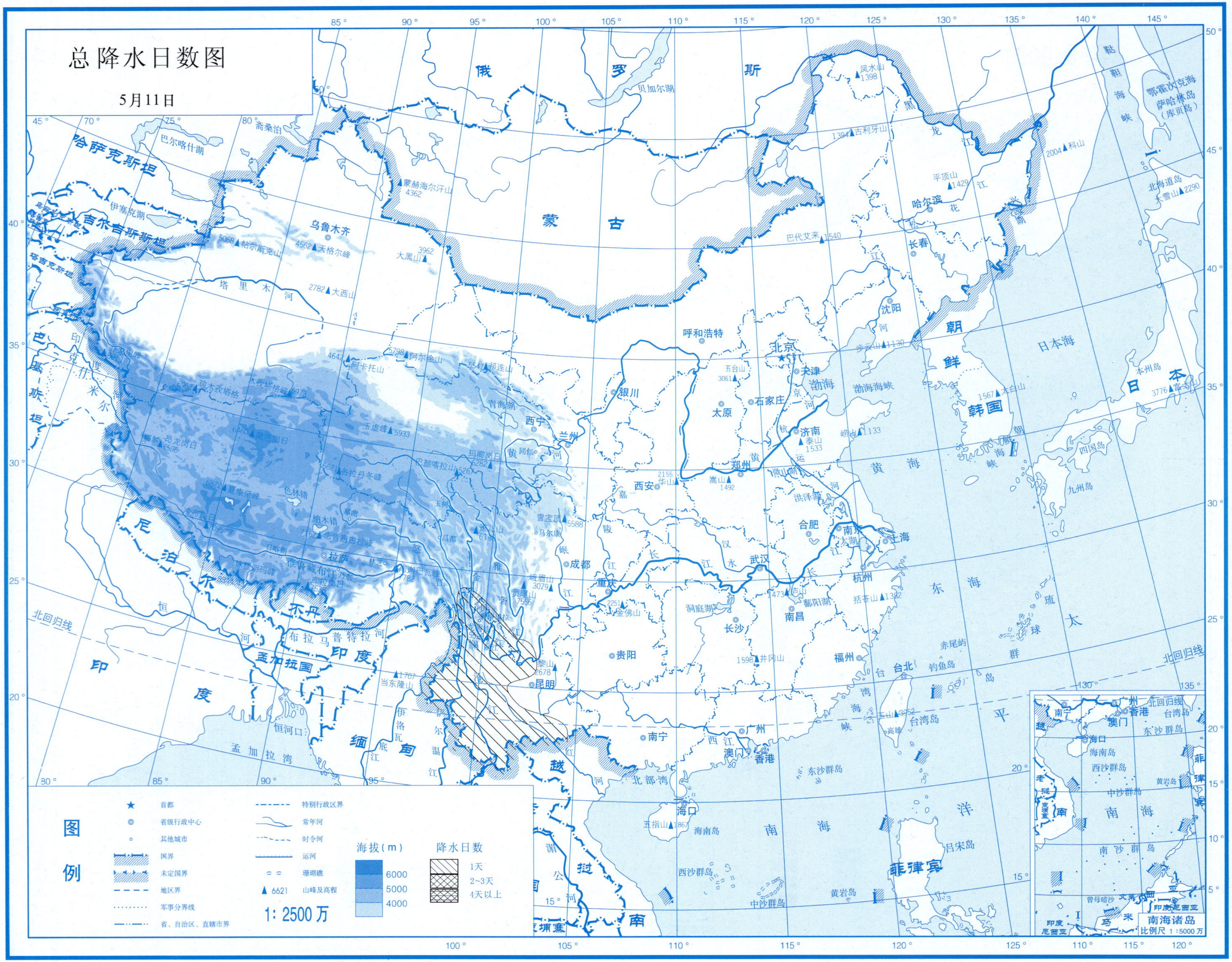
总降水日数图
5月11日
图例
首都
省级行政中心
其他城市
国界
未定国界
地区界
军事分界线
省、自治区、直辖市界
特别行政区界
常年河
时令河
运河
珊瑚礁
6621 山峰及高程
海拔(m)
6000
5000
4000
降水日数
1天
2~3天
4天以上
1: 2500万
南海诸岛
比例尺 1:5000万

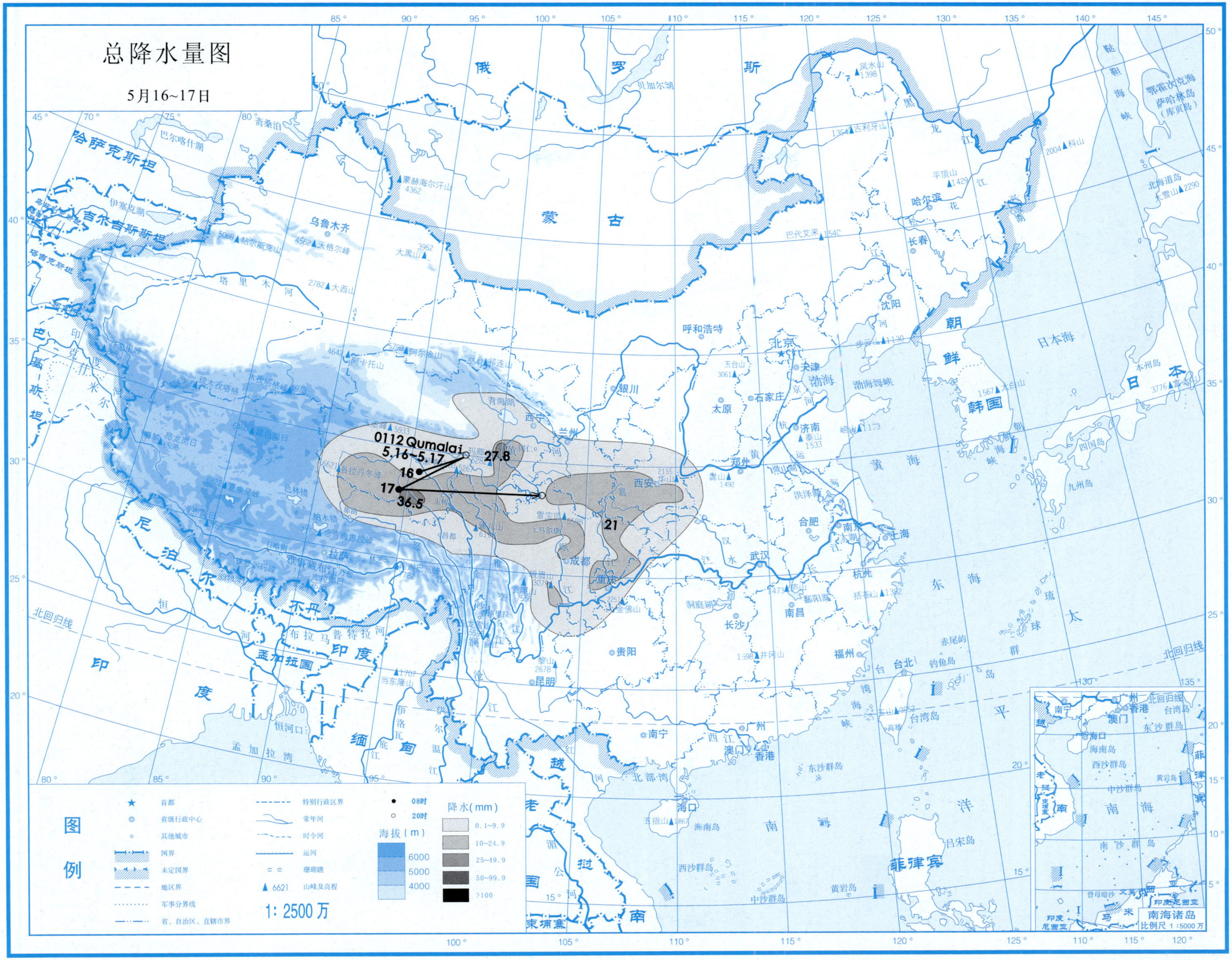
总降水量图
5月16~17日
0112 Qumalai
5.16~5.17
16
17
36.5
27.8
21
图例
首都
省级行政中心
其他城市
国界
未定国界
地区界
军事分界线
省、自治区、直辖市界
特别行政区界
常年河
时令河
运河
珊瑚礁
6621 山峰及高程
08时
20时
海拔（m）
6000
5000
4000
降水（mm）
0.1~9.9
10~24.9
25~49.9
50~99.9
>100
1: 2500万
南海诸岛
比例尺 1:5000万

总降水日数图

5月16~17日

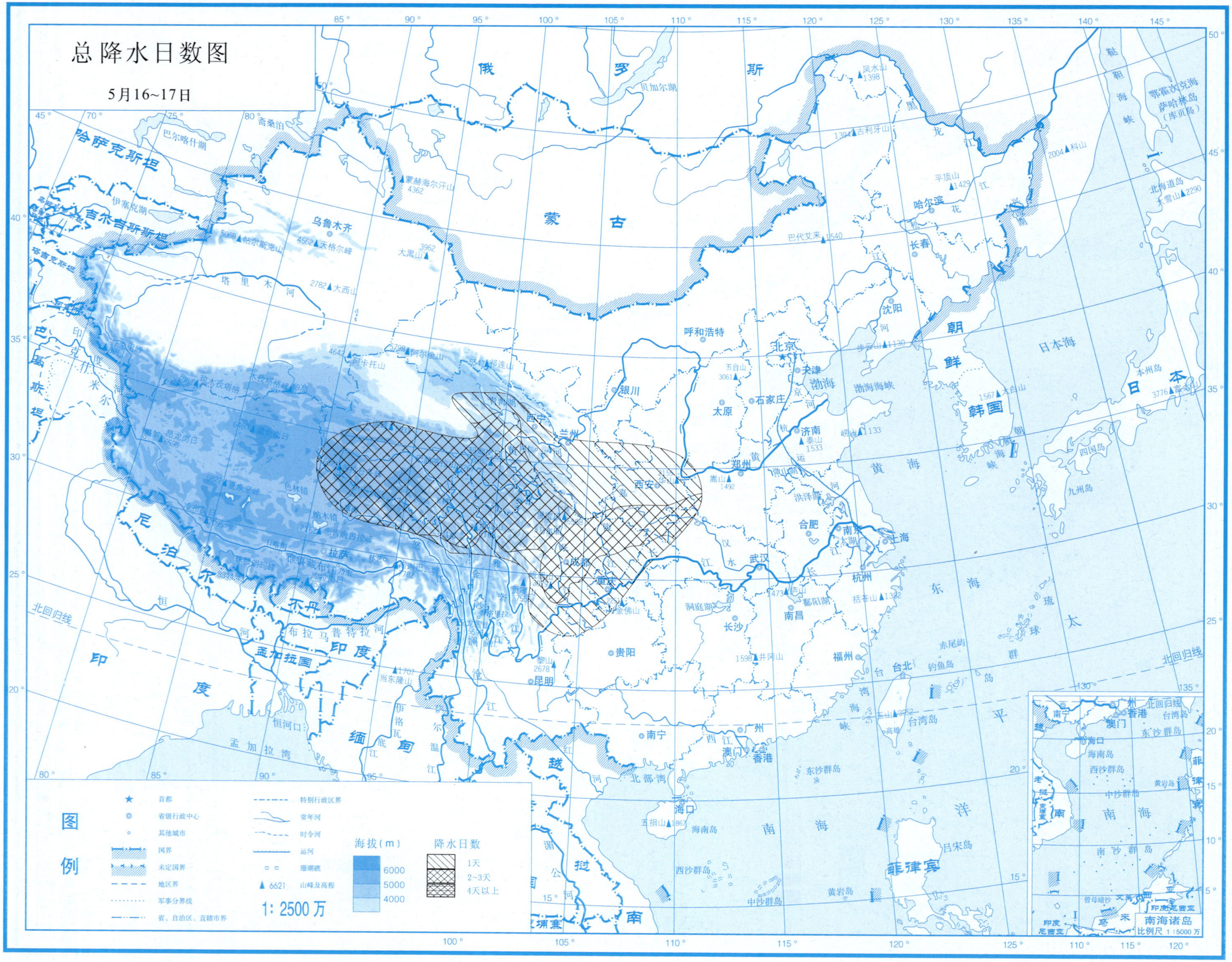

总降水量图

5月26日

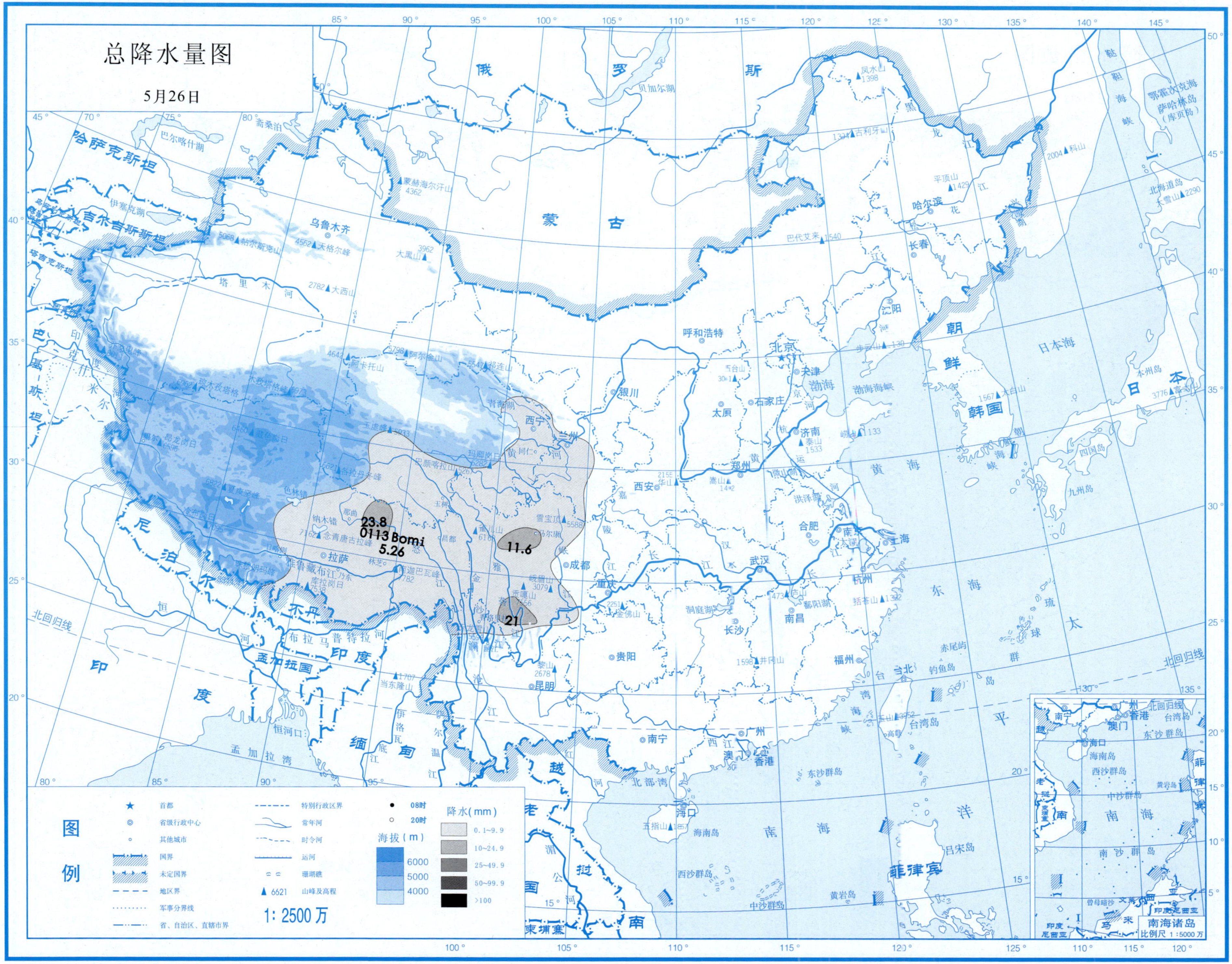
23.8
0113 Bomi
5.26
11.6
21
图例
首都
省级行政中心
其他城市
国界
未定国界
地区界
军事分界线
省、自治区、直辖市界
特别行政区界
常年河
时令河
运河
珊瑚礁
6621 山峰及高程
08时
20时
海拔（m）
6000
5000
4000
降水(mm)
0.1~9.9
10~24.9
25~49.9
50~99.9
>100
1: 2500万
南海诸岛
比例尺 1:5000万

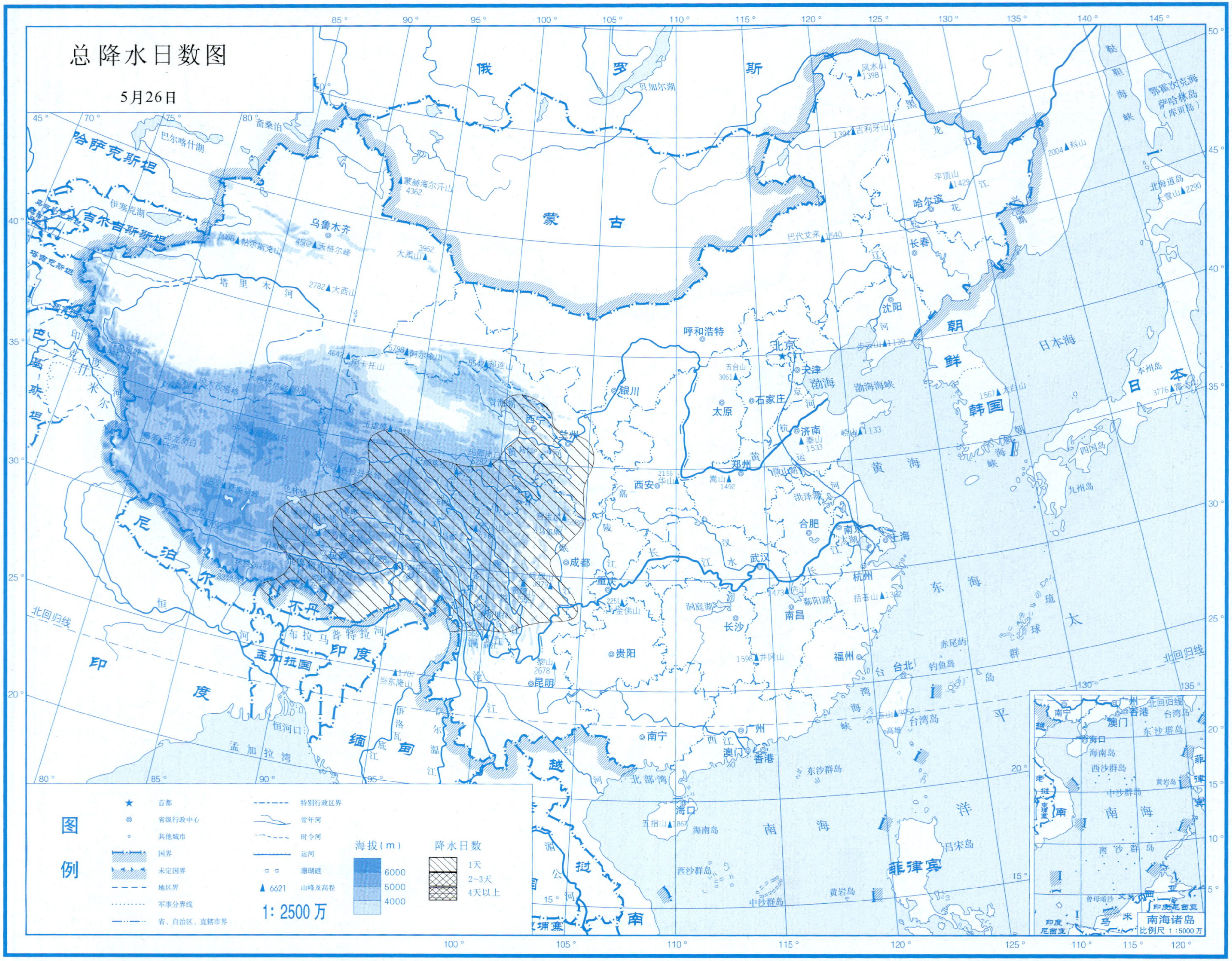
总降水日数图
5月26日
图例
首都
省级行政中心
其他城市
国界
未定国界
地区界
军事分界线
省、自治区、直辖市界
特别行政区界
常年河
时令河
运河
珊瑚礁
6621 山峰及高程
海拔(m)
6000
5000
4000
降水日数
1天
2~3天
4天以上
1: 2500 万
南海诸岛
比例尺 1:5000 万

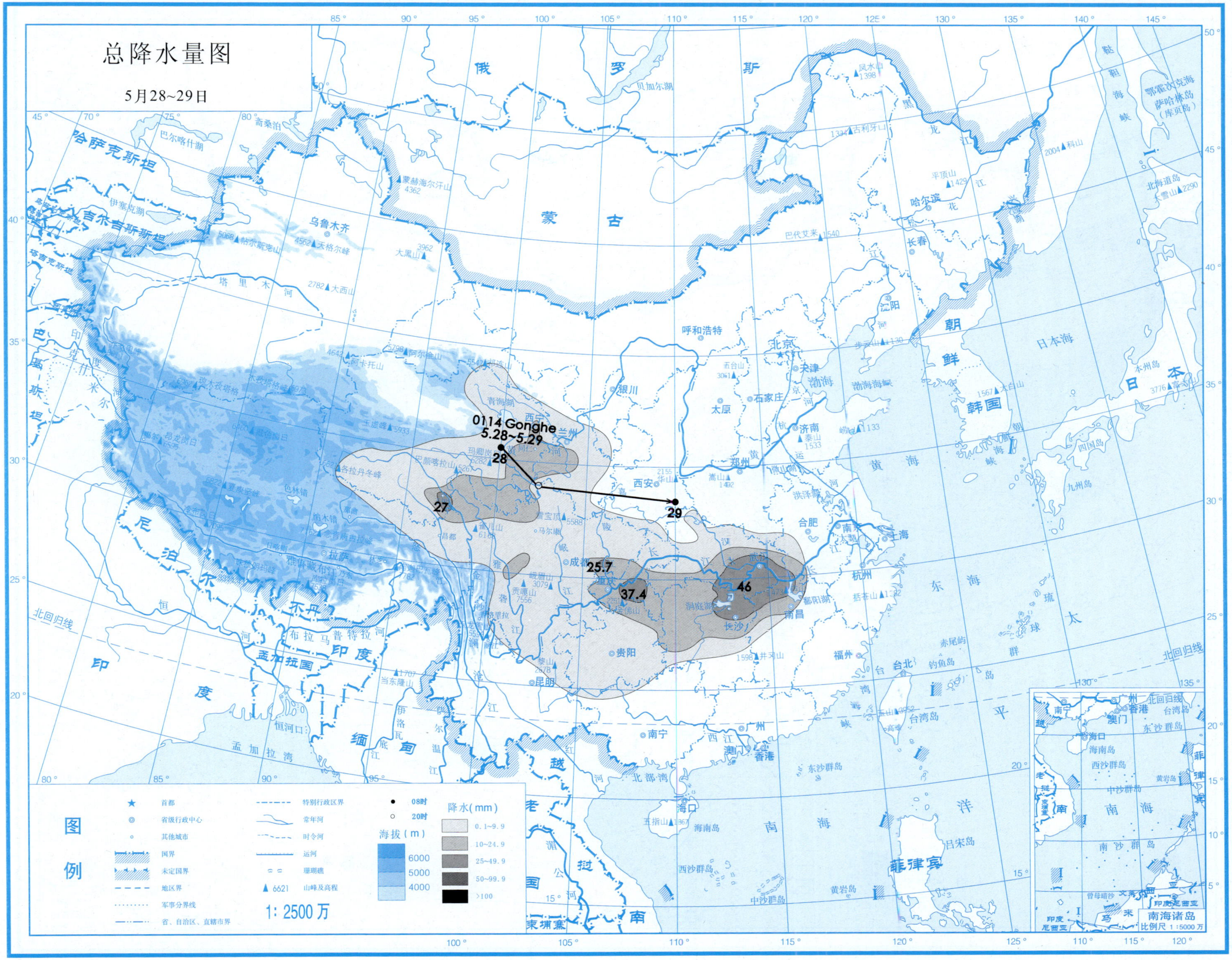
总降水量图
5月28~29日
0114 Gonghe
5.28~5.29
28
27
29
25.7
37.4
46
图例
首都
省级行政中心
其他城市
国界
未定国界
地区界
军事分界线
省、自治区、直辖市界
特别行政区界
常年河
时令河
运河
珊瑚礁
6621 山峰及高程
08时
20时
海拔(m)
6000
5000
4000
降水(mm)
0.1~9.9
10~24.9
25~49.9
50~99.9
>100
1: 2500 万
南海诸岛
比例尺 1:5000 万

总降水日数图

5月28~29日

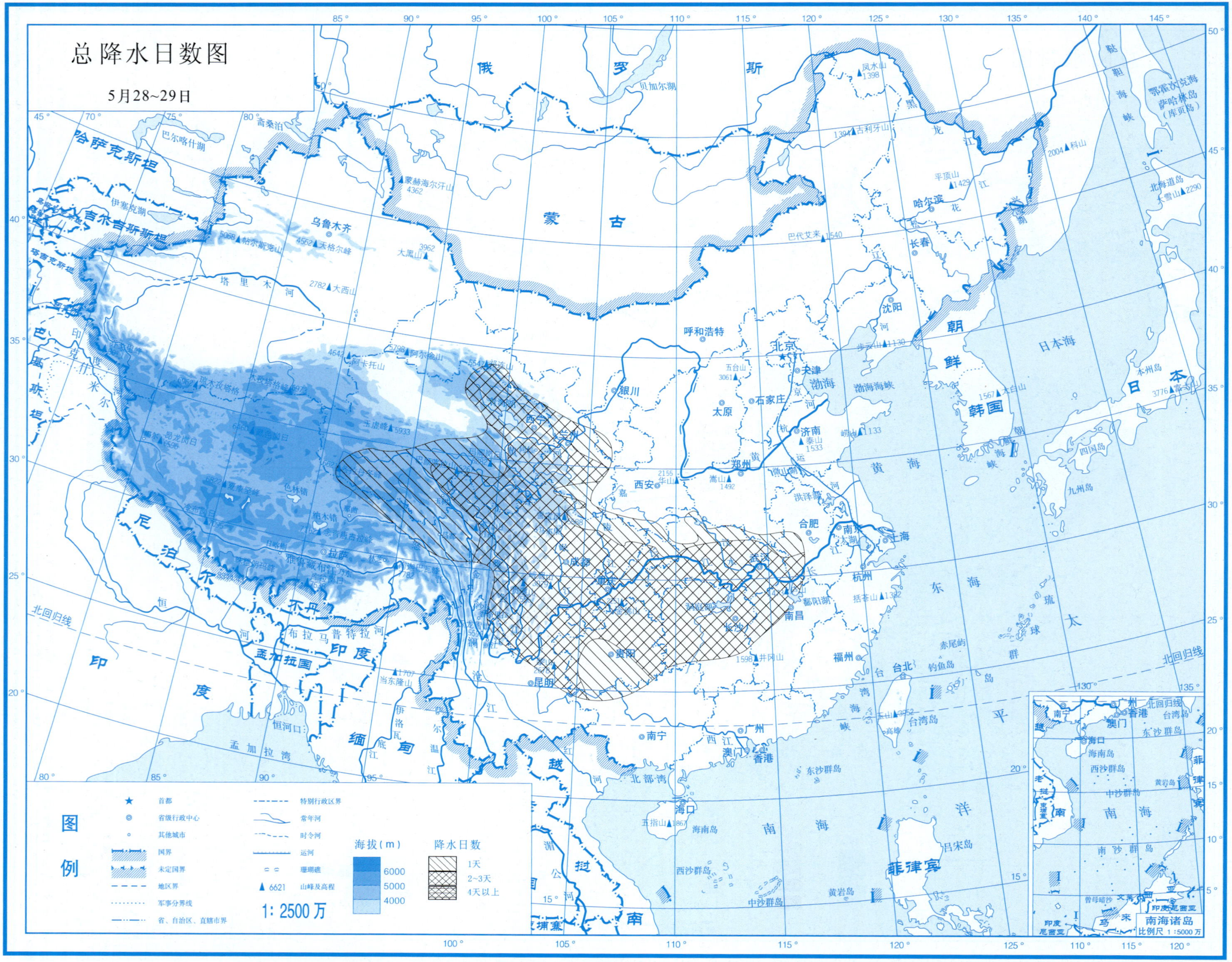

总降水量图

6月1~5日

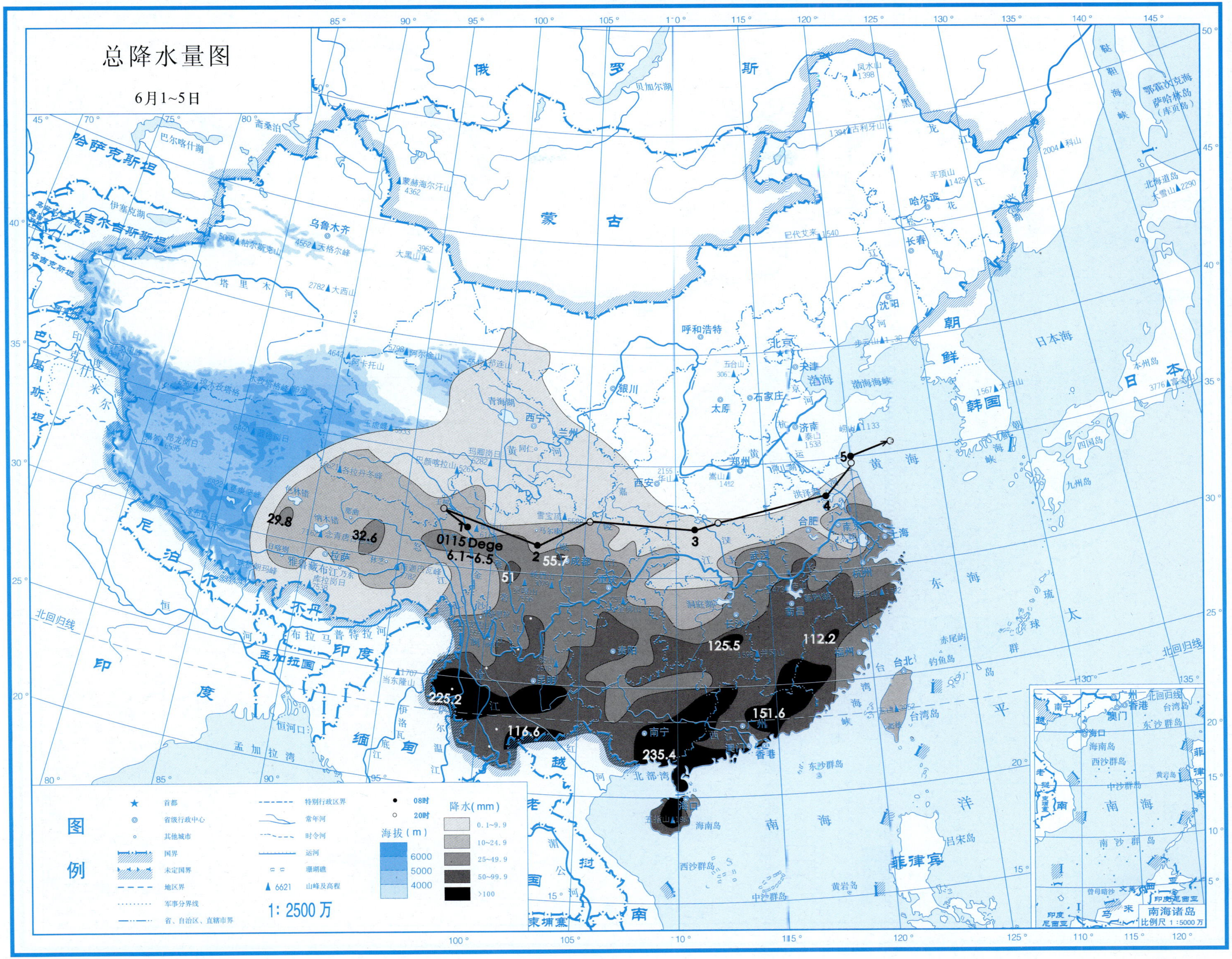

0115 Dege
6.1~6.5
29.8
32.6
55.7
51
125.5
112.2
225.2
116.6
235.4
151.6
图例
首都
省级行政中心
其他城市
国界
未定国界
地区界
军事分界线
省、自治区、直辖市界
特别行政区界
常年河
时令河
运河
珊瑚礁
6621 山峰及高程
08时
20时
海拔（m）
6000
5000
4000
降水(mm)
0.1~9.9
10~24.9
25~49.9
50~99.9
>100
1: 2500 万
南海诸岛
比例尺 1:5000 万

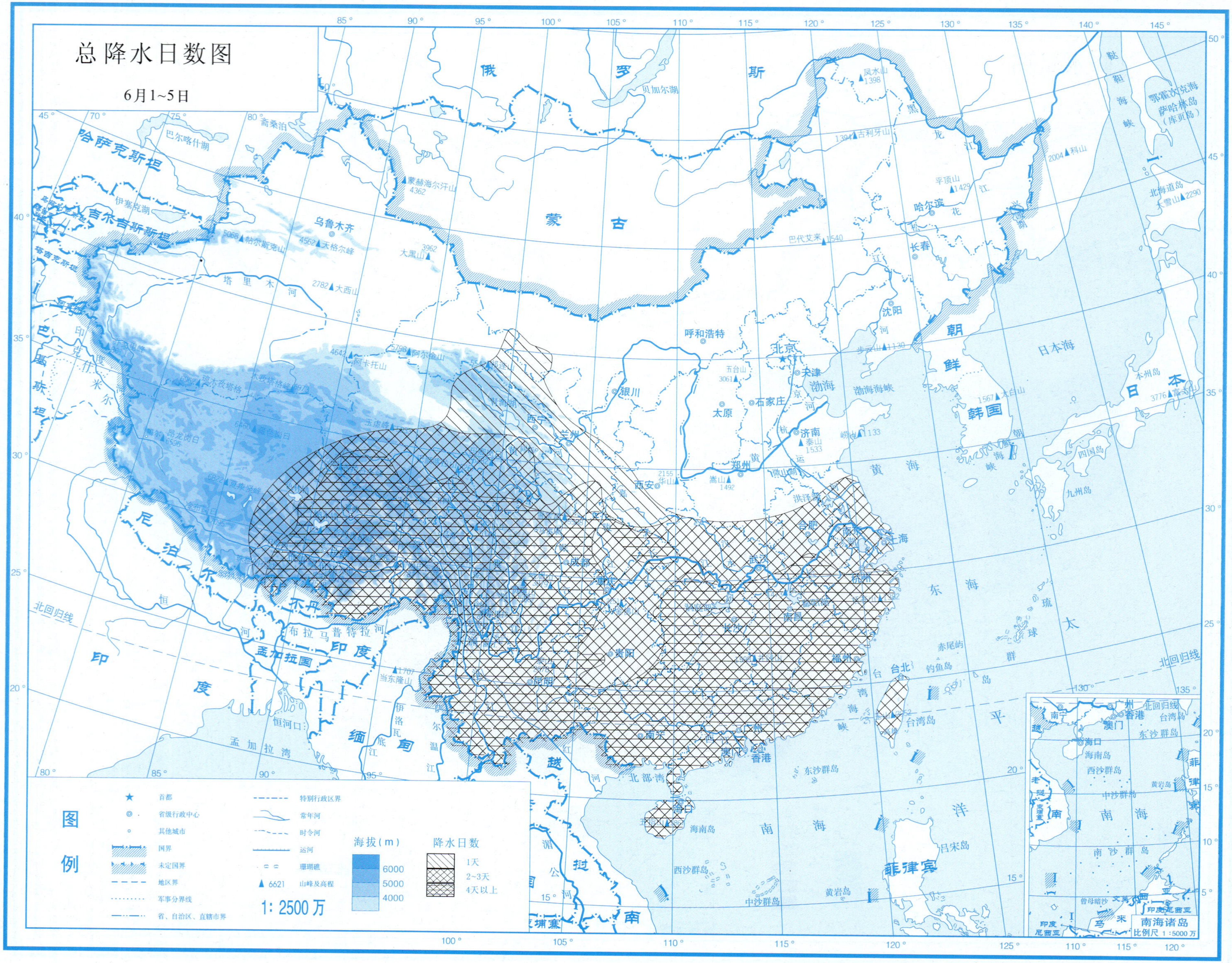
总降水日数图
6月1~5日
图例
首都
省级行政中心
其他城市
国界
未定国界
地区界
军事分界线
省、自治区、直辖市界
特别行政区界
常年河
时令河
运河
珊瑚礁
6621 山峰及高程
1: 2500 万
海拔（m）
6000
5000
4000
降水日数
1天
2~3天
4天以上
南海诸岛
比例尺 1 : 5000 万
俄罗斯
蒙古
哈萨克斯坦
吉尔吉斯斯坦
塔吉克斯坦
巴基斯坦
印度
尼泊尔
不丹
孟加拉国
缅甸
老挝
越南
泰国
柬埔寨
菲律宾
朝鲜
韩国
日本
乌鲁木齐
呼和浩特
北京
天津
石家庄
太原
济南
银川
西宁
兰州
西安
郑州
合肥
南京
上海
杭州
武汉
成都
重庆
长沙
南昌
贵阳
昆明
南宁
福州
台北
广州
香港
澳门
海口
沈阳
长春
哈尔滨
渤海
黄海
东海
南海
日本海
太平洋
北回归线

总降水量图

6月6~7日

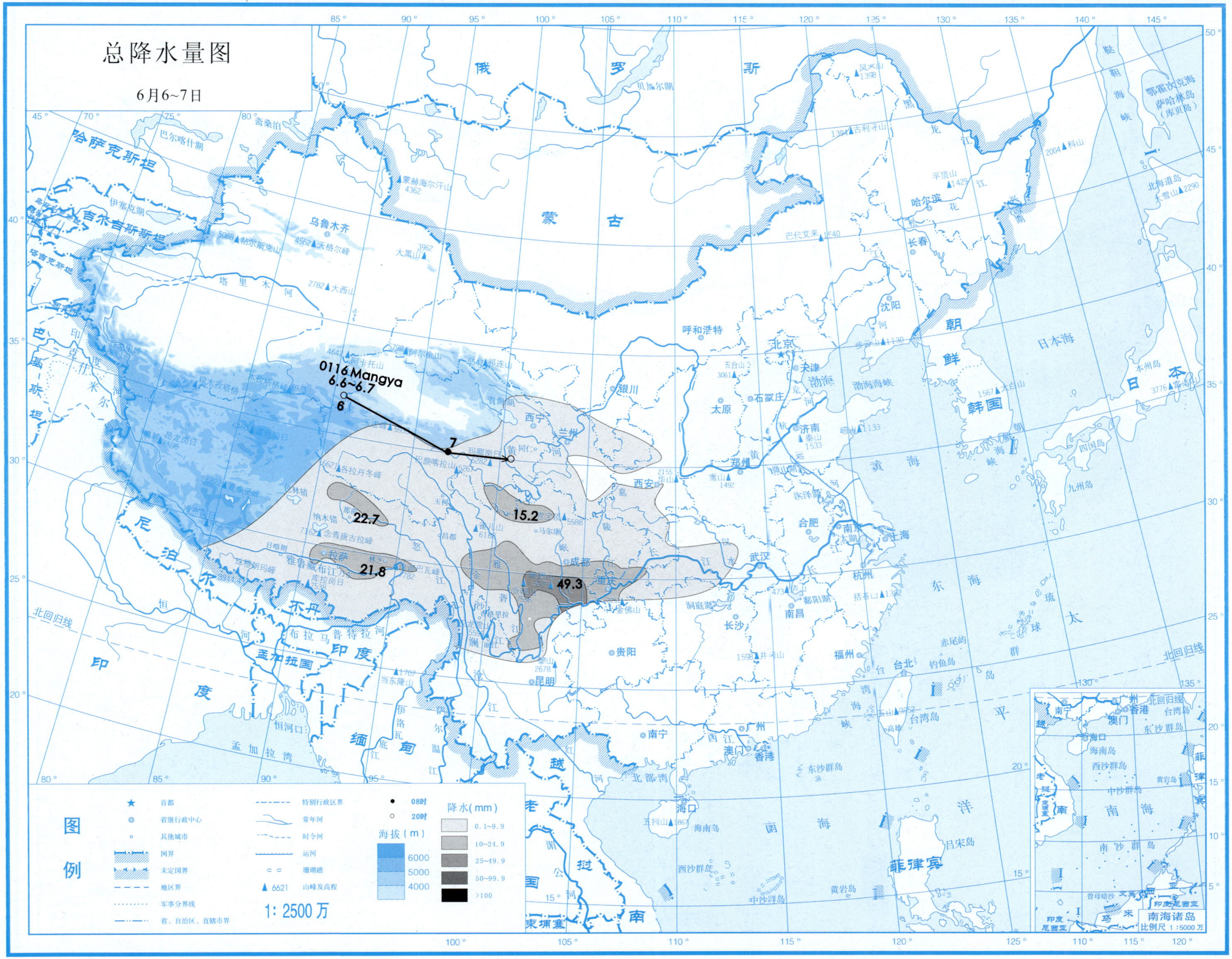
0116 Mangya
6.6~6.7
6
7
22.7
15.2
21.8
49.3
图例
首都
省级行政中心
其他城市
国界
未定国界
地区界
军事分界线
省、自治区、直辖市界
特别行政区界
常年河
时令河
运河
珊瑚礁
山峰及高程
08时
20时
海拔（m）
6000
5000
4000
降水（mm）
0.1~9.9
10~24.9
25~49.9
50~99.9
>100
1：2500万
南海诸岛
比例尺 1：5000万

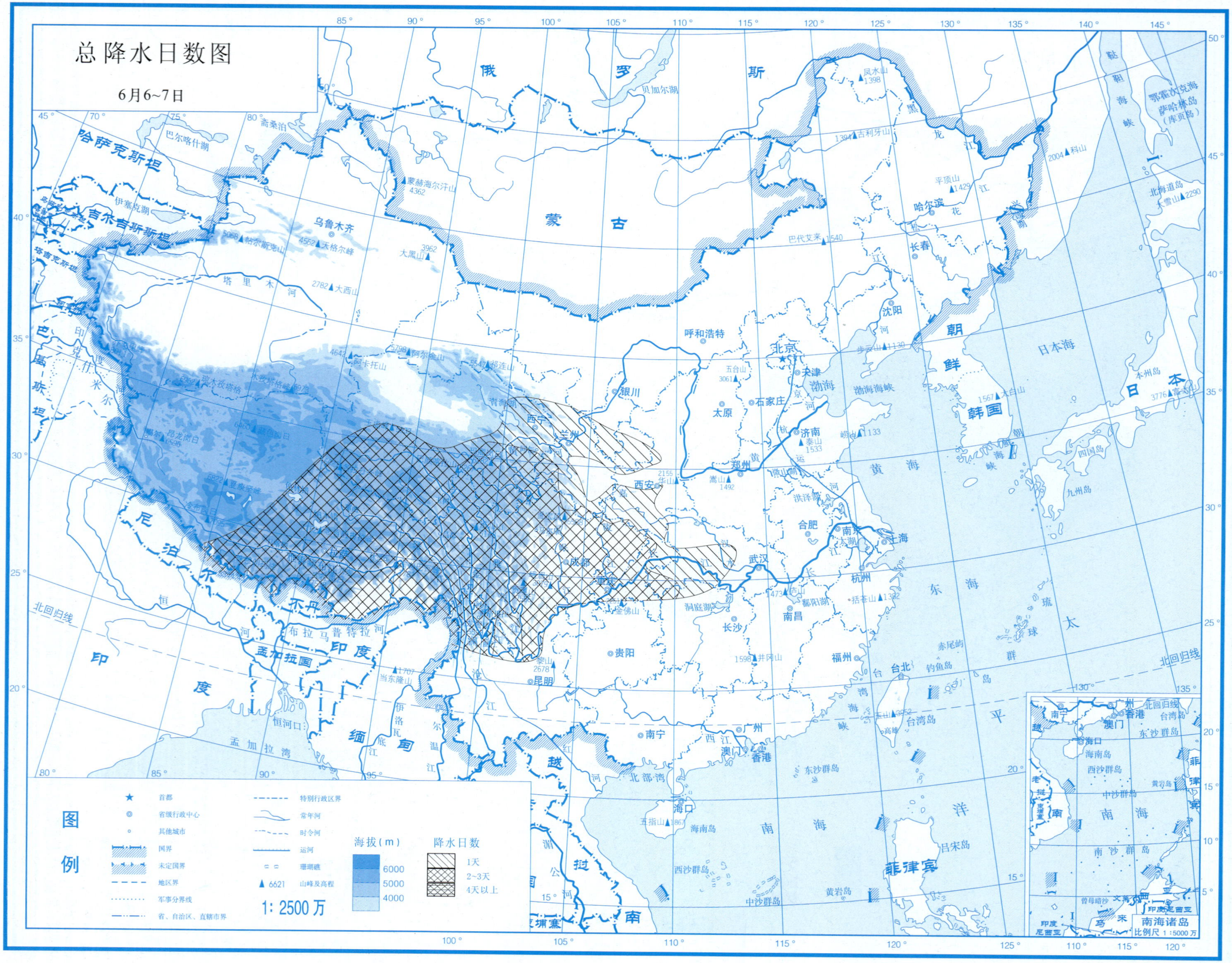
总降水日数图
6月6~7日
图例
首都
省级行政中心
其他城市
国界
未定国界
地区界
军事分界线
省、自治区、直辖市界
特别行政区界
常年河
时令河
运河
珊瑚礁
6621 山峰及高程
1: 2500 万
海拔(m)
6000
5000
4000
降水日数
1天
2~3天
4天以上
南海诸岛
比例尺 1:5000 万

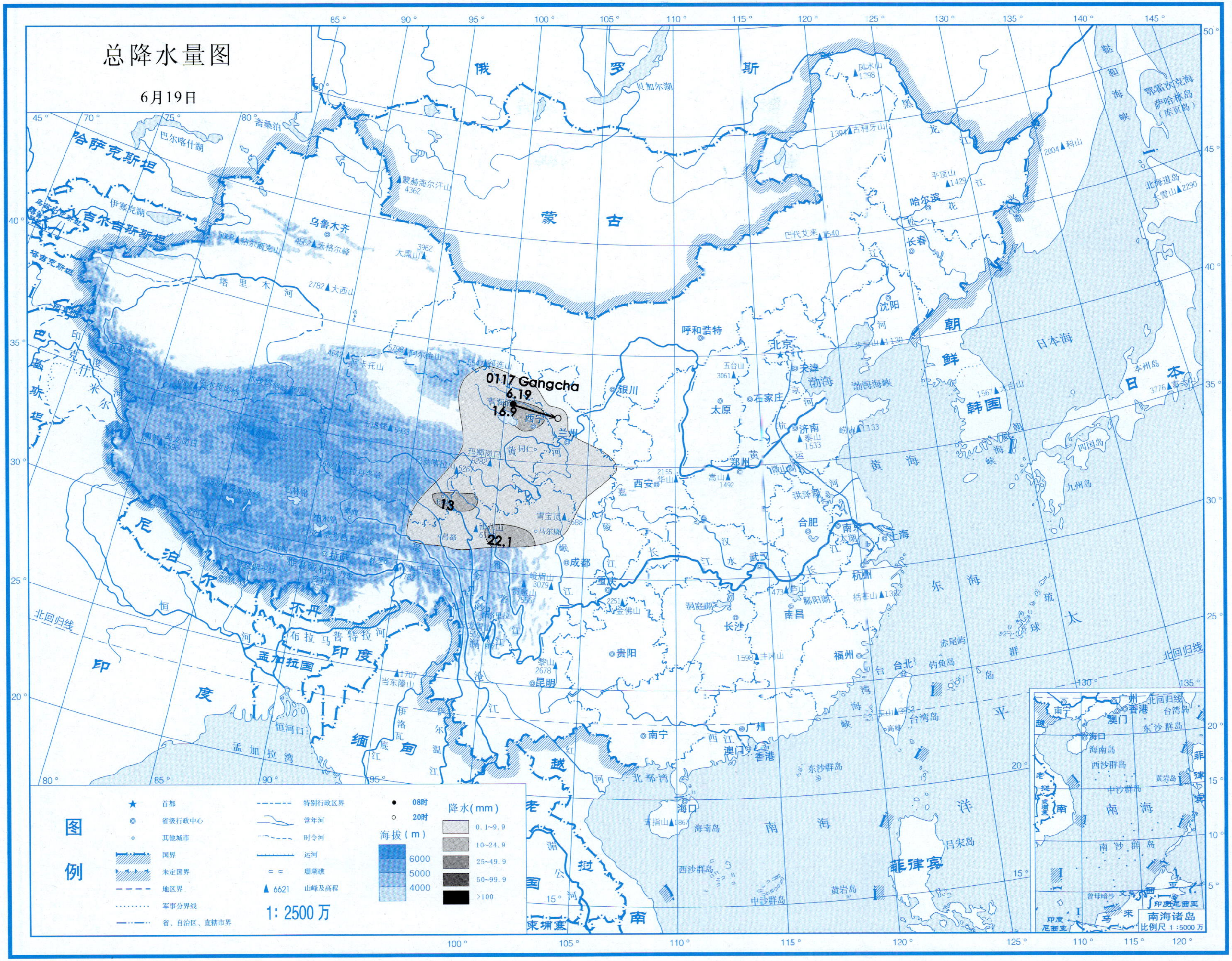
总降水量图
6月19日
0117 Gangcha
6.19
16.9
13
22.1
图例
首都
省级行政中心
其他城市
国界
未定国界
地区界
军事分界线
省、自治区、直辖市界
特别行政区界
常年河
时令河
运河
珊瑚礁
6621 山峰及高程
1: 2500万
08时
20时
海拔（m）
6000
5000
4000
降水(mm)
0.1~9.9
10~24.9
25~49.9
50~99.9
>100
南海诸岛
比例尺 1:5000万

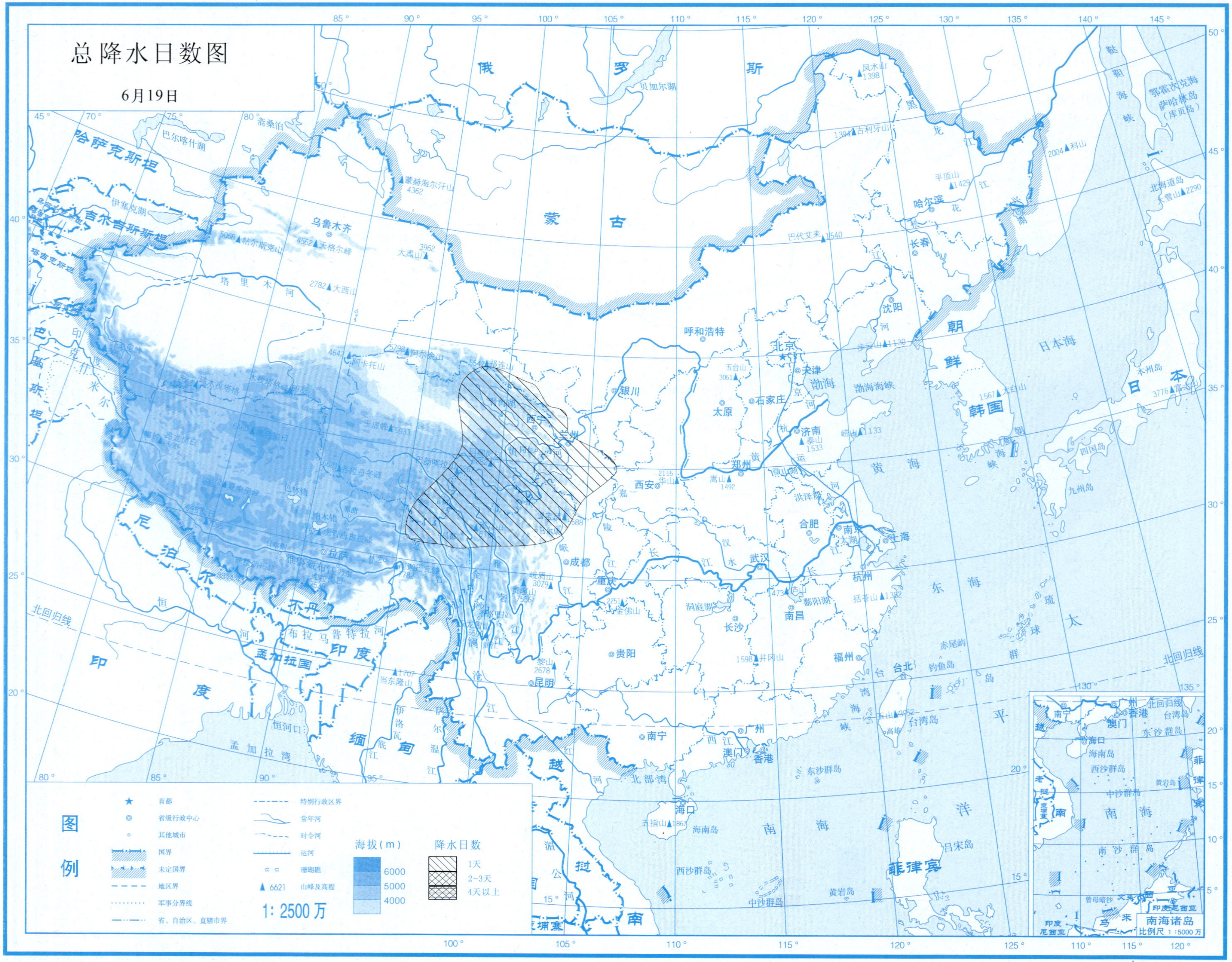
总降水日数图
6月19日
图例
首都
省级行政中心
其他城市
国界
未定国界
地区界
军事分界线
省、自治区、直辖市界
特别行政区界
常年河
时令河
运河
珊瑚礁
山峰及高程
1: 2500 万
海拔（m）
6000
5000
4000
降水日数
1天
2~3天
4天以上
南海诸岛
比例尺 1:5000 万
俄罗斯
蒙古
哈萨克斯坦
吉尔吉斯斯坦
塔吉克斯坦
巴基斯坦
尼泊尔
不丹
印度
孟加拉国
缅甸
老挝
越南
泰国
柬埔寨
菲律宾
朝鲜
韩国
日本
北京
天津
石家庄
太原
呼和浩特
沈阳
长春
哈尔滨
济南
郑州
西安
银川
西宁
兰州
乌鲁木齐
拉萨
成都
重庆
贵阳
昆明
南宁
武汉
长沙
南昌
合肥
南京
上海
杭州
福州
台北
广州
海口
澳门
香港
渤海
黄海
东海
南海
日本海
北回归线

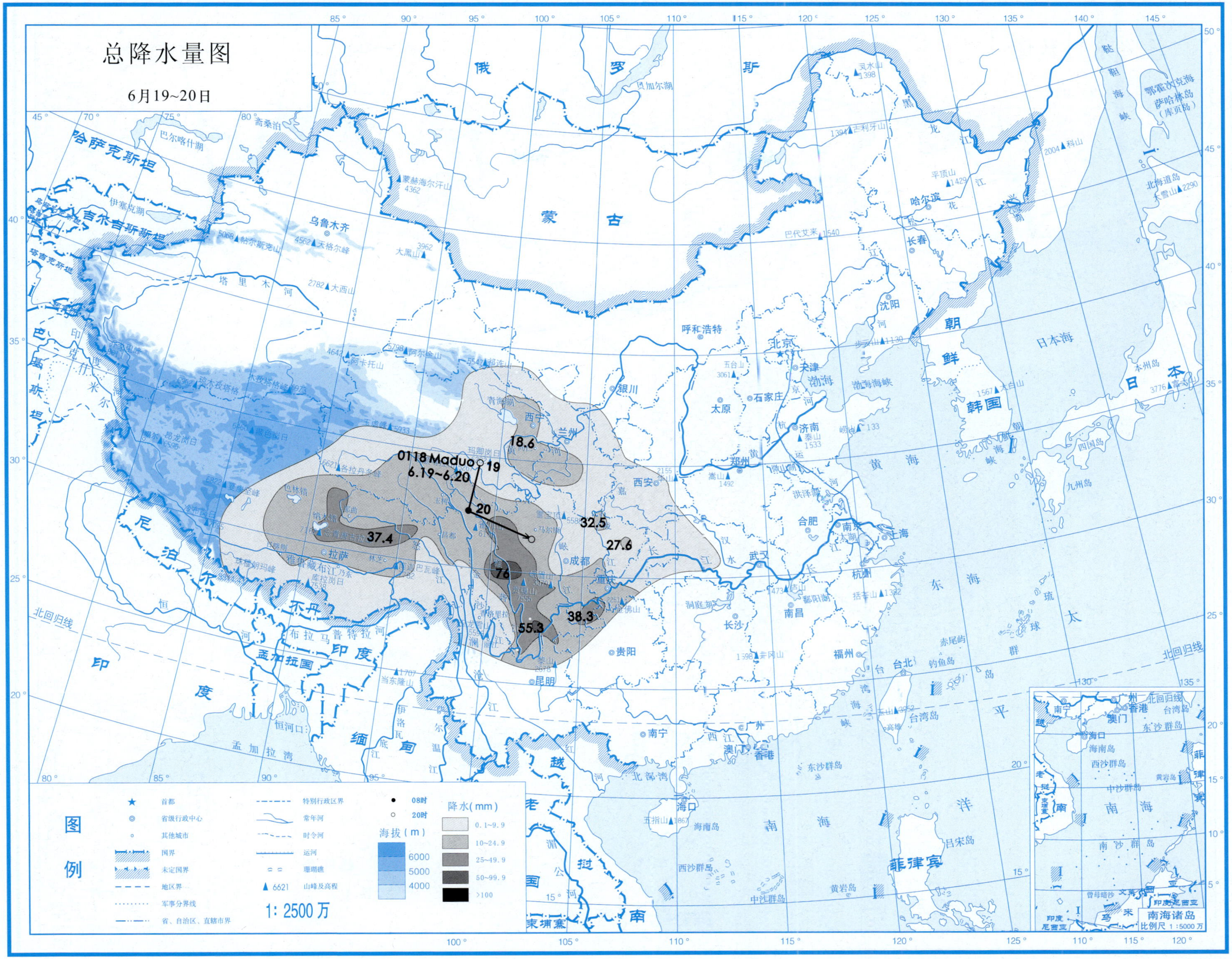
总降水量图
6月19~20日
0118 Maduo
6.19~6.20
19
20
18.6
37.4
32.5
27.6
76
38.3
55.3
图例
首都
省级行政中心
其他城市
国界
未定国界
地区界
军事分界线
省、自治区、直辖市界
特别行政区界
常年河
时令河
运河
珊瑚礁
6621 山峰及高程
08时
20时
海拔（m）
6000
5000
4000
降水(mm)
0.1~9.9
10~24.9
25~49.9
50~99.9
>100
1: 2500万
南海诸岛
比例尺 1:5000万

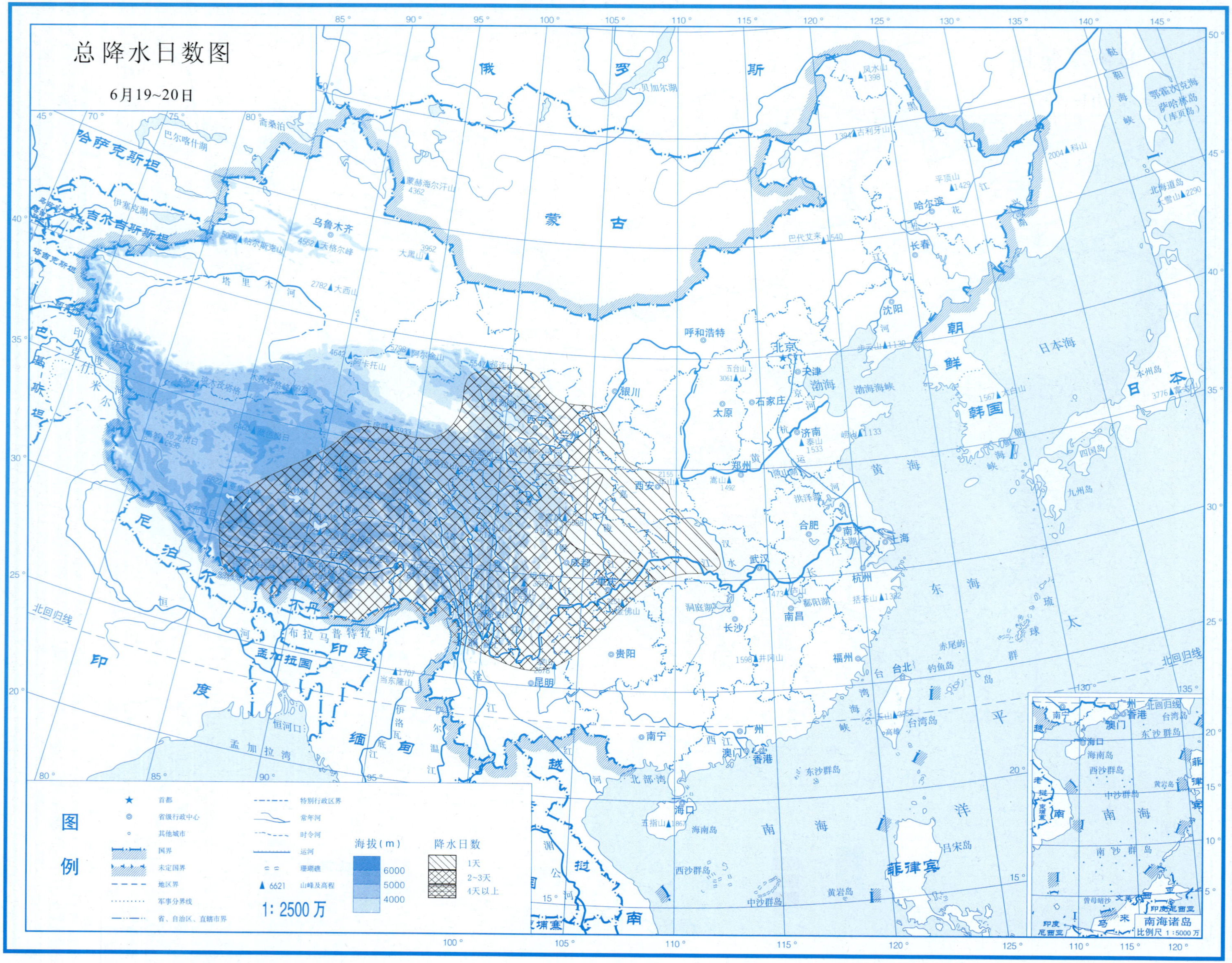
总降水日数图
6月19~20日
图例
首都
省级行政中心
其他城市
国界
未定国界
地区界
军事分界线
省、自治区、直辖市界
特别行政区界
常年河
时令河
运河
珊瑚礁
6621 山峰及高程
1: 2500万
海拔(m)
6000
5000
4000
降水日数
1天
2~3天
4天以上
南海诸岛
比例尺 1:5000万

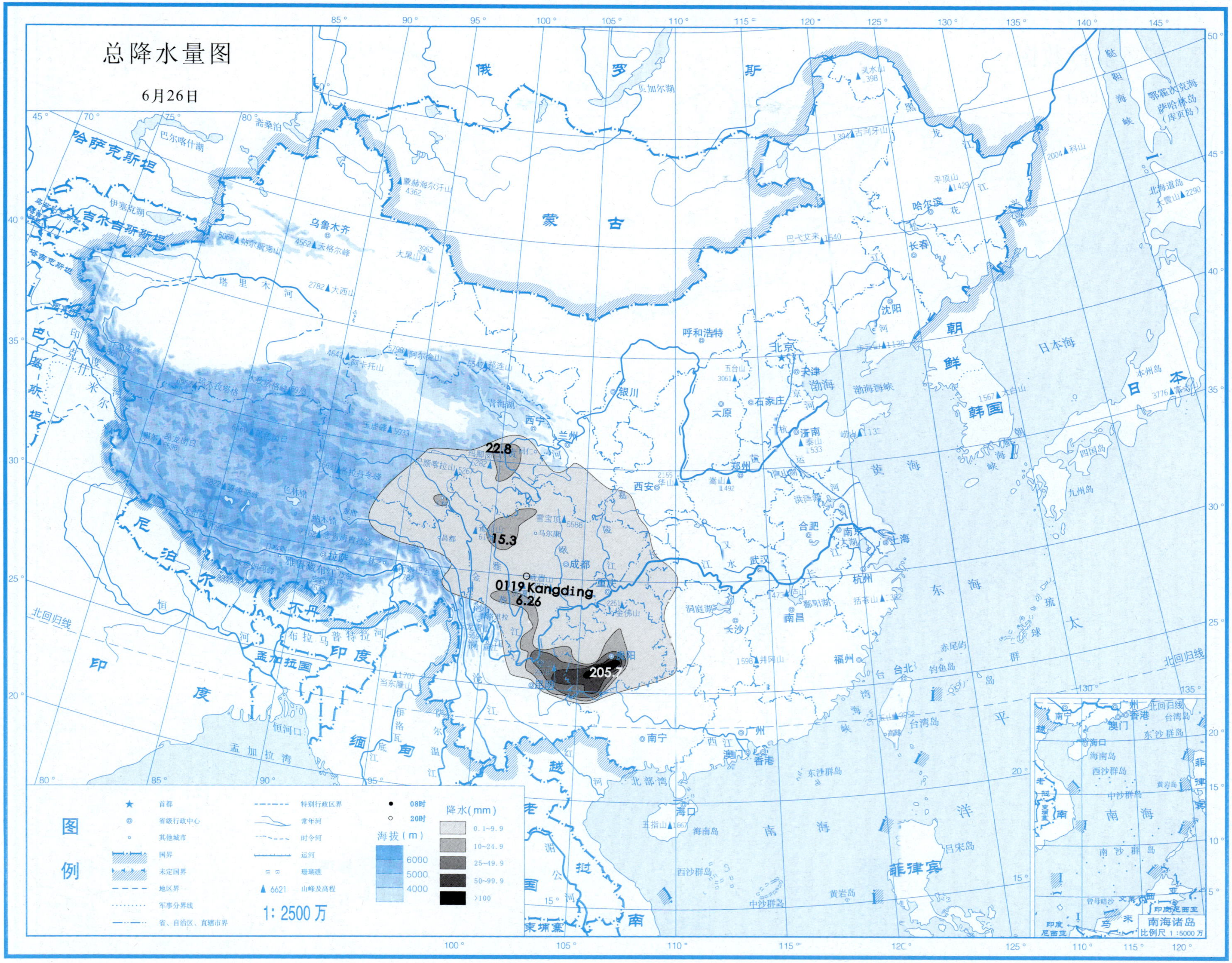
总降水量图
6月26日
22.8
15.3
0119 Kangding
6.26
205.7
图例
首都
省级行政中心
其他城市
国界
未定国界
地区界
军事分界线
省、自治区、直辖市界
特别行政区界
常年河
时令河
运河
珊瑚礁
6621 山峰及高程
08时
20时
海拔（m）
6000
5000
4000
降水(mm)
0.1~9.9
10~24.9
25~49.9
50~99.9
>100
1: 2500 万
南海诸岛
比例尺 1:5000 万

总降水日数图

6月26日

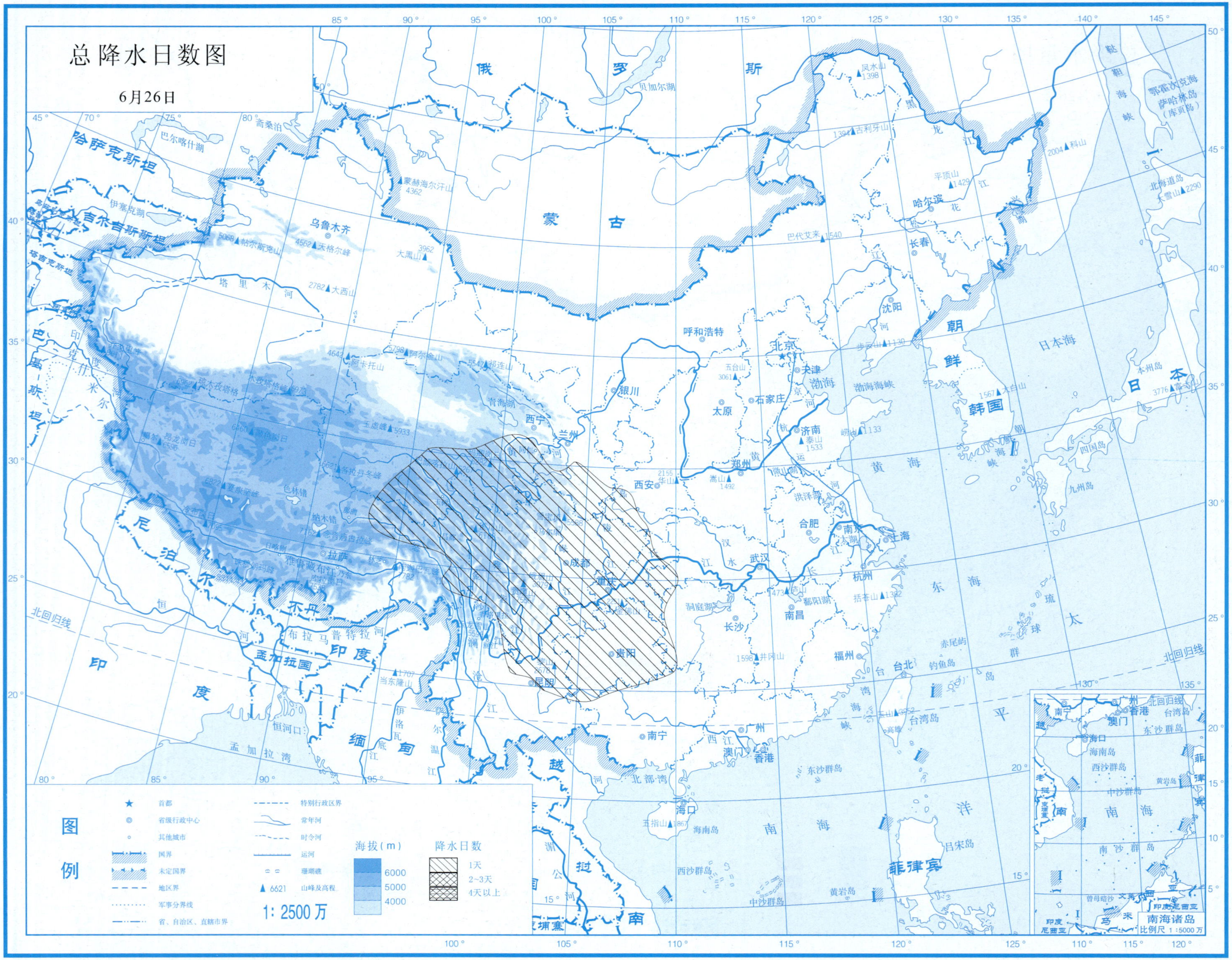

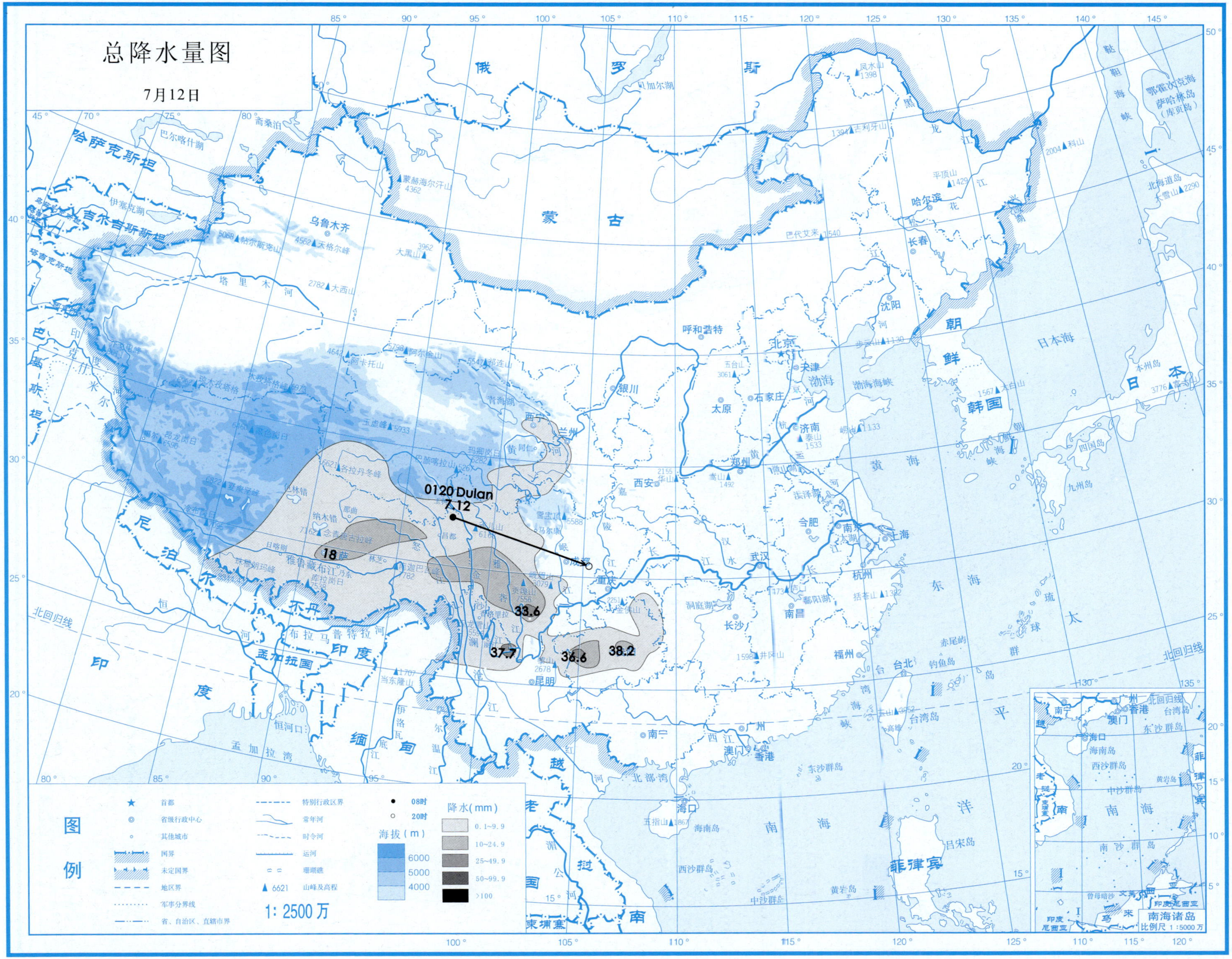
总降水量图
7月12日
0120 Dulan
7.12
18
33.6
37.7
36.6
38.2
图例
首都
省级行政中心
其他城市
国界
未定国界
地区界
军事分界线
省、自治区、直辖市界
特别行政区界
常年河
时令河
运河
珊瑚礁
6621 山峰及高程
08时
20时
海拔（m）
6000
5000
4000
降水(mm)
0.1~9.9
10~24.9
25~49.9
50~99.9
>100
1：2500万
南海诸岛
比例尺 1：5000万

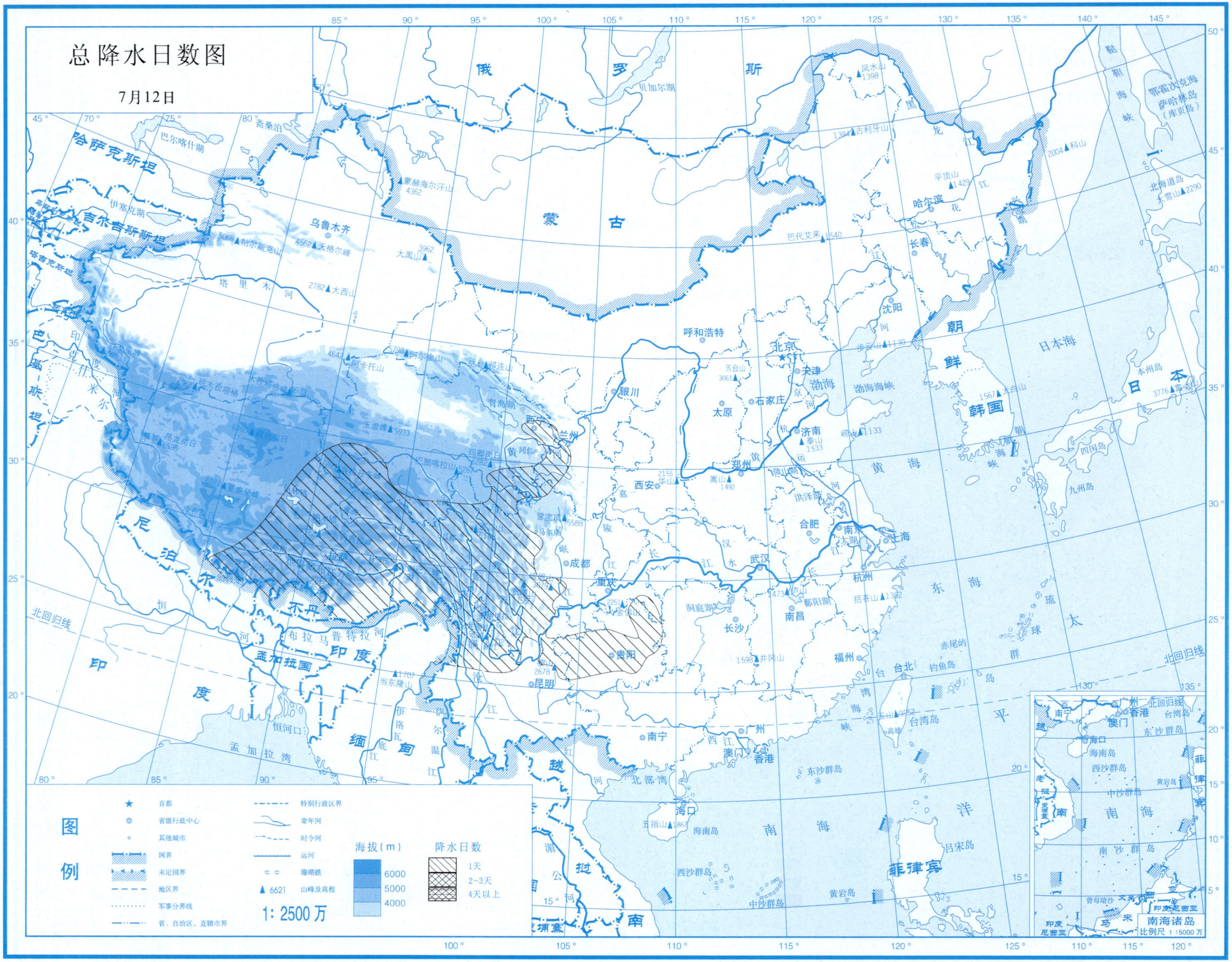
总降水日数图
7月12日
图例
首都
省级行政中心
其他城市
国界
未定国界
地区界
军事分界线
省、自治区、直辖市界
特别行政区界
常年河
时令河
运河
珊瑚礁
6621 山峰及高程
1: 2500 万
海拔(m)
6000
5000
4000
降水日数
1天
2~3天
4天以上
南海诸岛
比例尺 1:5000 万

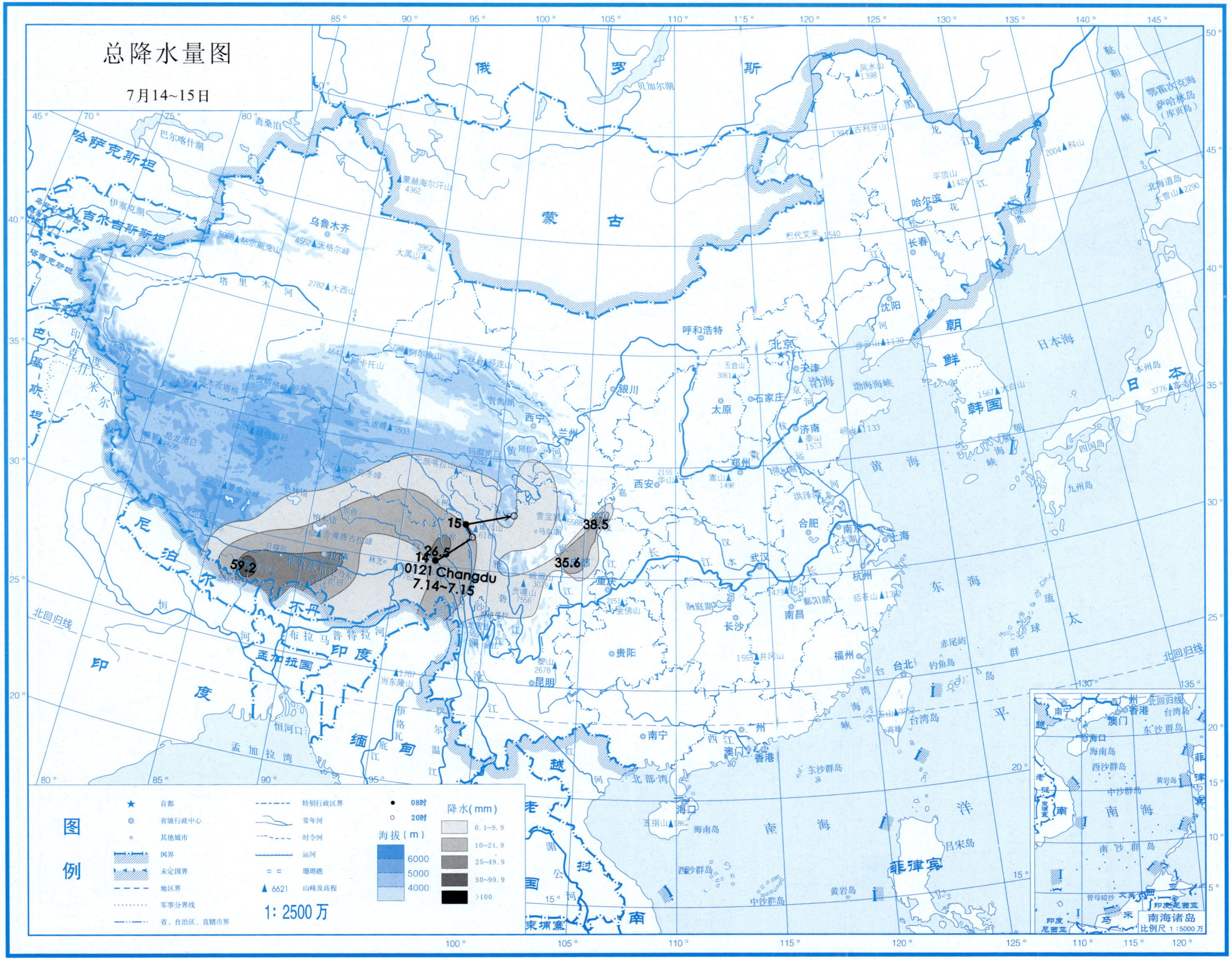
总降水量图
7月14~15日
15
14
26.5
59.2
38.5
35.6
0121 Changdu
7.14~7.15
图例
首都
省级行政中心
其他城市
国界
未定国界
地区界
军事分界线
省、自治区、直辖市界
特别行政区界
常年河
时令河
运河
珊瑚礁
6621 山峰及高程
1: 2500万
08时
20时
海拔（m）
6000
5000
4000
降水（mm）
0.1~9.9
10~24.9
25~49.9
50~99.9
>100
南海诸岛
比例尺 1:5000万

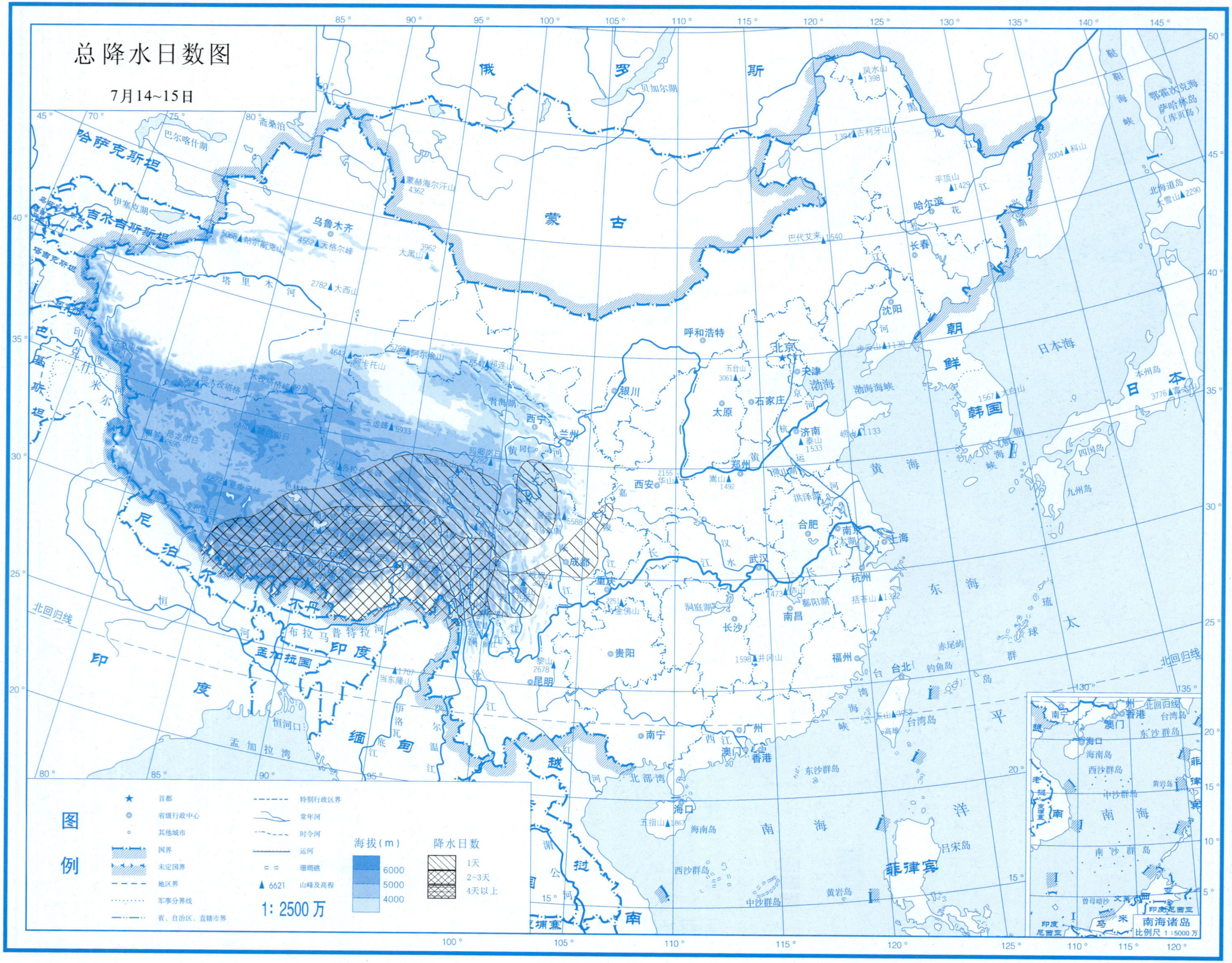
总降水日数图
7月14~15日
图例
首都
省级行政中心
其他城市
国界
未定国界
地区界
军事分界线
省、自治区、直辖市界
特别行政区界
常年河
时令河
运河
珊瑚礁
6621 山峰及高程
1:2500万
海拔(m)
6000
5000
4000
降水日数
1天
2~3天
4天以上
南海诸岛
比例尺 1:5000万

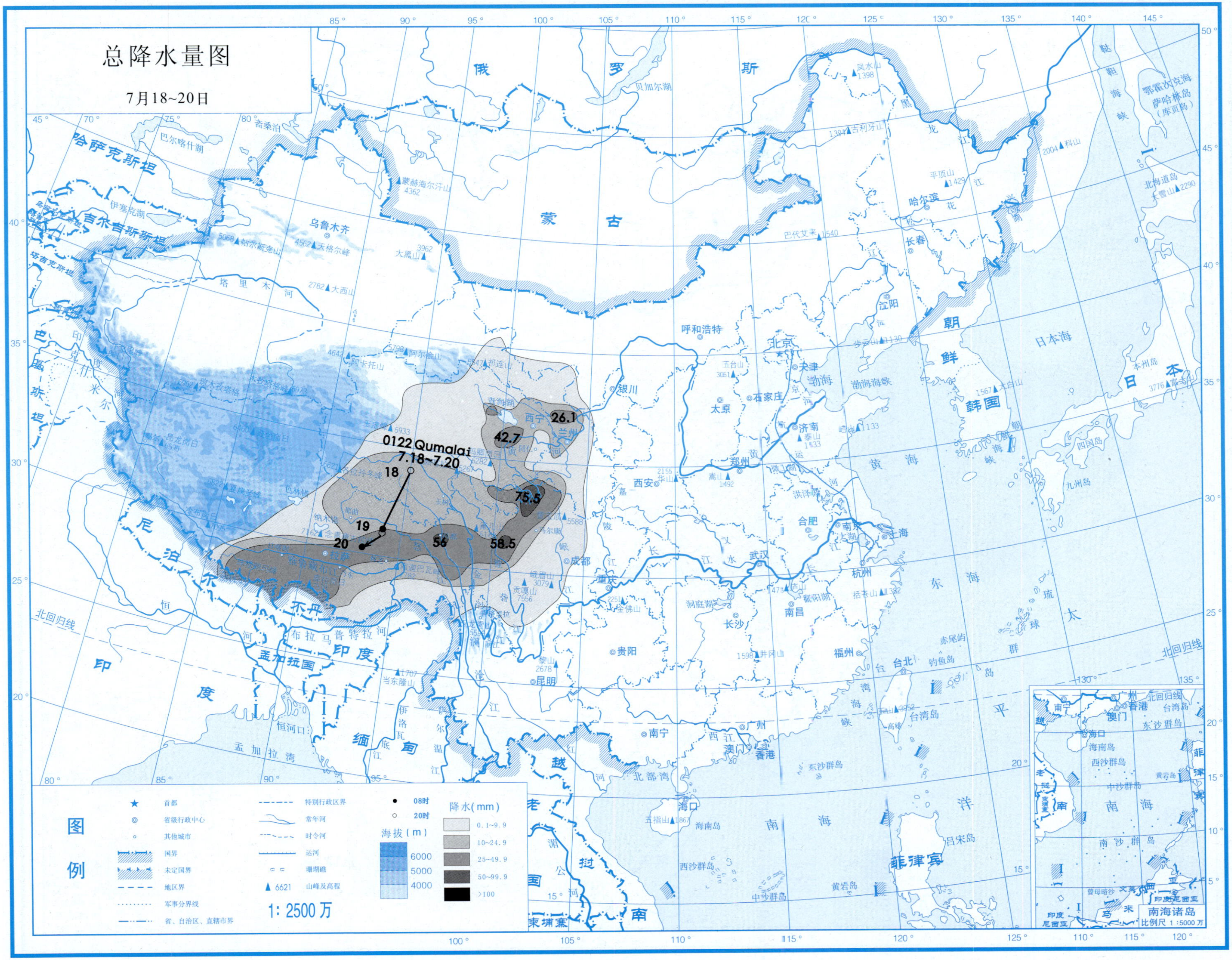
总降水量图
7月18~20日
0122 Qumalai
7.18~7.20
18
19
20
42.7
26.1
75.5
56
58.5
图例
首都
省级行政中心
其他城市
国界
未定国界
地区界
军事分界线
省、自治区、直辖市界
特别行政区界
常年河
时令河
运河
珊瑚礁
6621 山峰及高程
08时
20时
降水(mm)
0.1~9.9
10~24.9
25~49.9
50~99.9
>100
海拔(m)
6000
5000
4000
1: 2500万
南海诸岛
比例尺 1:5000万

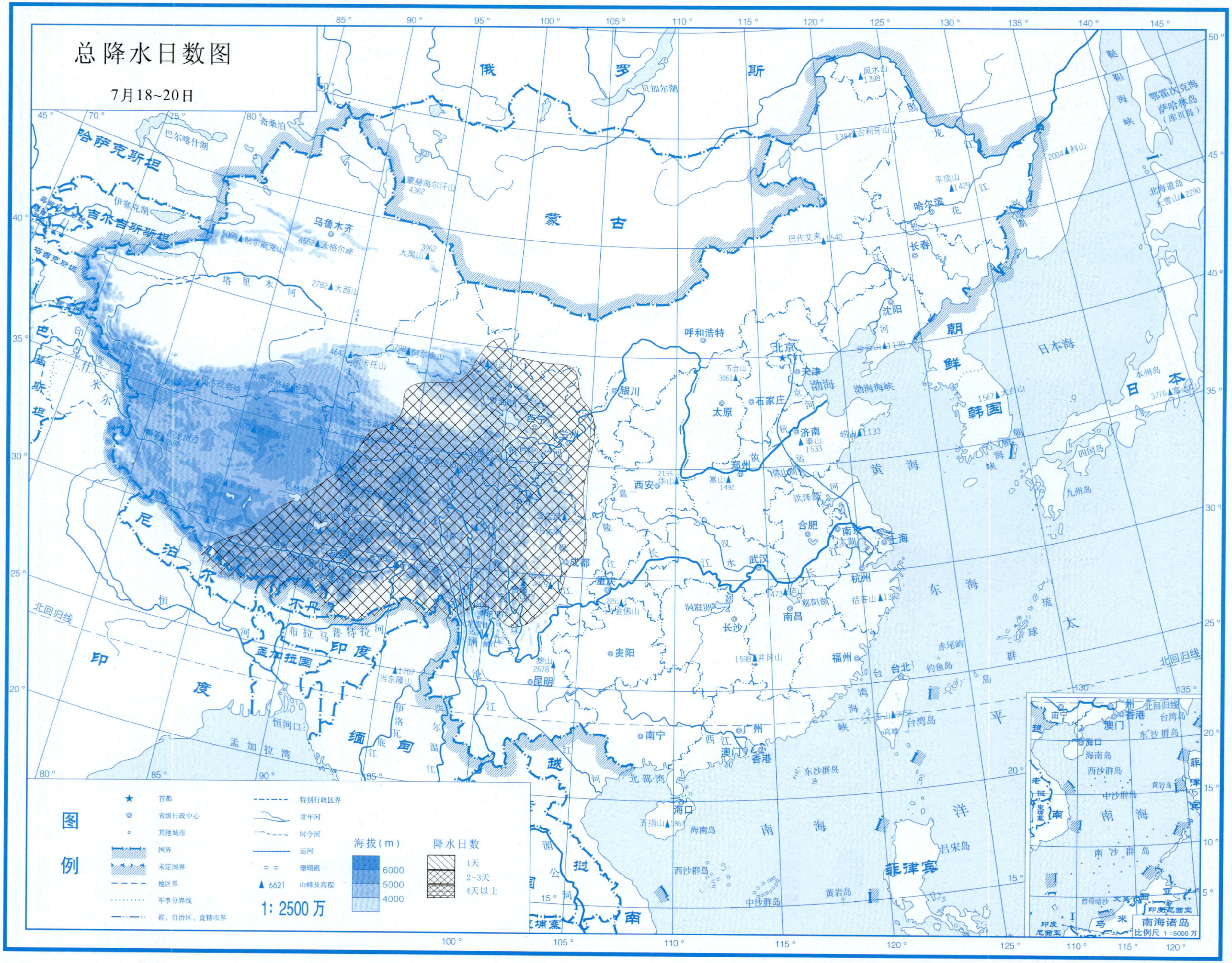
总降水日数图
7月18~20日
图例
首都
省级行政中心
其他城市
国界
未定国界
地区界
军事分界线
省、自治区、直辖市界
特别行政区界
常年河
时令河
运河
珊瑚礁
▲6621 山峰及高程
1: 2500万
海拔（m）
6000
5000
4000
降水日数
1天
2~3天
4天以上
南海诸岛
比例尺 1:5000万

总降水量图

7月27日

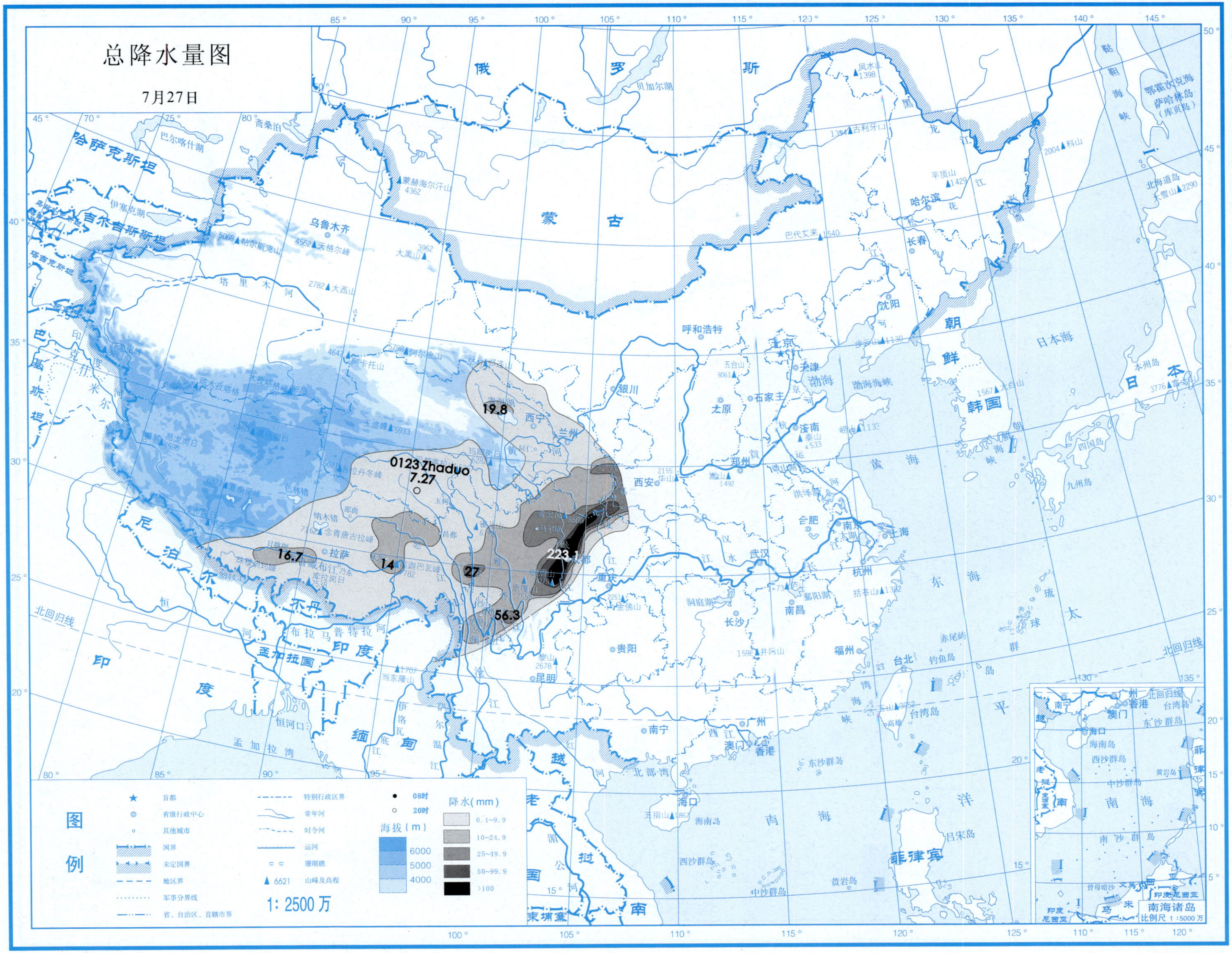
0123 Zhaduo
7.27
19.8
16.7
14
27
223.1
56.3
图例
首都
省级行政中心
其他城市
国界
未定国界
地区界
军事分界线
省、自治区、直辖市界
特别行政区界
常年河
时令河
运河
珊瑚礁
6621 山峰及高程
08时
20时
海拔(m)
6000
5000
4000
降水(mm)
0.1~9.9
10~24.9
25~49.9
50~99.9
>100
1:2500万
南海诸岛
比例尺 1:5000万

总降水日数图

7月27日

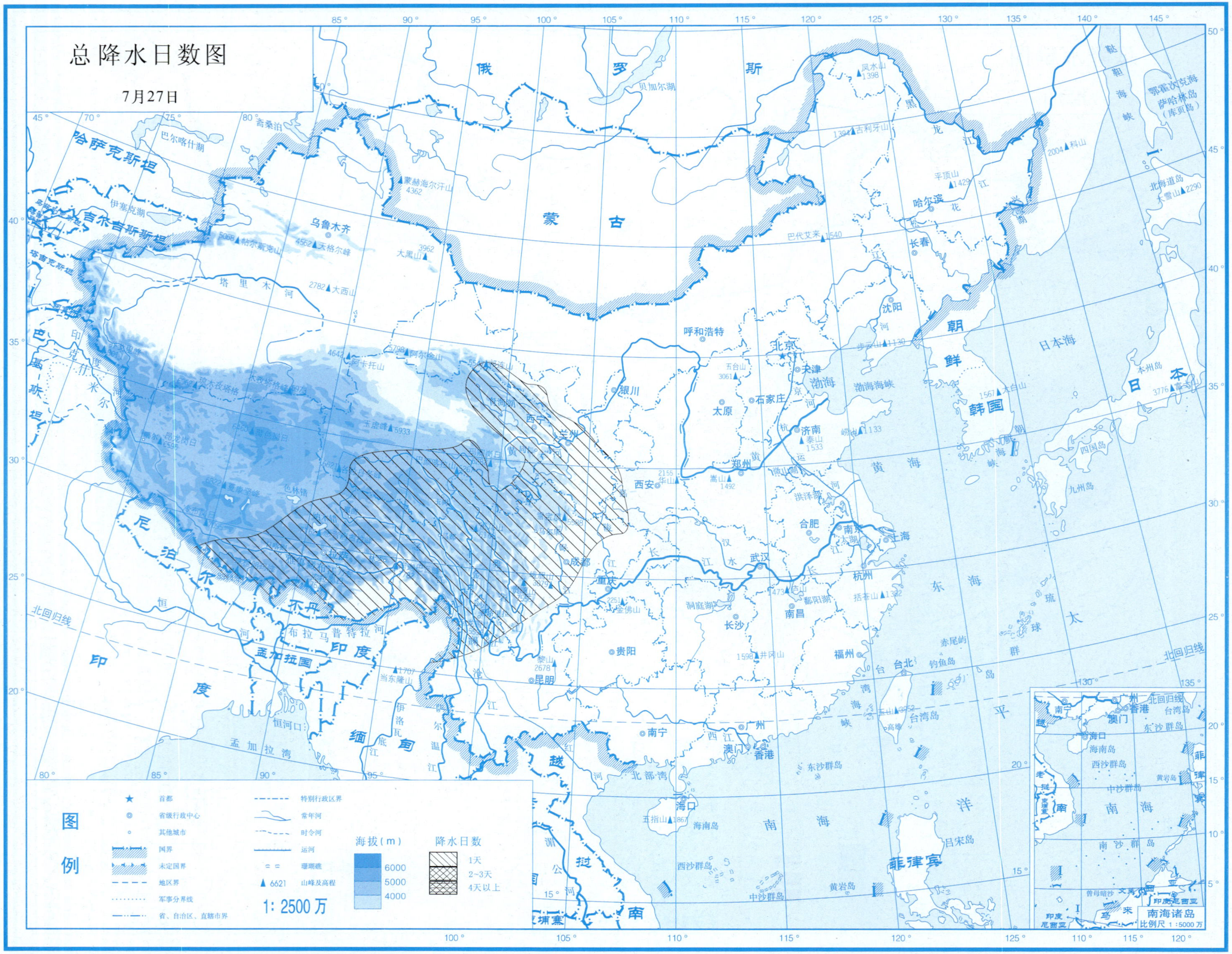

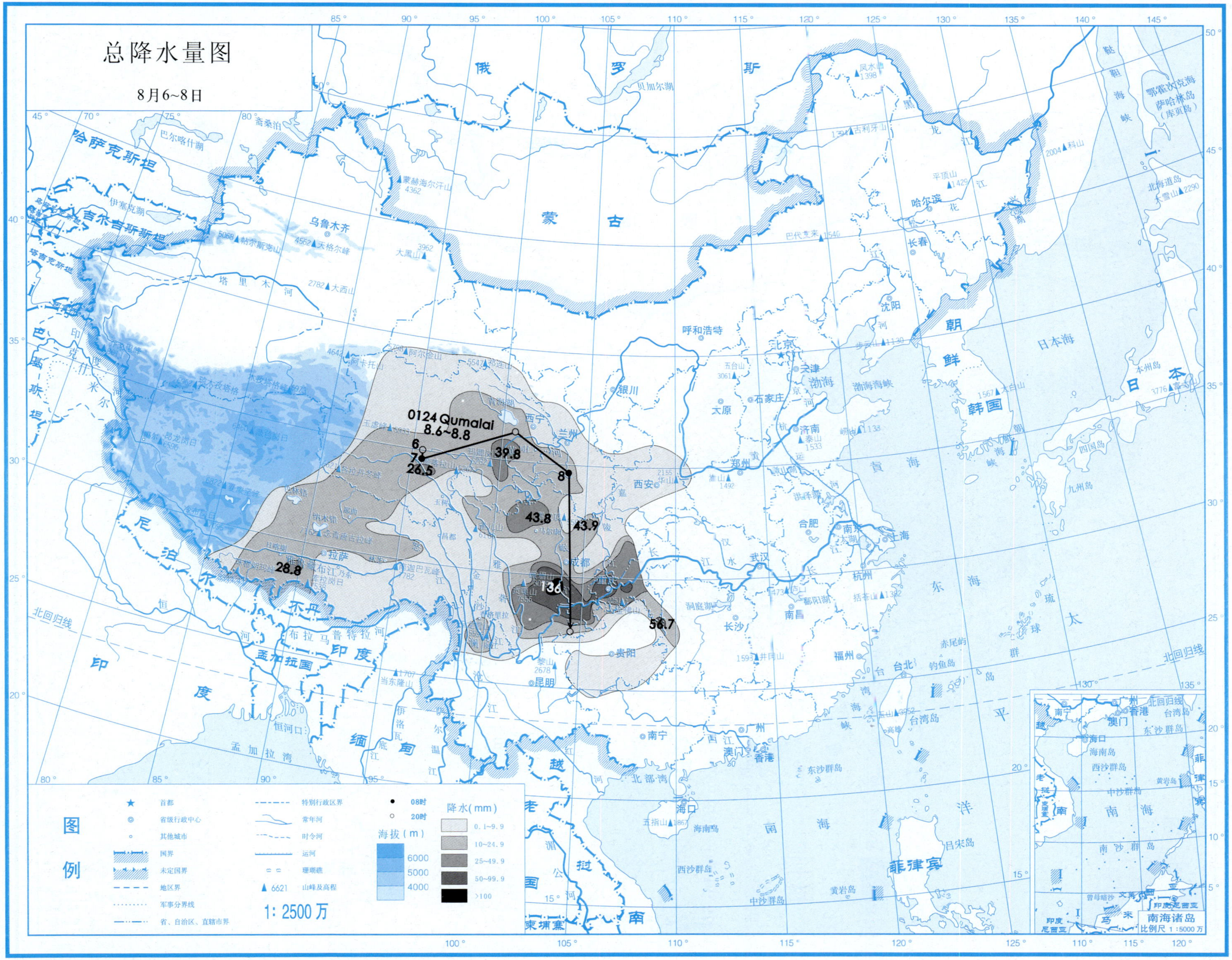
总降水量图
8月6~8日
0124 Qumalai
8.6~8.8
6
7
26.5
39.8
8
43.8
43.9
28.8
136
56.7
图例
首都
省级行政中心
其他城市
国界
未定国界
地区界
军事分界线
省、自治区、直辖市界
特别行政区界
常年河
时令河
运河
珊瑚礁
6621 山峰及高程
08时
20时
海拔（m）
6000
5000
4000
降水(mm)
0.1~9.9
10~24.9
25~49.9
50~99.9
>100
1: 2500 万
南海诸岛
比例尺 1:5000 万

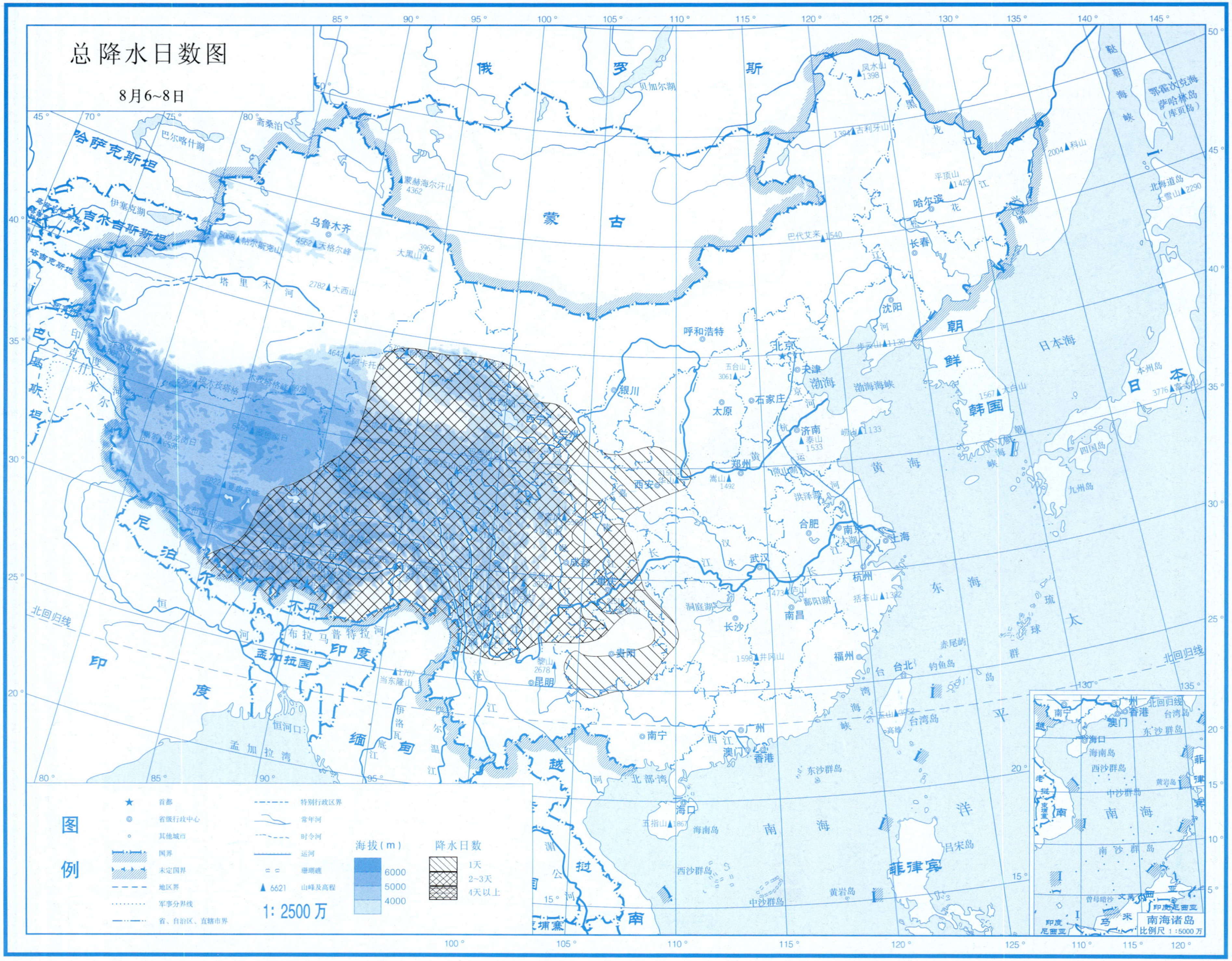
总降水日数图
8月6~8日
图例
首都
省级行政中心
其他城市
国界
未定国界
地区界
军事分界线
省、自治区、直辖市界
特别行政区界
常年河
时令河
运河
珊瑚礁
6621 山峰及高程
1: 2500万
海拔(m)
6000
5000
4000
降水日数
1天
2~3天
4天以上
俄
罗
斯
蒙
古
哈萨克斯坦
吉尔吉斯斯坦
塔吉克斯坦
巴基斯坦
尼泊尔
不丹
印度
孟加拉国
缅甸
朝鲜
韩国
日本
菲律宾
日本海
黄海
东海
南海
太平洋
乌鲁木齐
呼和浩特
北京
天津
石家庄
太原
济南
银川
西安
郑州
合肥
南京
上海
武汉
杭州
南昌
长沙
福州
台北
贵阳
成都
昆明
南宁
广州
澳门
香港
海口
沈阳
长春
哈尔滨
北回归线
南海诸岛
比例尺 1:5000万

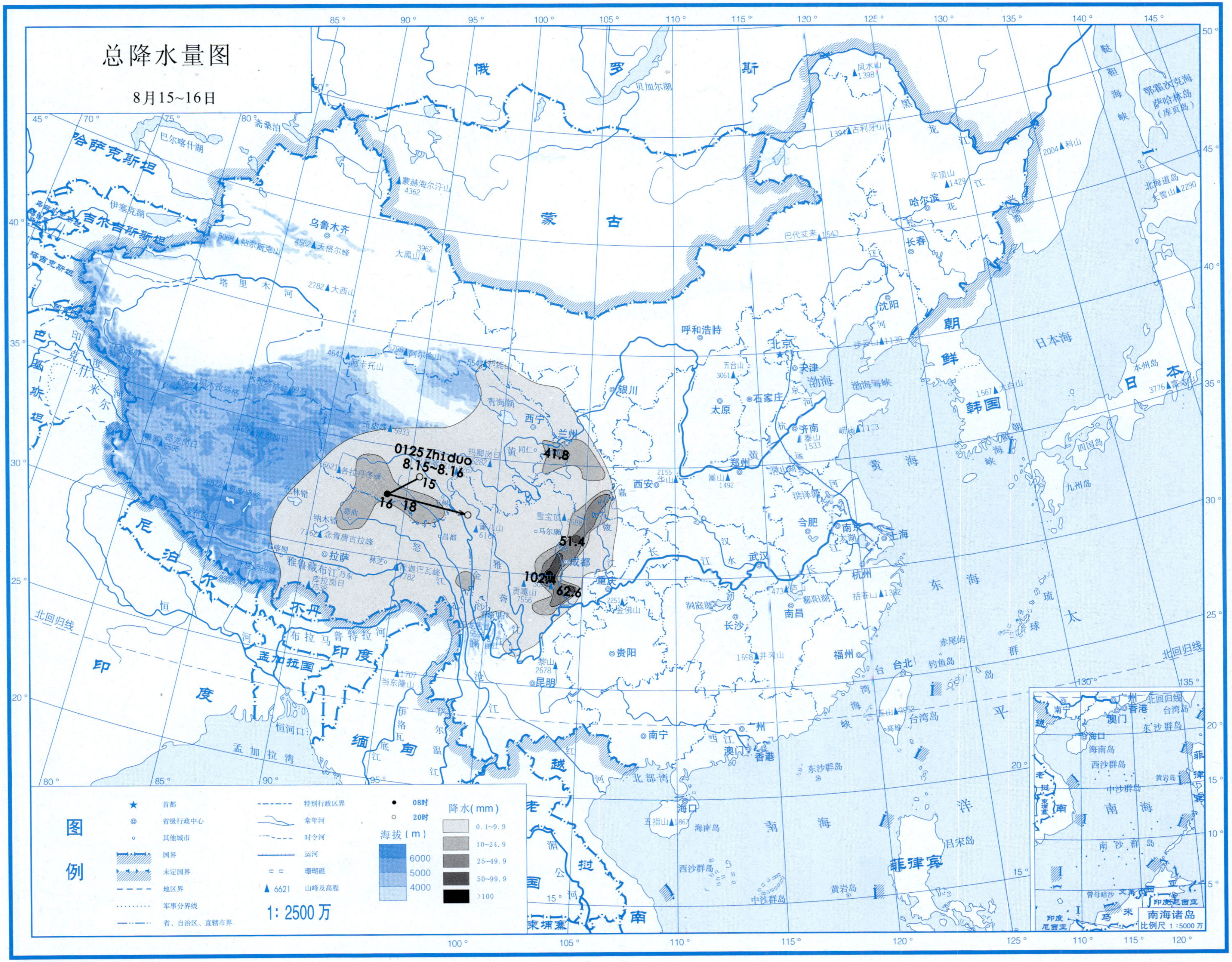
总降水量图
8月15~16日
0125 Zhiduo
8.15~8.16
15
16
18
41.8
51.4
102.4
62.6
图例
首都
省级行政中心
其他城市
国界
未定国界
地区界
军事分界线
省、自治区、直辖市界
特别行政区界
常年河
时令河
运河
珊瑚礁
6621 山峰及高程
08时
20时
海拔（m）
6000
5000
4000
降水(mm)
0.1~9.9
10~24.9
25~49.9
50~99.9
>100
1: 2500万
南海诸岛
比例尺 1:5000万

总降水日数图

8月15~16日

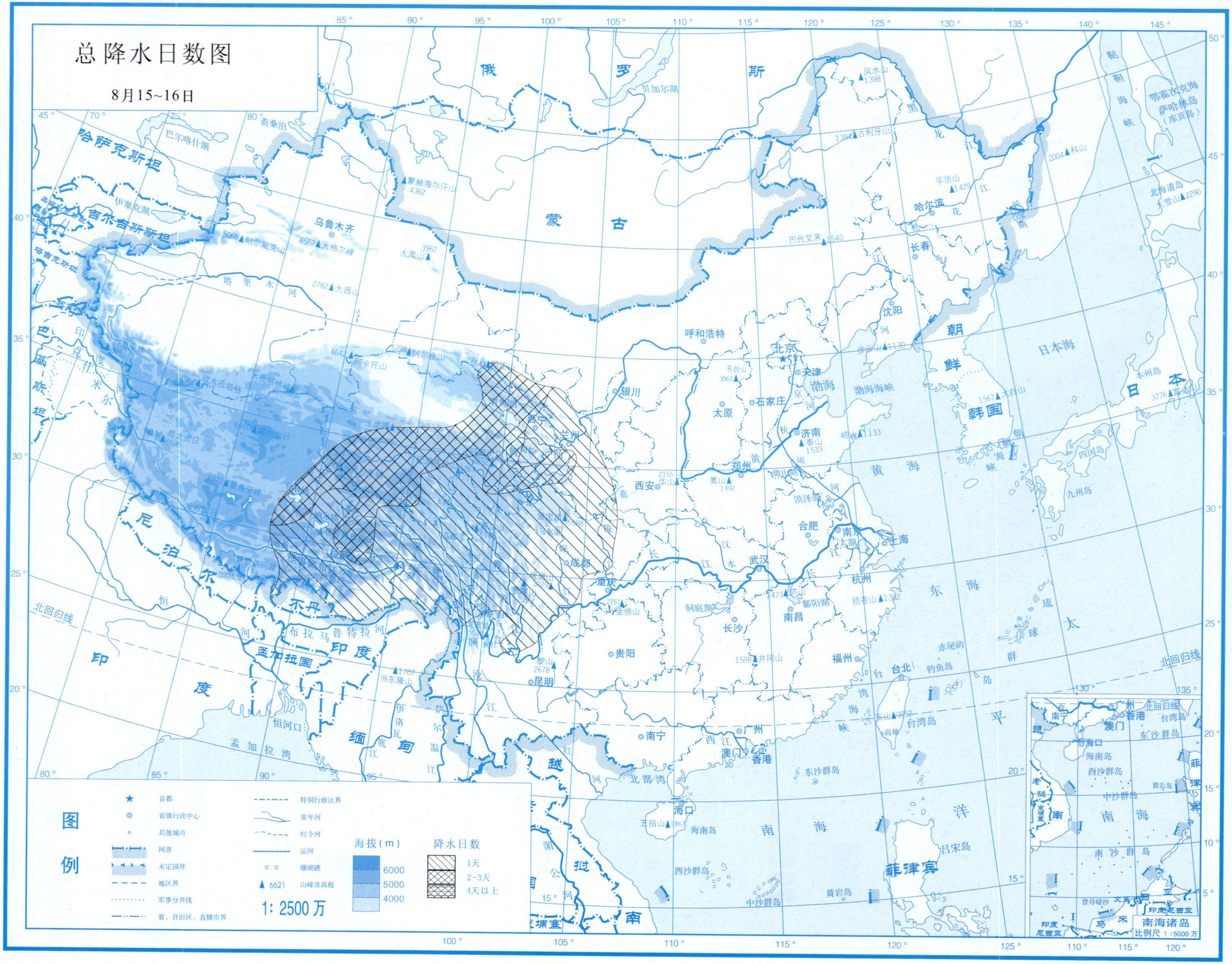

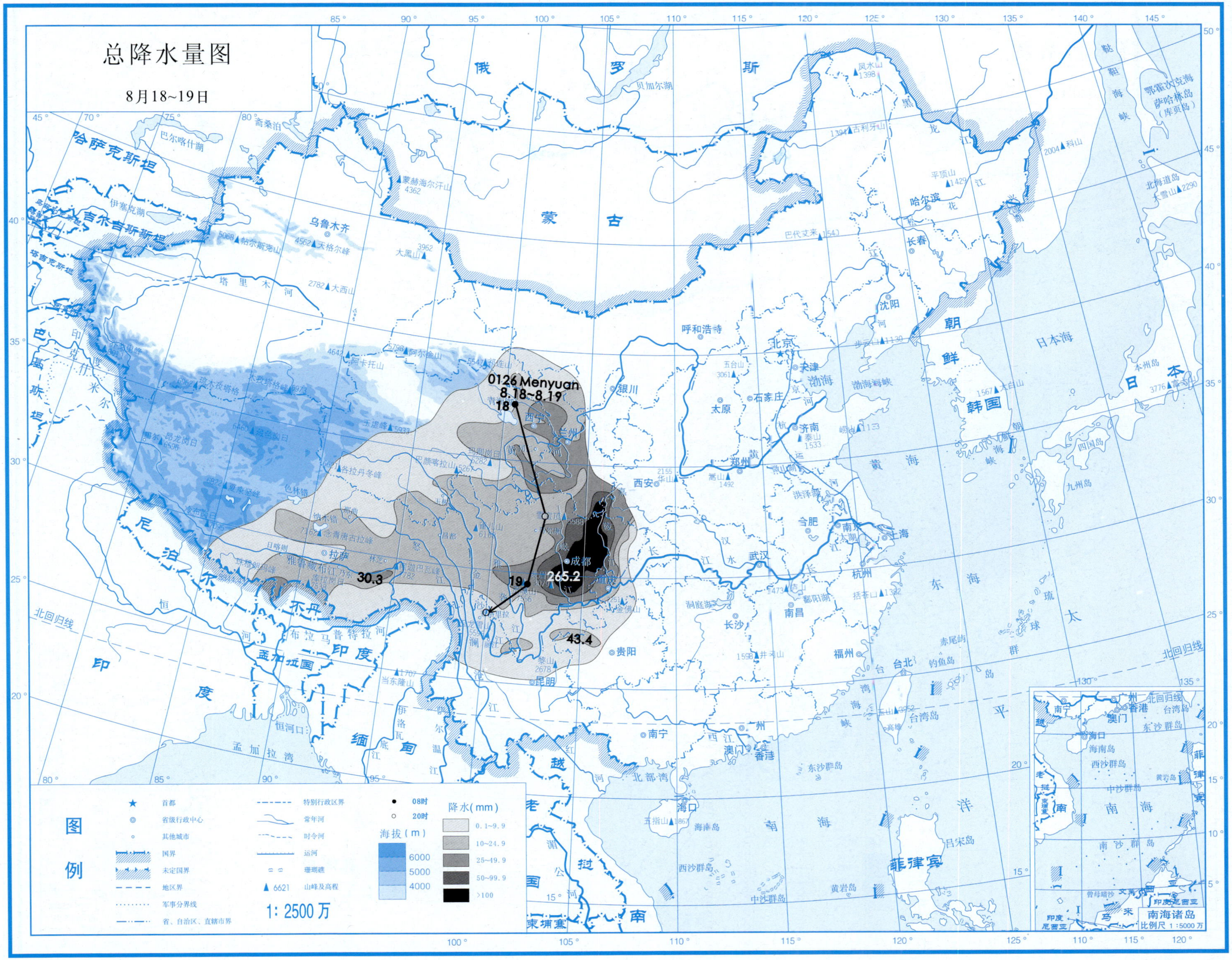
总降水量图
8月18~19日
0126 Menyuan
8.18~8.19
18
19
265.2
30.3
43.4
图例
首都
省级行政中心
其他城市
国界
未定国界
地区界
军事分界线
省、自治区、直辖市界
特别行政区界
常年河
时令河
运河
珊瑚礁
山峰及高程
08时
20时
海拔(m)
6000
5000
4000
降水(mm)
0.1~9.9
10~24.9
25~49.9
50~99.9
>100
1: 2500万
南海诸岛
比例尺 1:5000万

总降水日数图

8月18~19日

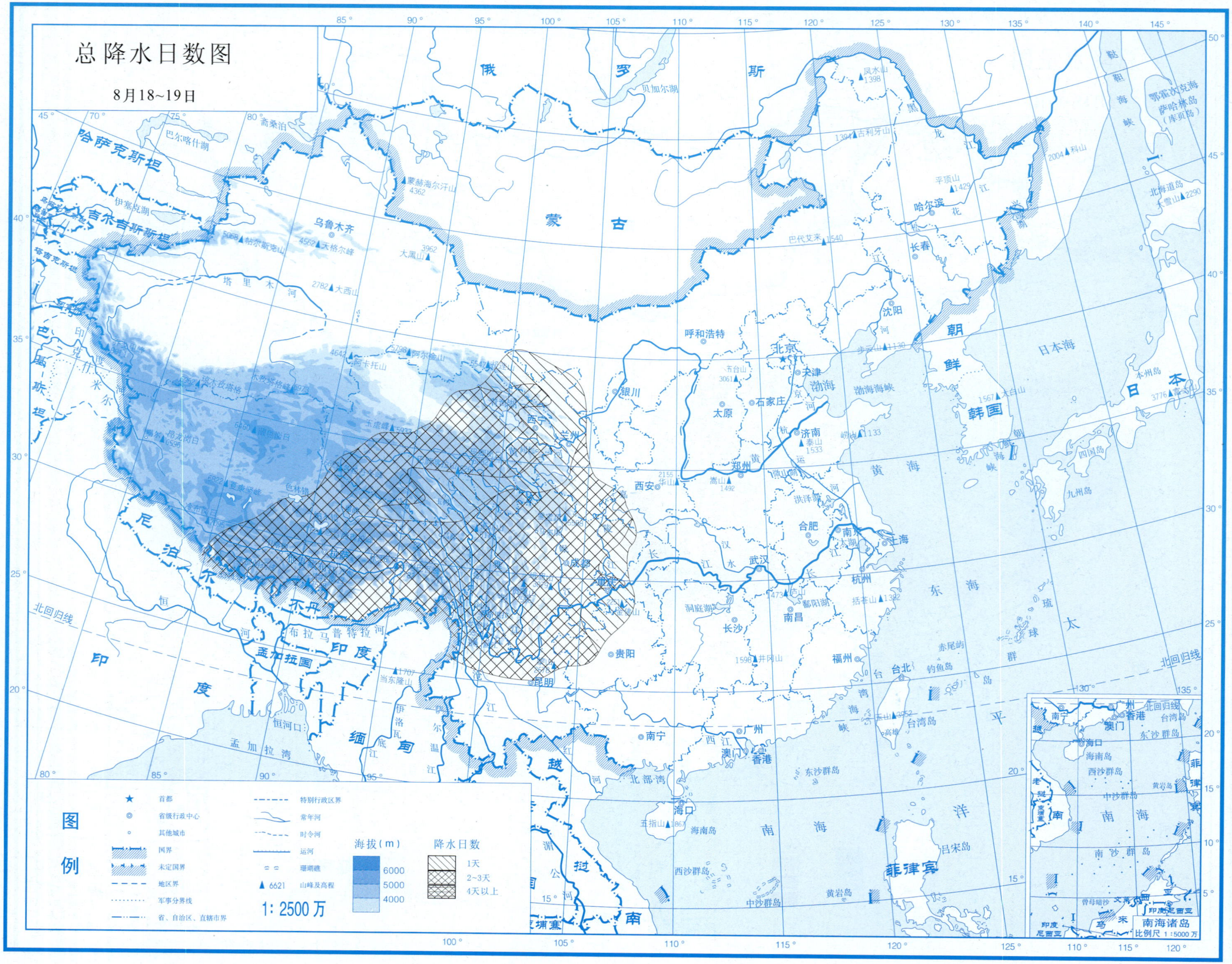

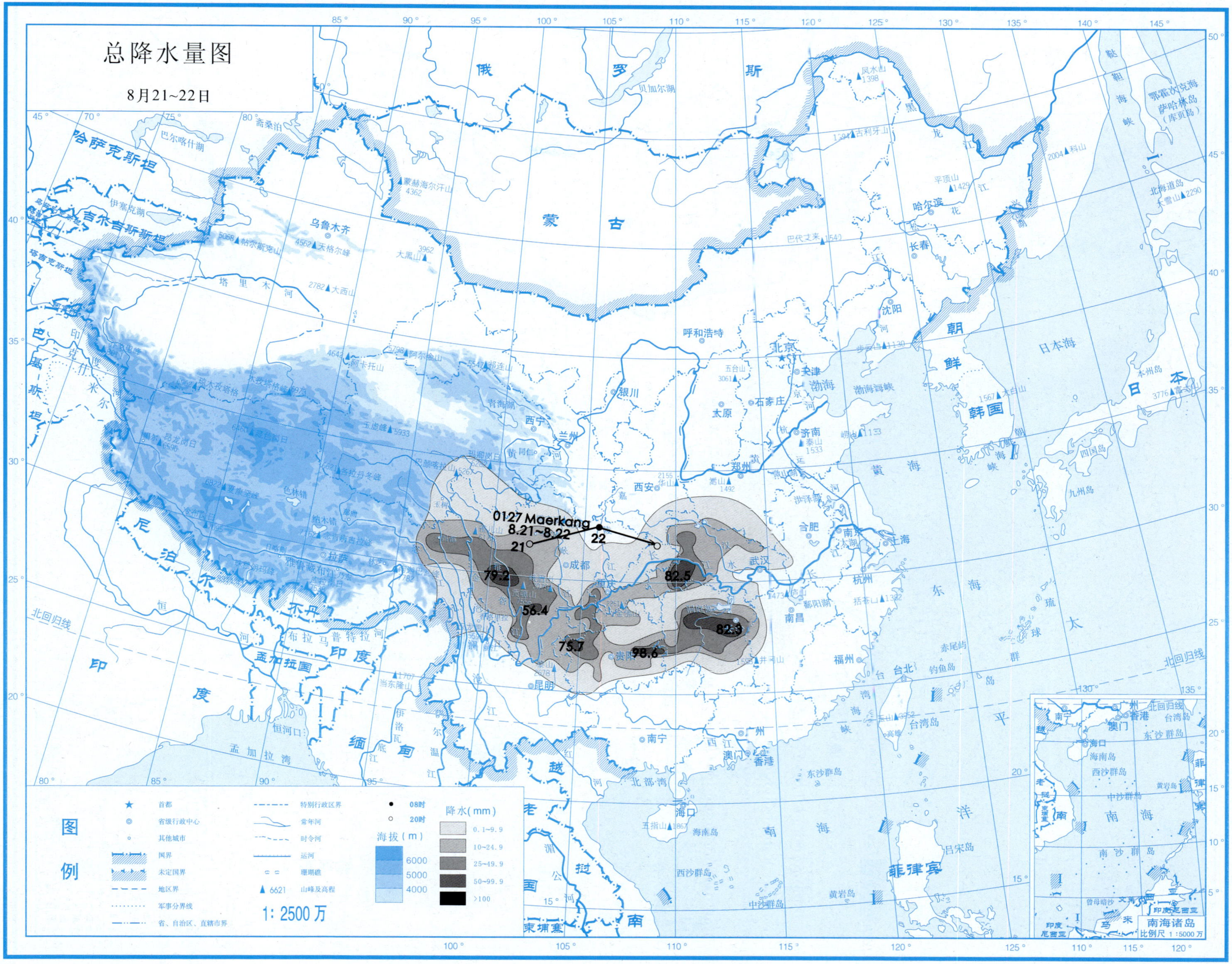
总降水量图
8月21~22日
0127 Maerkang
8.21~8.22
21
22
79.2
56.4
75.7
98.6
82.5
82.3
图例
首都
省级行政中心
其他城市
国界
未定国界
地区界
军事分界线
省、自治区、直辖市界
特别行政区界
常年河
时令河
运河
珊瑚礁
山峰及高程
08时
20时
海拔（m）
6000
5000
4000
降水（mm）
0.1~9.9
10~24.9
25~49.9
50~99.9
>100
1: 2500万
南海诸岛
比例尺 1:5000万

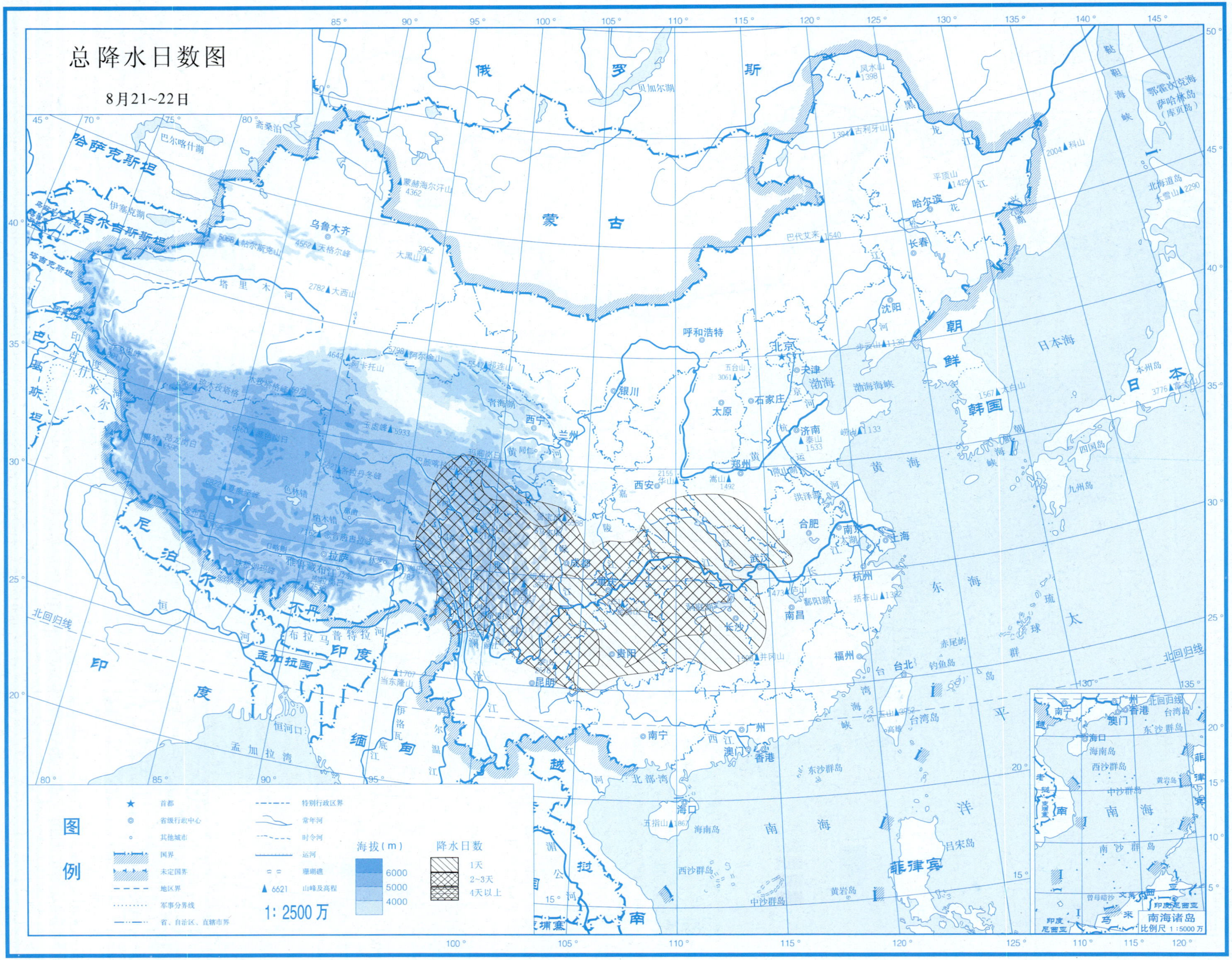
总降水日数图
8月21~22日
图例
首都
省级行政中心
其他城市
国界
未定国界
地区界
军事分界线
省、自治区、直辖市界
特别行政区界
常年河
时令河
运河
珊瑚礁
6621 山峰及高程
海拔(m)
6000
5000
4000
1: 2500万
降水日数
1天
2~3天
4天以上
南海诸岛
比例尺 1:5000万

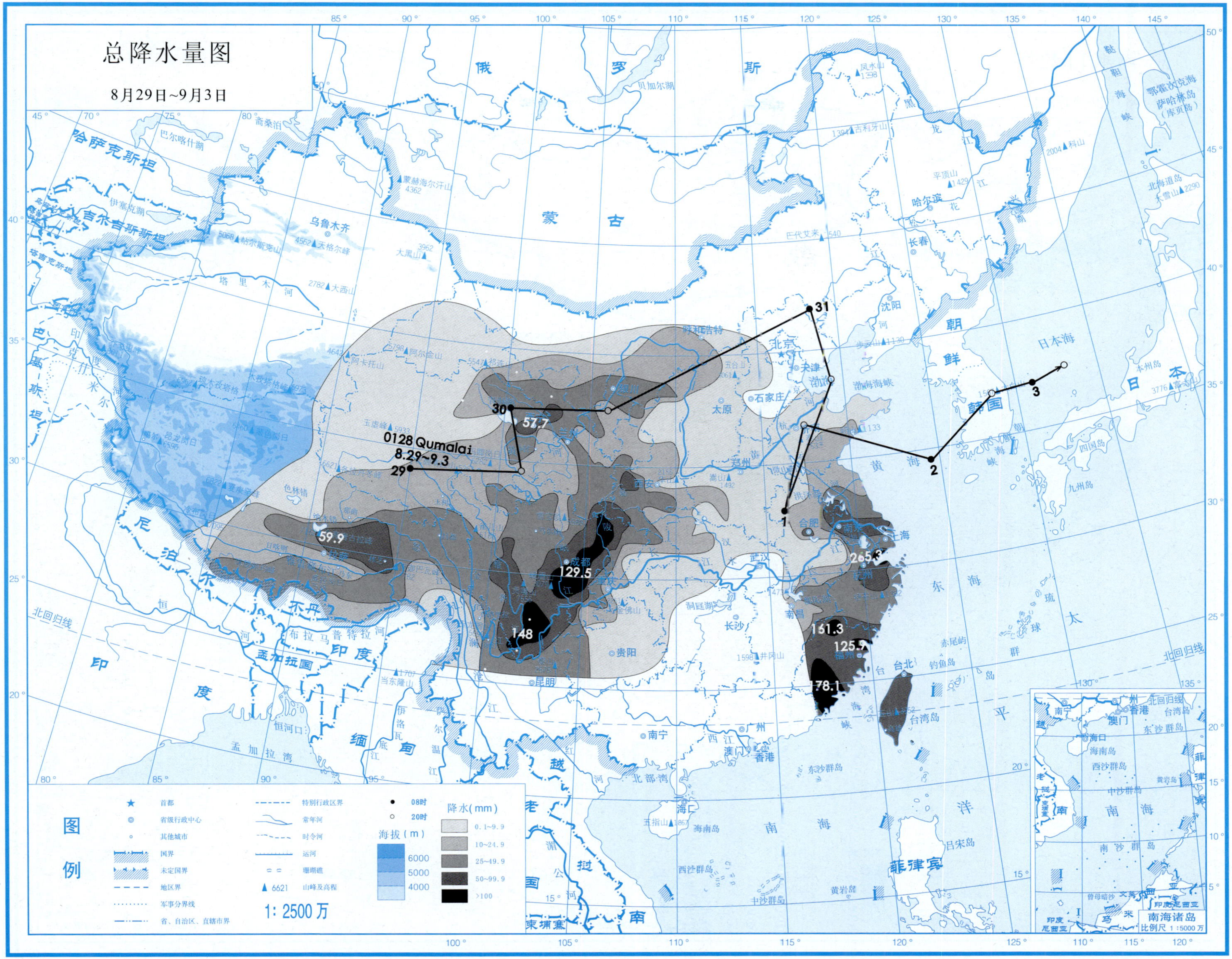
总降水量图
8月29日~9月3日
0128 Qumalai
8.29~9.3
29
30
31
1
2
3
57.7
59.9
129.5
148
265.3
161.3
125.9
178.1
图例
首都
省级行政中心
其他城市
国界
未定国界
地区界
军事分界线
省、自治区、直辖市界
特别行政区界
常年河
时令河
运河
珊瑚礁
6621 山峰及高程
1: 2500 万
海拔（m）
6000
5000
4000
08时
20时
降水(mm)
0.1~9.9
10~24.9
25~49.9
50~99.9
>100
南海诸岛
比例尺 1:5000 万

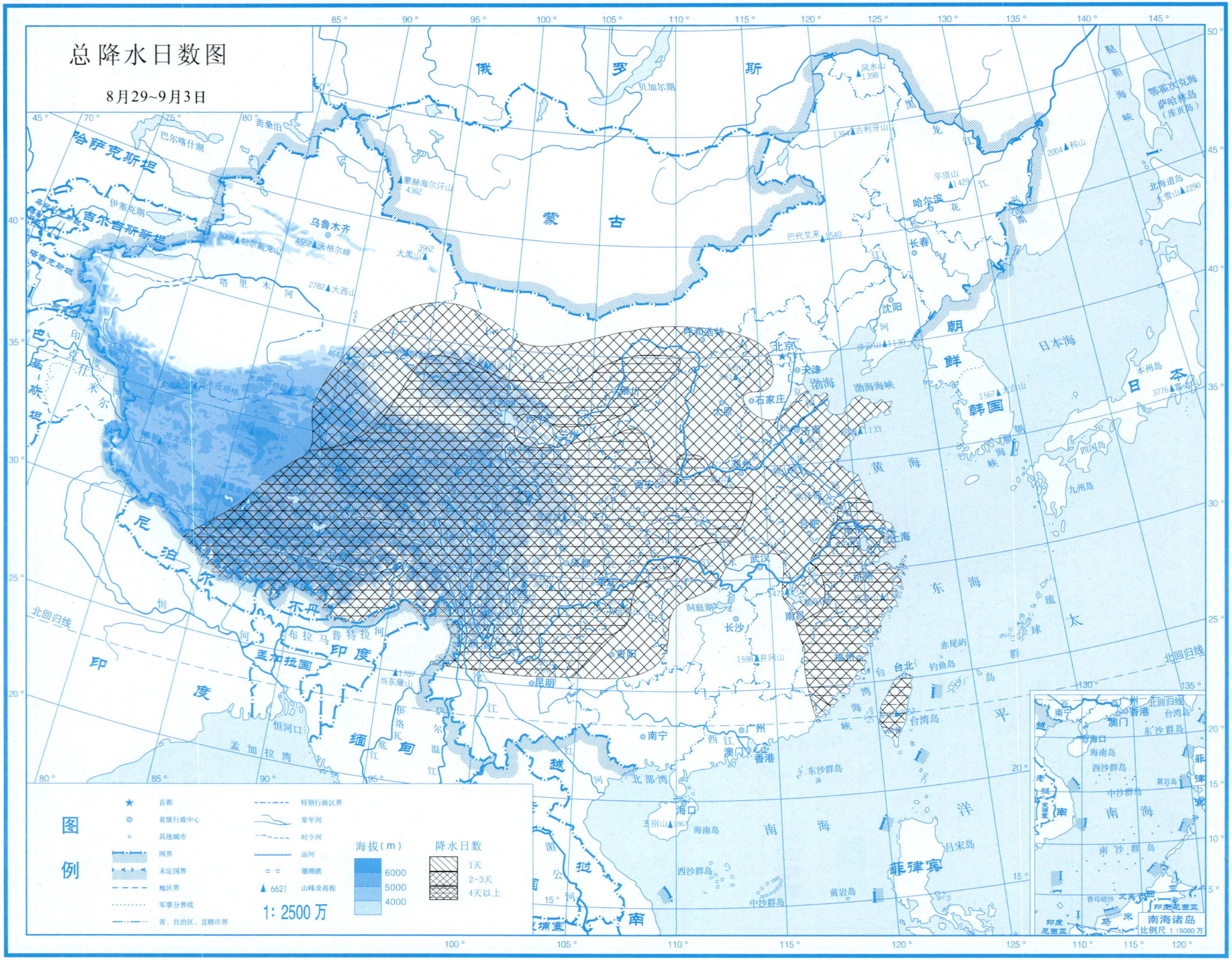
总降水日数图
8月29~9月3日
图例
首都
省级行政中心
其他城市
国界
未定国界
地区界
军事分界线
省、自治区、直辖市界
特别行政区界
常年河
时令河
运河
珊瑚礁
▲ 6621 山峰及高程
1: 2500 万
海拔(m)
6000
5000
4000
降水日数
1天
2~3天
4天以上
南海诸岛
比例尺 1:5000 万

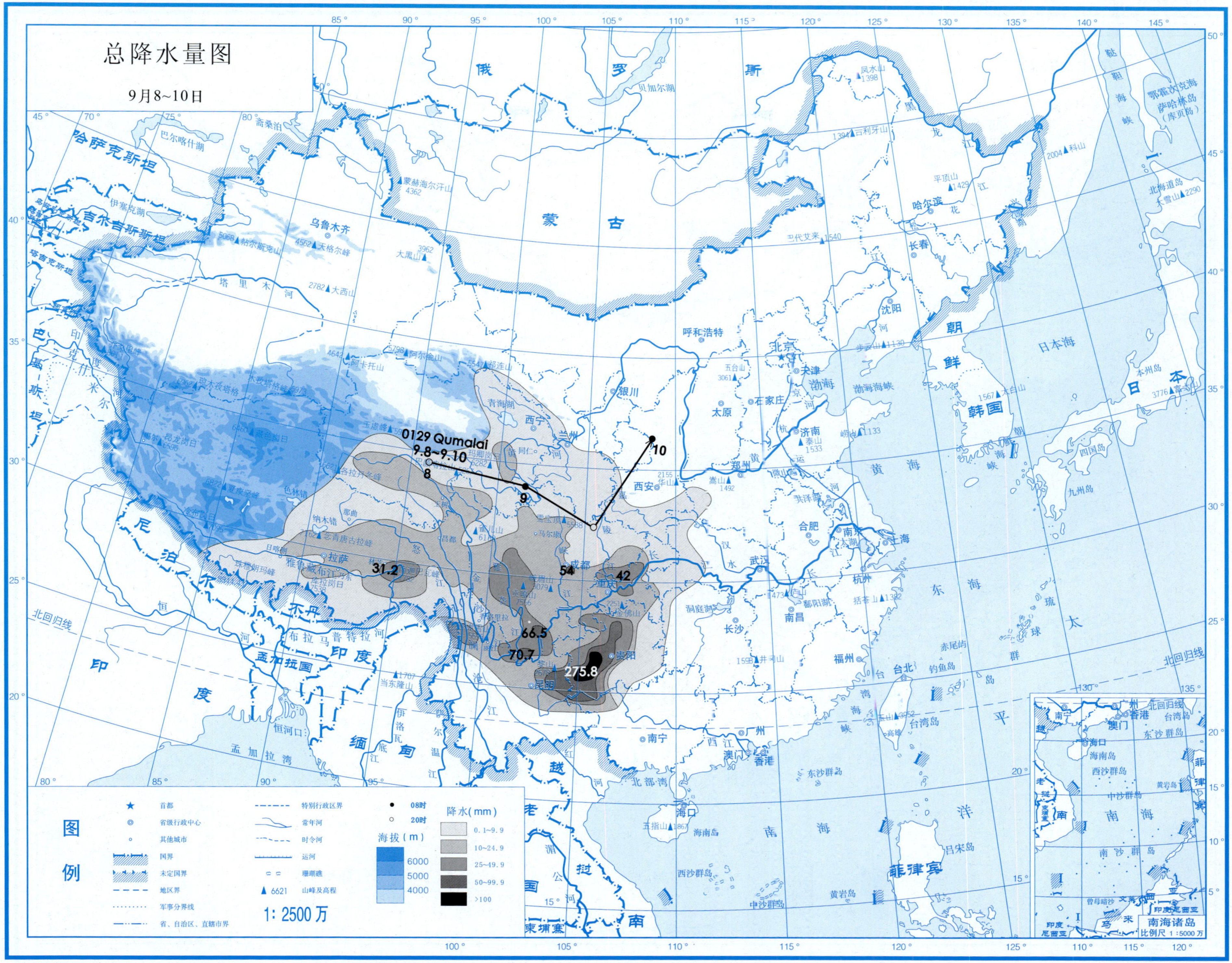
总降水量图
9月8~10日
0129 Qumalai
9.8~9.10
8
9
10
31.2
54
42
66.5
70.7
275.8
图例
首都
省级行政中心
其他城市
国界
未定国界
地区界
军事分界线
省、自治区、直辖市界
特别行政区界
常年河
时令河
运河
珊瑚礁
6621 山峰及高程
08时
20时
海拔（m）
6000
5000
4000
降水（mm）
0.1~9.9
10~24.9
25~49.9
50~99.9
>100
1: 2500万
南海诸岛
比例尺 1:5000万

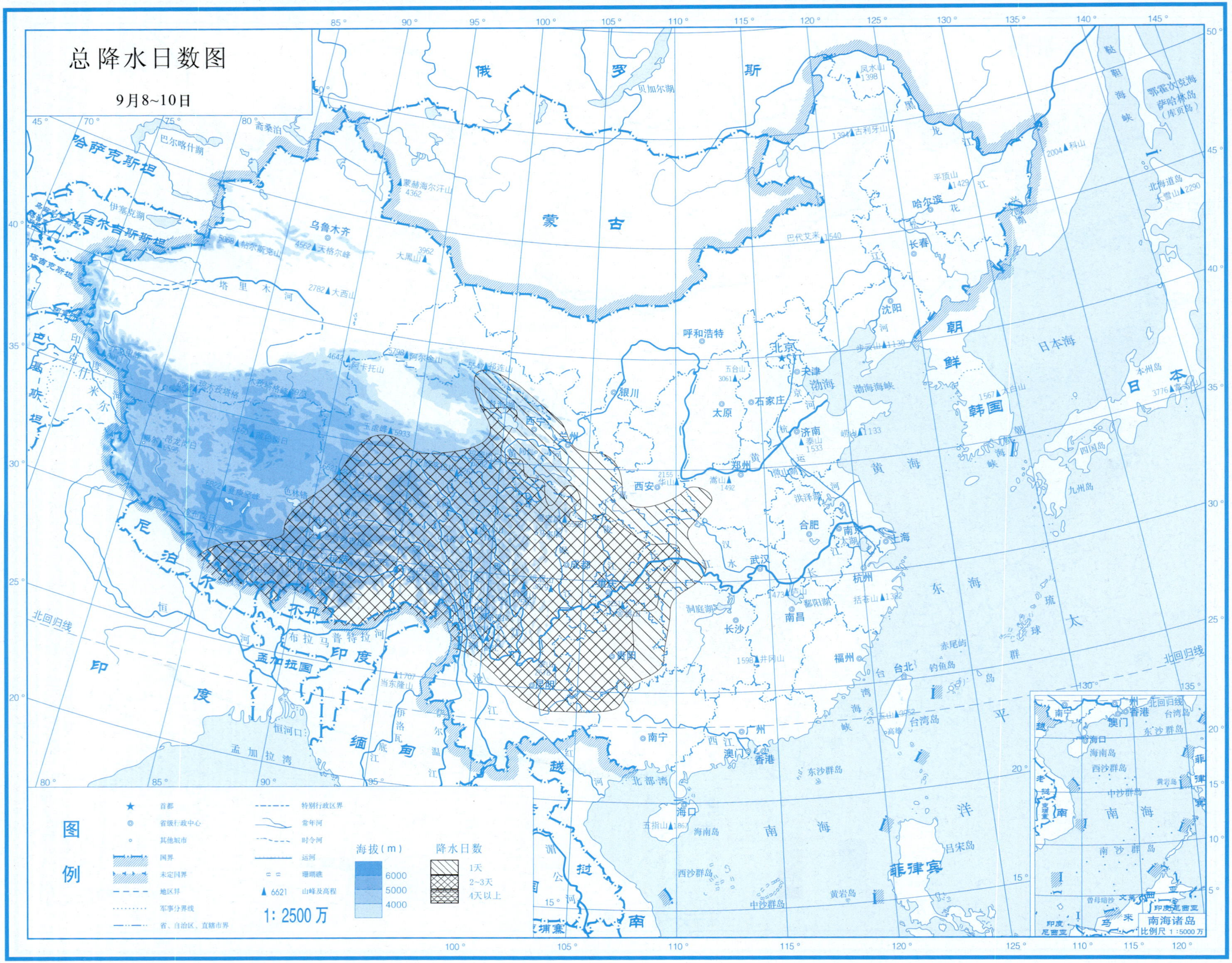

总降水日数图
9月8~10日
图例
首都
省级行政中心
其他城市
国界
未定国界
地区界
军事分界线
省、自治区、直辖市界
特别行政区界
常年河
时令河
运河
珊瑚礁
山峰及高程
1: 2500万
海拔(m)
6000
5000
4000
降水日数
1天
2~3天
4天以上
南海诸岛
比例尺 1:5000万

高原低涡中心位置资料表

月	日	时	中心位置		位势高度/位势什米
			北纬/(°)	东经/(°)	
① 1月13日 (0101)林芝，Linzhi					
1	13	20	28.5	94	563
消失					
② 3月5~6日 (0102)当雄，Dangxiong					
3	5	20	30.5	90	566
	6	8	30	92.4	567
		20	28	92	568
消失					
③ 3月10日 (0103)扎多，Zhaduo					
3	10	20	32.8	94.5	570
消失					
④ 3月24日 (0104)索县，Suoxian					
3	24	8	32.2	93.5	567
3	24	20	32.5	95	567
消失					
⑤ 3月30日 (0105)冷湖，Lenghu					
3	30	8	38	93.5	568
		20	38	93	571
消失					
⑥ 4月19日 (0106)甘孜，Ganzi					
4	19	20	32.5	100	570
消失					
⑦ 4月21日 (0107)双湖，Shuanghu					
4	21	8	35.3	87.5	567
		20	35.3	97	568
消失					
⑧ 5月3~4日 (0108)双湖，Shuanghu					
5	3	20	33.3	90	573
	4	8	32.8	99	574
消失					
⑨ 5月5日 (0109)浪卡子，Langkazi					
5	5	20	28.5	91.5	578
消失					
⑩ 5月8日 (0110)理塘，Litang					
5	8	20	30	101	572
消失					
⑪ 5月11日 (0111)乡城，Xiangcheng					
5	11	8	28.8	98	580
消失					
⑫ 5月16日－17日 (0112)曲麻莱，Qumalai					
5	16	8	34	95.5	579
		20	35	98	578
	17	8	33	94.5	576
		20	33.5	102.5	579
消失					

高原低涡中心位置资料表（续-1）

月	日	时	中心位置 北纬/(°)	中心位置 东经/(°)	位势高度/位势什米
⑬ 5月26日 (0113)波密，Bomi					
5	26	8	31.5	94.5	576
消失					
⑭ 5月28~29日 (0114)共和，Gonghe					
5	28	8	35.5	100	576
		20	34	102.3	573
	29	8	33.5	110	570
消失					
⑮ 6月1~5日 (0115)德格，Dege					
6	1	8	31.8	98.5	579
		20	32.5	97	577
	2	8	31.3	102.5	580
		20	32.4	105.2	579
	3	8	32	111	578
		20	32.4	112.4	577
	4	8	33.3	118.5	573
		20	34.7	120	570
	5	8	35	120	570
		20	35.5	122.5	569
消失					

月	日	时	中心位置 北纬/(°)	中心位置 东经/(°)	位势高度/位势什米
⑯ 6月6~7日 (0116)茫崖，Mangya					
6	6	20	36.7	90.5	575
	7	8	35	97	574
6	7	20	35	100.5	575
消失					
⑰ 6月19日 (0117)刚察，Gangcha					
6	19	8	37.5	100.4	577
		20	37.1	103	577
消失					
⑱ 6月19~20日 (0118)玛多，Maduo					
6	19	20	34.7	98.7	579
	20	8	32.5	98.5	579
		20	31.5	102	579
消失					
⑲ 6月26日 (0126)康定，Kangding					
6	26	20	30	102	582
消失					

月	日	时	中心位置 北纬/(°)	中心位置 东经/(°)	位势高度/位势什米
⑳ 7月12日 (0120)都兰，Dulan					
7	12	8	32.1	97.7	585
		20	30.4	105.3	584
消失					
㉑ 7月14~15日 (0121)昌都，Changdu					
7	14	8	30.2	97	582
		20	31.5	98.9	584
	15	8	32	98.5	583
		20	32.5	101	584
消失					
㉒ 7月18~20日 (0122)曲麻莱，Qumalai					
7	18	20	34	95	582
	19	8	31.2	94	583
		20	31	94	584
7	20	8	30.3	93	584
消失					

高原低涡中心位置资料表（续-2）

月	日	时	中心位置 北纬/(°)	中心位置 东经/(°)	位势高度/位势什米
㉓ 7月27日 (0123)扎多，Zhaduo					
7	27	20	33	95.4	584
消失					
㉔ 8月6~8日 (0124)曲麻莱，Qumalai					
8	6	20	35	95.5	585
	7	8	34.5	95.5	585
		20	36.3	100.6	586
	8	8	34.7	104	586
		20	27.5	104.5	586
消失					
㉕ 8月15~16日 (0125)治多，Zhiduo					
8	15	20	33.8	95.5	580
8	16	8	32.8	94	583
		20	32.5	98.5	582
消失					
㉖ 8月18~19日 (0126)门源，Menyuan					
8	18	8	37.4	100.5	578
		20	32.7	102.7	582
	19	8	29.5	102	584
		20	28	100	587
消失					
㉗ 8月21~22日 (0127)马尔康，Maerkang					
8	21	20	31.5	102	585
	22	8	32.4	105.8	582
		20	31.7	109	582
消失					
㉘ 8月29~9月3日 (0128)曲麻莱，Qumalai					
8	29	8	34	95	578
		20	34.5	101.2	579
	30	8	37.2	100.3	577
		20	37.5	106	580
	31	8	42	118.5	578
		20	38.5	119.5	576
9	1	8	33	116	577
		20	36.6	117.5	576
	2	8	34.7	124.5	578
		20	37	128.5	578
	3	8	37	131	578
		20	37.5	133	576
消失					
㉙ 9月8~10日 (0129)曲麻莱，Qumalai					
9	8	20	34.6	96	584
	9	8	34	101.7	583
		20	37.3	105.4	579
	10	8	36.4	108.7	578
消失					

第二部分 高原切变线

Tibetan Plateau Shear Line

2001年
高原切变线概况

2001年发生在青藏高原上的切变线共有30次，都是在青藏高原东部生成的切变线(表11~表13)。

2001年初生高原切变线出现在1月中旬，最后一个高原切变线生成在11月上旬(表11)。从月际分布看，5月和8月出现次数最多，各为7次；集中在5~8月，占了一半以上(表11)。移出高原的青藏高原切变线少，分别在5月、7月各为1、2次(表14)。此外，1~12月，除了12月外，各月都有1 ~ 7次高原切变线生成，各月生成高原切变线的次数差异大，具体详见表11。

2001年青藏高原切变线源地在青藏高原东部。移出高原的青藏高原切变线共3次，3次都生成于青藏高原东部(表14~16)，移出高原的地点主要在四川(表17)。

本年度高原切变线北、南两侧最大风速的最多频率分别是北侧以6~12m/s，约占84.2%；南侧以6~14m/s，约占64.9%(表18)。夏半年，高原切变线北、南两侧最大风速的最多频率分别是北侧以6~8m/s，约占53.1 %；南侧以10~14m/s，约占51%(表19)。冬半年，高原切变线北、南两侧最大风速的最多频率分别是北侧以8~10m/s，占66.7 %；南侧为6m/s，占33.3 %(表20)。

全年除影响青藏高原以外对我国其余地区有影响的高原切变线共有22次。其中5次高原切变线造成过程降水量在100mm以上，S0109、S0112、S0119、S0120、S0222分别在福建永安、云南玉溪、四川什邡、四川峨眉山、甘肃康县造成过程降水量为171.3mm、189.1mm、223.1mm、284.3mm、124.7mm，降水日数分别为3天、4天、1天、3天、2天。

2001年影响我国降水强度的主要是S0109、S0120，其中0109高原切变线造成过程降水量在100mm以上的中心区最多，共有6个中心区，主要分布在广西、广东、江西、福建。5月17日在高原东部银川到巴塘生成的S0109高原切变线，切变线北、南两侧最大风速都是12m/s，后此切变线东移；18日08时出高原，移到四川、重庆、湖北，切变线北、南两侧风速都减弱，最大风速分别是6m/s、10m/s；18日20时此切变线向西北方向移动，切变线加强，切变线北、南两侧风速加强，最大风速分别是8m/s、12m/s，移到了四川北部；19日08时此切变线稍向西南方向移动，切变线伸长，切变线南侧最大风速达16m/s。此切变线移出高原以后36小时内减弱消失。受其影响，湖南、江西、福建、广西、广东普降大到暴雨，降水日数为2~3天。西藏、青海、四川、云南、贵州、湖北、浙江降小到中雨，降水日数为1~3天。7月28日生成在高原东南部果洛—当雄S0120高原切变线，切变线北、南两侧最大风速分别是12m/s、14m/s，是2001年影响我国降水又一强的高原切变线，也是2001年对我国长江上游降水影响最大的高原切变线，造成过程降水量在100mm以上的中心区有5个，主要分布在四川、云南、重庆、湖北、陕西，其中在四川峨眉山高达284.3mm。切变线形成初期在高原东南部向东南移，后东南移再西南移，切变线北侧最大风速在28日20时至29日20时由6m/s增加到12m/s，30日08时移出高原，12小时内此切变线少动，切变线南侧最大风速保持在8m/s。受其影响，四川、云南、重庆、湖北、陕西、河南降大到暴雨，降水日数为2~3天；西藏、青海、广西、贵州降小到中雨，降水日数为1~3天。

对我国黄河河套地区降水影响最大的高原切变线是S0119。7月26日在高原东部朗木寺—当雄生成的S0109高原切变线，切变线北、南两侧最大风速分别是8m/s、14m/s，以后东南移，7月27日20时移出高原。在此切变线东南移过程中，切变线北侧最大风速保持不变，为8m/s，切变线南侧最大风速在减弱，7月27日20时为6m/s，此切变线在出高原后12小时内减弱消失。受其影响，宁夏、山西、陕西、四川降大到暴雨，降水日数为1~2天；西藏、青海、甘肃、湖北降小到中雨，降水日数为1~2天。

表11 高原切变线出现次数

年\月	1	2	3	4	5	6	7	8	9	10	11	12	合计
2001	1	1	2	1	7	3	5	7	1	1	1	0	30
几率/%	3.33	3.33	6.67	3.33	23.34	10.00	16.67	23.34	3.33	3.33	3.33	0.00	100

表12 高原东部切变线出现次数

年\月	1	2	3	4	5	6	7	8	9	10	11	12	合计
2001	1	1	2	1	7	3	5	7	1	1	1	0	30
几率/%	3.33	3.33	6.67	3.33	23.34	10.00	16.67	23.34	3.33	3.33	3.33	0.00	100

表13 高原西部切变线出现次数

年\月	1	2	3	4	5	6	7	8	9	10	11	12	合计
2001	0	0	0	0	0	0	0	0	0	0	0	0	0
几率/%	0.00	0.00	0.00	0.00	0.00	0.00	0.00	0.00	0.00	0.00	0.00	0.00	0.00

表14　高原切变线移出高原次数

月 年	1	2	3	4	5	6	7	8	9	10	11	12	合计
2001	0	0	0	0	1	0	2	0	0	0	0	0	3
移出几率/%	0.00	0.00	0.00	0.00	3.33	0.00	6.67	0.00	0.00	0.00	0.00	0.00	10
月移出率/%	0.00	0.00	0.00	0.00	33.33	0.00	66.67	0.00	0.00	0.00	0.00	0.00	100

表15　高原东部切变线移出高原次数

月 年	1	2	3	4	5	6	7	8	9	10	11	12	合计
2001	0	0	0	0	1	0	2	0	0	0	0	0	3
移出几率/%	0.00	0.00	0.00	0.00	3.33	0.00	6.67	0.00	0.00	0.00	0.00	0.00	10
月移出率/%	0.00	0.00	0.00	0.00	33.33	0.00	66.67	0.00	0.00	0.00	0.00	0.00	100

表16　高原西部切变线移出高原次数

月 年	1	2	3	4	5	6	7	8	9	10	11	12	合计
2001	0	0	0	0	0	0	0	0	0	0	0	0	0
移出几率/%	0.00	0.00	0.00	0.00	0.00	0.00	0.00	0.00	0.00	0.00	0.00	0.00	0
月移出率/%	0.00	0.00	0.00	0.00	0.00	0.00	0.00	0.00	0.00	0.00	0.00	0.00	0

表17　高原切变线移出高原的地区分布

地区 / 年	新疆	甘肃	宁夏	四川	陕西	重庆	贵州	云南	合计
2001				3					3
出高原率/%				100					100

表18　高原切变线两侧最大风速频率分布

最大风速/(m/s)	2	4	6	8	10	12	14	16	18	20	22	合计
北侧/%	1.75	10.53	21.05	36.84	12.28	14.04	3.51	0.00	0.00	0.00	0.00	100
南侧/%	0.00	12.28	15.78	14.04	14.04	14.04	21.05	5.26	3.51	0.00	0.00	100

表19　夏半年高原切变线两侧最大风速频率分布

最大风速/ (m/s)	2	4	6	8	10	12	14	16	18	20	22	合计
北侧/%	1.96	11.76	21.57	37.52	9.80	13.72	3.92	0.00	0.00	0.00	0.00	99.98
南侧/%	0.00	11.76	13.72	13.72	15.69	13.72	21.57	5.88	3.92	0.00	0.00	99.98

表20　冬半年高原切变线两侧最大风速频率分布

最大风速/ (m/s)	2	4	6	8	10	12	14	16	18	20	22	合计
北侧/%	0.00	0.00	16.67	33.33	33.33	16.67	0.00	0.00	0.00	0.00	0.00	100
南侧/%	0.00	16.67	33.32	16.67	0.00	16.67	16.67	0.00	0.00	0.00	0.00	100

高原切变线纪要表

序号	编号	中英文名称	起止日期(月.日)	最大风速/(m/s)		发现时起-终点经纬度	移出高原的地区	移出高原时间	移出高原的风速/(m/s)		路径趋向	影响切变线移出高原的天气系统
				北侧	南侧				北侧	南侧		
1	S0101	曲麻莱–当雄，Qumalai–Dangxiong	1.13	10	14	96°E，34.3°N–92.1°E，30.4°N					原地生消	
2	S0102	果洛–托托河，Guoluo–Tuotuohe	2.24	8	6	98.8°E，35°N–93.5°E，33.2°N					原地生消	
3	S0103	邓柯–扎多，Dengke–Zhaduo	3.10	8	4	98.2°E，32.4°N–92.5°E，32.5°N					原地生消	
4	S0104	石渠–当雄，Shiqu–Dangxiong	3.11	6	6	98.3°E，33.8°N–91.3°E，30.2°N					原地生消	
5	S0105	久治–昂欠，Jiuzhi–Angqian	4.15	12	12	101.3°E，33.2°N–96°E，32.5°N					原地生消	
6	S0106	托勒–那曲，Tuole–Naqu	5.4	4	14	98.2°E，33.2°N–91.2°E，30.6°N					原地生消	
7	S0107	曲麻莱–锋当，Qumalai–Fengdang	5.5	10	10	95°E，33.9°N–92.2°E，29°N					原地生消	
8	S0108	治多–隆子，Zhiduo–Longzi	5.12	6	8	95.1°E，33.6°N–93.5°E，28°N					原地生消	
9	S0109	银川–巴塘，Yinchuan–Batang	5.17~5.19	12	16	105.6°E，33.6°N–99°E，30.5°N	四川	5.18^{8}	6	10	东移转西北移后又向西南移	塔什干高压
10	S0110	玛多–安多，Maduo–Anduo	5.18	8	12	98.8°E，35.2°N–92.1°E，32.8°N					东南移	

高原切变线纪要表（续-1）

序号	编号	中英文名称	起止日期(月.日)	最大风速/(m/s)		发现时起–终点经纬度	移出高原的地区	移出高原时间	移出高原的风速/(m/s)		路径趋向	影响切变线移出高原的天气系统
				北侧	南侧				北侧	南侧		
11	S0111	曲麻莱–拉萨，Qumalai –Lasa	5.26~5.27	12	18	95°E，35°N–91.4°E，30.3°N					竖切变转横切变后东移	
12	S0112	曲麻莱–安多，Qumalai–Anduo	5.30~6.2	14	16	96.2°E，35°N–92.4°E，32.7°N					东南移后在高原东部徘徊又向东南移	
13	S0113	甘孜–安多，Ganzi–Anduo	6.10	4	6	100°E，32.4°N–92.4°E，32.8°N					原地生消	
14	S0114	昂欠–当雄，Angqian–Dangxiong	6.21	2	10	97.5°E，32.4°N–91.7°E，30.6°N					原地生消	
15	S0115	诺木洪–那曲，Nuomuhong–Naqu	6.27	6	6	96.5°E，36.4°N–92.1°E，32.5°N					东南移	
16	S0116	兰州–曲麻莱，Lanzhou–Qumalai	7.7	8	8	102.7°E，36.2°N–96°E，35°N					原地生消	
17	S0117	久治–昌都，Jiuzhi–Changdu	7.10~7.11	8	14	100.8°E，33.5°N–97.4°E，30.7°N					东南移	
18	S0118	色达–嘉黎，Seda–Jiali	7.19	8	6	101°E，32.6°N–93°E，30.3°N					北移	
19	S0119	朗木寺–当雄，Langmusi–Dangxiong	7.26~7.27	8	14	103°E，34°N–92°E，30.7°N	四川	7.27^{20}	8	6	东南移	东北低槽
20	S0120	果洛–当雄，Guoluo–Dangxiong	7.28~7.30	12	14	98.8°E，34.6°N–91.8°E，30.6°N	四川	7.30^{8}	4	8	东南移转东移后又向南移	东北低槽

高原切变线纪要表（续-2）

序号	编号	中英文名称	起止日期（月.日）	最大风速/(m/s)		发现时起-终点经纬度	移出高原的地区	移出高原时间	移出高原的风速/(m/s)		路径趋向	影响切变线移出高原的天气系统
				北侧	南侧				北侧	南侧		
21	S0121	昌都–当雄，Changdu–Dangxiong	8.4	6	6	97°E，32.1°N–91.7°E，30.6°N					原地生消	
22	S0122	德令哈–林芝，Delingha–Linzhi	8.17~8.18	10	16	97°E，36.8°N–93°E，29.5°N					东移	
23	S0123	果洛–扎多，Guoluo– Zhaduo	8.22	8	12	98.8°E，35.4°N–92.1°E，32.9°N					原地生消	
24	S0124	邓柯–那曲，Dengke–Naqu	8.23~8.24	8	14	97.4°E，32.4°N–92.3°E，32.5°N					原地少动	
25	S0125	德令哈–安多，Delingha–Anduo	8.25	8	4	96.6°E，37°N–92°E，32.5°N					原地生消	
26	S0126	玛多–安多，Maduo–Anduo	8.27~8.28	10	12	98.4°E，35.2°N–92.5°E，32.8°N					南移转东移	
27	S0127	伍道梁–当雄，Wudaoliang–Dangxiong	8.31	12	14	94°E，35.6°N–91.7°E，30.4°N					原地生消	
28	S0128	马尔康–当雄，Maerkang–Dangxiong	9.29	8	12	103°E，31.5°N–91.3°E，30.1°N					原地生消	
29	S0129	玛多–那曲，Maduo–Naqu	10.17	6	14	98.5°E，35°N–92.8°E，32.6°N					原地生消	
30	S0130	石渠–当雄，Shiqu –Dangxiong	11.8	10	8	98.2°E，34°N–91.3°E，30.3°N					原地生消	

高原切变线对我国影响简表

序号	编号	简述活动的情况	高原切变线对我国的影响			
			项目	时间(月.日)	概况	极值
1	S0101	高原中部生消	降水	1.13	西藏南部地区有微量降水。	西藏米林 0.0mm（1天）
2	S0102	高原东部生消	降水	2.24	西藏中、北部，青海西南部地区降水量在1mm以下，降水日数为1天。	西藏那曲 0.5mm（1天）
3	S0103	高原中部生消	降水	3.10	西藏中、北部，青海南部，四川北部地区降水量在5mm以下，降水日数为1天。	西藏当雄 3.2mm（1天）
4	S0104	高原东南部生消	降水	3.11	西藏中、北部，青海南部，四川中、北部地区降水量在6mm以下，降水日数为1天。	四川金川 5.8mm（1天）
5	S0105	高原东部生消	降水	4.15	西藏东、北部，青海南部，四川西、中部，重庆南部，贵州北部和湖南西部地区降水量为0.1~20mm，降水日数为1天。	重庆南川 18.9mm（1天）
6	S0106	高原东南部生消	降水	5.4	西藏东半部，青海南部，甘肃、陕西南部，四川，重庆，贵州大部，云南北部，湖北、湖南西部地区降水量为0.1~90mm，降水日数为1天。	重庆渠县 86.4mm（1天）
7	S0107	高原中部生消	降水	5.5	西藏东半部、四川西部、云南西北部地区降水量为0.1~30mm，降水日数为1天。	西藏嘉黎 27.1mm（1天）
8	S0108	高原东南部生消	降水	5.12	西藏东部、四川西北部地区降水总量在10mm以下，降水日数为1天。	四川松潘 6.6mm（1天）
9	S0109	高原东部东移出高原	降水	5.17~5.19	青海南半部，西藏东半部，长江中上游，云南、广西、广东、海南、福建、江西、浙江、安徽南部地区降水量为0.1~180mm，降水日数为1~3天。其中，湖南、江西、福建、广西、广东有成片25~180mm降水区，降水日数为2~3天。	福建永安 171.3mm（3天）

高原切变线对我国影响简表（续-1）

<table>
<tr><th rowspan="2">序号</th><th rowspan="2">编号</th><th rowspan="2">简述活动的情况</th><th colspan="4">高原切变线对我国的影响</th></tr>
<tr><th>项目</th><th>时间(月.日)</th><th>概况</th><th>极值</th></tr>
<tr><td>10</td><td>S0110</td><td>高原中部东南移</td><td>降水</td><td>5.18</td><td>西藏东半部，青海东、南部，四川西、北部地区降水量为0.1~20mm，降水日数为1天。</td><td>西藏嘉黎
17.5mm（1天）</td></tr>
<tr><td>11</td><td>S0111</td><td>高原中部东移</td><td>降水</td><td>5.26~5.27</td><td>西藏东半部，青海南、东部，甘肃、陕西、河南南部，四川，重庆，贵州，湖北，湖南、云南北部，安徽西部地区降水量为0.1~70mm，降水日数为1~2天。其中，贵州、湖南有大于50mm降水区，降水日数为2天。</td><td>湖南昭阳
66.5mm（2天）</td></tr>
<tr><td>12</td><td>S0112</td><td>高原中部东南移</td><td>降水</td><td>5.30~6.2</td><td>西藏东半部，青海南、东部，长江流域上中游，甘肃、陕西南部，云南，广西西北部地区降水总量为0.1~190mm，降水日数为1~4天。其中，西藏、四川、贵州、云南有成片25~190mm降水区，降水日数为2~4天。</td><td>云南玉溪
189.1mm（4天）</td></tr>
<tr><td>13</td><td>S0113</td><td>高原中部生消</td><td>降水</td><td>6.10</td><td>西藏东半部，青海南、东部，甘肃南、中部，四川西半部，云南西北部地区降水总量为0.1~40mm，降水日数为1天。</td><td>甘肃张家川
36.7mm（1天）</td></tr>
<tr><td>14</td><td>S0114</td><td>高原东南部生消</td><td>降水</td><td>6.21</td><td>西藏东半部、青海南部边缘和四川西部边缘地区降水量为0.1~30mm，降水日数为1天。</td><td>西藏南木林
27.3mm（1天）</td></tr>
<tr><td>15</td><td>S0115</td><td>高原中部东南移</td><td>降水</td><td>6.27</td><td>西藏东半部，青海、甘肃大部，四川，重庆，贵州，陕西南部，湖北、湖南西部和云南、广西北部地区降水量为0.1~75mm，降水日数为1天。</td><td>四川会东
71.6mm（1天）</td></tr>
<tr><td>16</td><td>S0116</td><td>高原东北部生消</td><td>降水</td><td>7.7</td><td>青海南、东部，甘肃中部，四川西北部地区降水量为0.1~30mm，降水日数为1天。</td><td>青海祁连
28.5mm（1天）</td></tr>
<tr><td>17</td><td>S0117</td><td>高原东南部东南移</td><td>降水</td><td>7.10~7.11</td><td>西藏东半部，青海、四川大部，重庆东北部，甘肃中、南部，湖北西半部，云南西北部地区降水量为0.1~100mm，降水日数为1~2天。其中，四川中部地区降水量为25~100mm，降水日数为2天。</td><td>四川峨眉
95.8mm（2天）</td></tr>
</table>

高原切变线对我国影响简表（续-2）

序号	编号	简述活动的情况	高原切变线对我国的影响			
			项目	时间(月.日)	概况	极值
18	S0118	高原东南部北移	降水	7.19	西藏东半部、青海南半部、甘肃东南部、四川西北部地区降水量为0.1~50mm，降水日数为1天。	甘肃玛曲 41.6mm（1天）
19	S0119	高原东南部东南移出高原	降水	7.26~7.27	西藏东半部，青海、甘肃、宁夏、陕西、山西、四川大部，重庆、云南北部，湖北、河南西部地区降水量为0.1~225mm，降水日数为1~2天。其中，宁夏、山西、陕西、四川大部分地区降水量为25~225mm，降水日数为2天。	四川什邡 223.1mm（1天）
20	S0120	高原东南部东移出高原后南移	降水	7.28~7.30	西藏东半部，青海南、东部，甘肃、宁夏南部，四川，重庆，云南，贵州，陕西大部，湖北西半部，河南、山西西部，湖南、广西北部地区降水量为0.1~290mm，降水日数为1~3天。其中，四川、重庆、陕西、湖北、河南、云南有成片大于25mm降水区，降水日数为2~3天。	四川峨眉山 284.3mm（3天）
21	S0121	高原南部生消	降水	8.4	西藏中、北部，青海南、中部，四川西侧地区降水总量为0.1~15mm，降水日数为1天。	青海五道梁14mm（1天）
22	S0122	高原中部东移	降水	8.17~8.18	西藏东半部，青海、甘肃大部，四川，重庆西半部，陕西南部，云南北部，贵州西北部地区降水量为0.1~125mm，降水日数为1~2天。其中，甘肃南部、四川东部地区降水为25~125mm，降水日数为2天。	甘肃康县 124.7mm（2天）
23	S0123	高原中部生消	降水	8.22	西藏东半部，青海南、东部，甘肃中部，四川中、西部地区降水量为0.1~60mm，降水日数为1天。	四川越西55.8mm（1天）
24	S0124	高原中东部生消	降水	8.23~8.24	西藏东半部，青海南、东部，甘肃中、南部，四川大部，宁夏南部，云南北部，重庆西部地区降水量为0.1~55mm，降水日数为1~2天。	四川攀枝花 52.6mm（1天）

高原切变线对我国影响简表（续-3）

序号	编号	简述活动的情况	高原切变线对我国的影响			
			项目	时间(月.日)	概　况	极值
25	S0125	高原中北部生消	降水	8.25	西藏东半部，青海、四川大部，云南北部地区降水量为0.1~30mm，降水日数为1天。	四川九龙 28.1mm（1天）
26	S0126	高原中东部南移后东移	降水	8.27~8.28	西藏东半部，青海南、东部，甘肃中、南部，四川、云南、重庆大部，河南、贵州西部，湖北西北部和陕西南部地区降水总量为0.1~75mm，降水日数为1~2天。其中，西藏、四川、云南、陕西地区有成片大于10mm区域，降水日数为2天。	四川稻城 70.9mm（2天）
27	S0127	高原中部生消	降水	8.31	西藏东半部，青海南部，四川、云南西北部地区降水量为0.1~25mm，降水日数为1天。	西藏墨竹工卡 20.1mm（1天）
28	S0128	高原东南部生消	降水	9.29	西藏中、东部，青海东南部，四川西、北部地区降水量为0.1~30mm，降水日数为1天。	四川松潘 28mm（1天）
29	S0129	高原中部生消	降水	10.17	西藏东部，青海东南部，四川西北、中、南部地区降水量为0.1~10mm，降水日数为1天。	四川小金 8.3mm（1天）
30	S0130	高原中部生消	降水	11.8	西藏北部、青海东南部、四川北部、甘肃西南部地区降水总量为0.1~10mm，降水日数为1天。	青海清水河 7.7mm（1天）

2001年高原切变线编号、名称、日期对照表

未移出高原的高原切变线		移出高原的高原切变线
① S0101 曲麻莱–当雄	⑧ S0108 治多–隆子	⑨ S0109银川–巴塘
Qumalai–Dangxiong	Zhiduo–Longzi	Yinchuan–Batang
1.13	5.12	5.17~5.19
② S0102 果洛–托托河	⑩ S0110 玛多–安多	⑲ S0119 朗木寺–当雄
Guoluo–Tuotuohe	Maduo–Anduo	Langmusi–Dangxiong
2.24	5.18	7.26~7.27
③ S0103 邓柯–扎多	⑪ S0111 曲麻莱–拉萨	⑳ S0120 果洛–当雄
Dengke–Zhaduo	Qumalai–Lasa	Guoluo–Dangxiong
3.10	5.26~5.27	7.28~7.30
④ S0104 石渠–当雄	⑫ S0112 曲麻莱–安多	
Shiqu–Dangxiong	Qumalai–Anduo	
3.11	5.30~6.2	
⑤ S0105 久治–昂欠	⑬ S0113 甘孜–安多	
Jiuzhi–Angqian	Ganzi–Anduo	
4.15	6.10	
⑥ S0106 托勒–那曲	⑭ S0114 昂欠–当雄	
Tuole–Naqu	Anqian–Dangxiong	
5.4	6.21	
⑦ S0107 曲麻莱–锋当	⑮ S0115 诺木洪–那曲	
Qumalai–Fengdang	Nuomuhong–Naqu	
5.5	6.27	

2001年高原切变线编号、名称、日期对照表（续）

未移出高原的高原切变线	
⑯ S0116 兰州–曲麻莱	㉕ S0125 德令哈–安多
Lanzhou–Qumalai	Delingha–Anduo
7.7	8.25
⑰ S0117 久治–昌都	㉖ S0126 玛多–安多
Jiuzhi–Changdu	Maduo–Anduo
7.10~7.11	8.27~8.28
⑱ S0118 色达–嘉黎	㉗ S0127 伍道梁–当雄
Seda–Jiali	Wudaoliang–Dangxiong
7.19	8.31
㉑ S0121 昌都–当雄	㉘ S0128 马尔康–当雄
Changdu–Dangxiong	Maerkang–Dangxiong
8.4	9.29
㉒ S0122 德令哈–林芝	㉙ S0129 玛多–那曲
Delingha–Linzhi	Maduo–Naqu
8.17~8.18	10.17
㉓ S0123 果洛–扎多	㉚ S0130 石渠–当雄
Guoluo– Zhaduo	Shiqu– Dangxiong
8.22	11.8
㉔ S0124 邓柯–那曲	
Dengke–Naqu	
8.23~8.24	

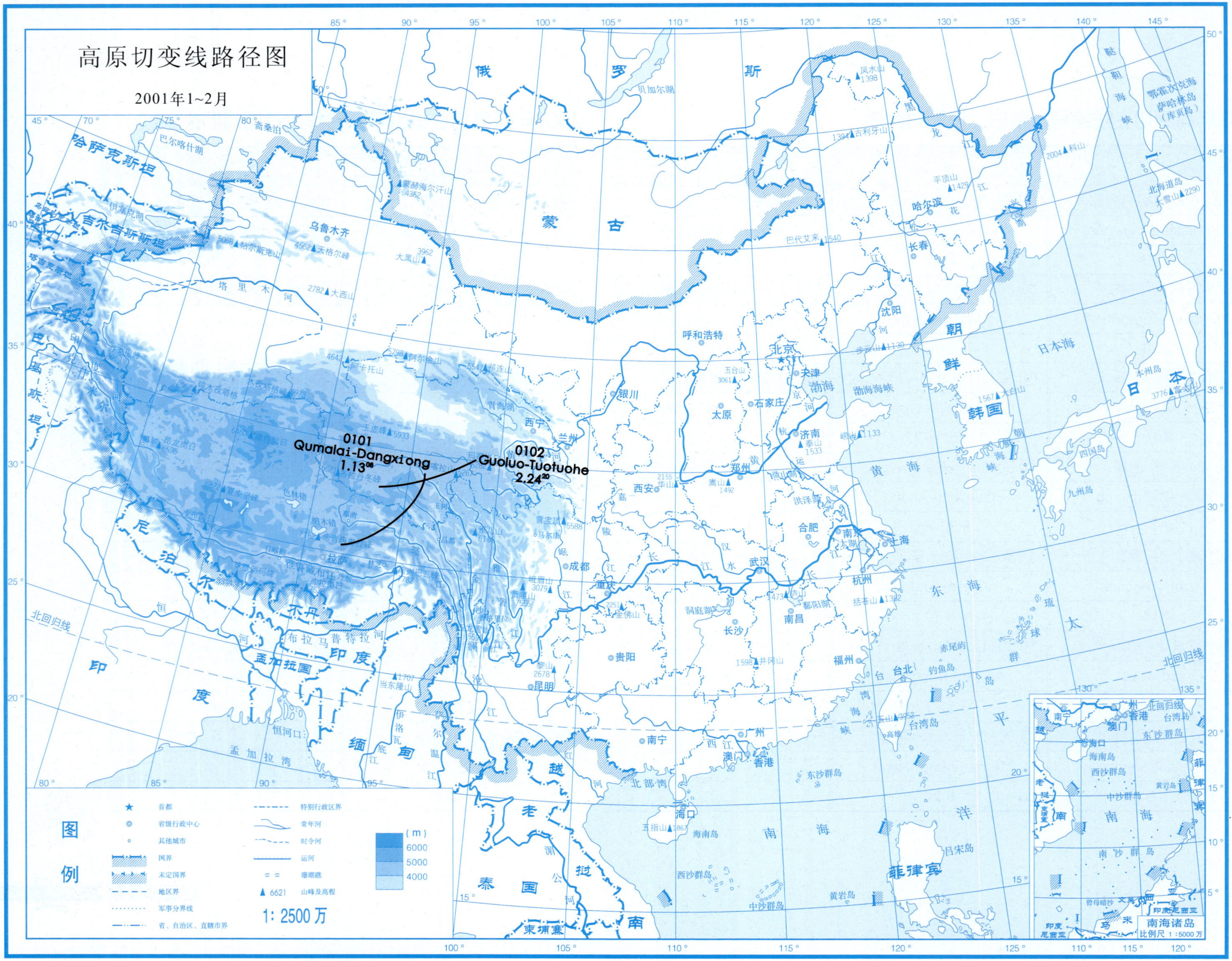

高原切变线路径图
2001年1~2月
0101
Qumalai-Dangxi ong
1.13[08]
0102
Guoluo-Tuotuohe
2.24[20]
图例
首都
省级行政中心
其他城市
国界
未定国界
地区界
军事分界线
省、自治区、直辖市界
特别行政区界
常年河
时令河
运河
珊瑚礁
6621 山峰及高程
(m)
6000
5000
4000
1: 2500 万
南海诸岛
比例尺 1:5000 万

高原切变线路径图

2001年3月

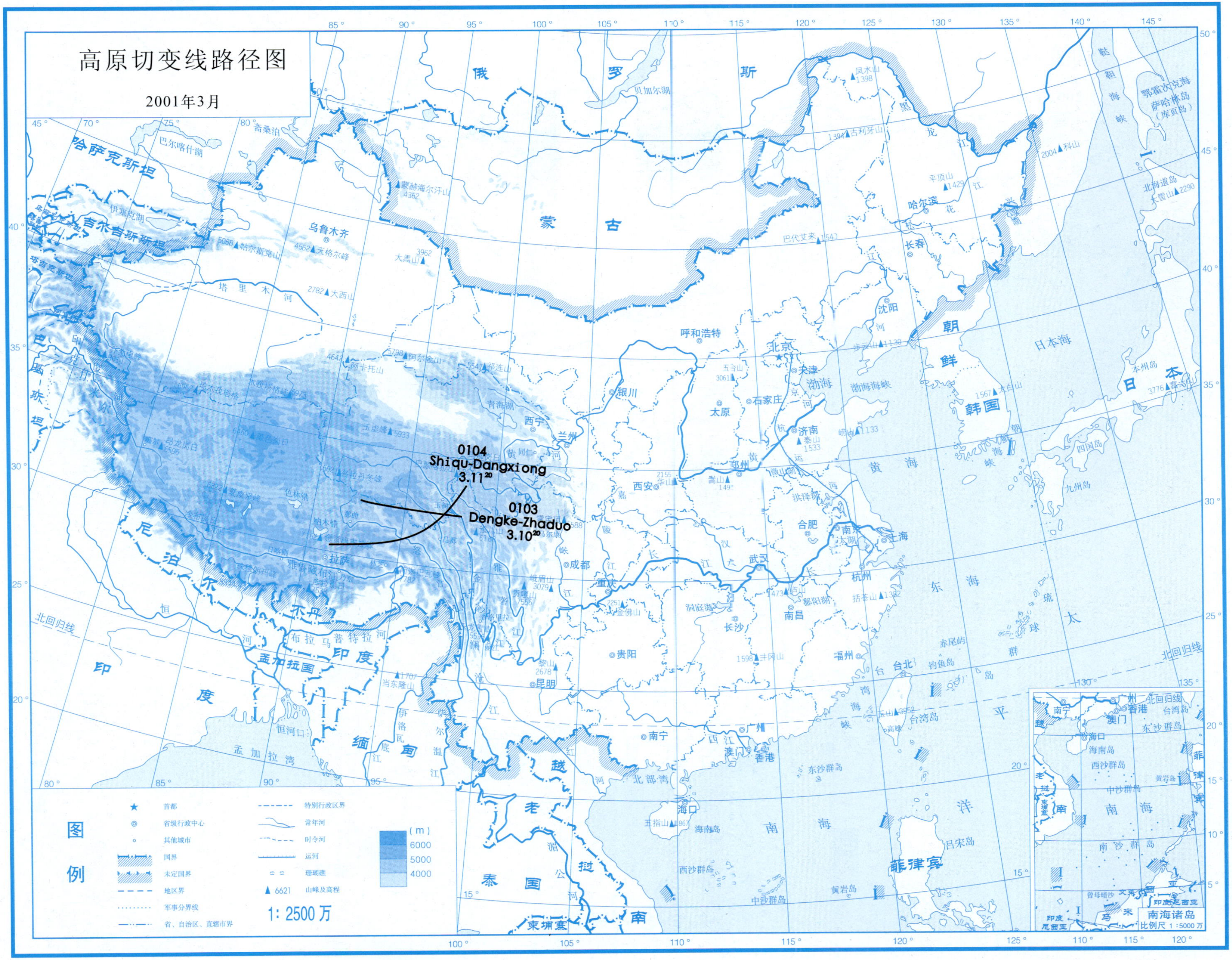

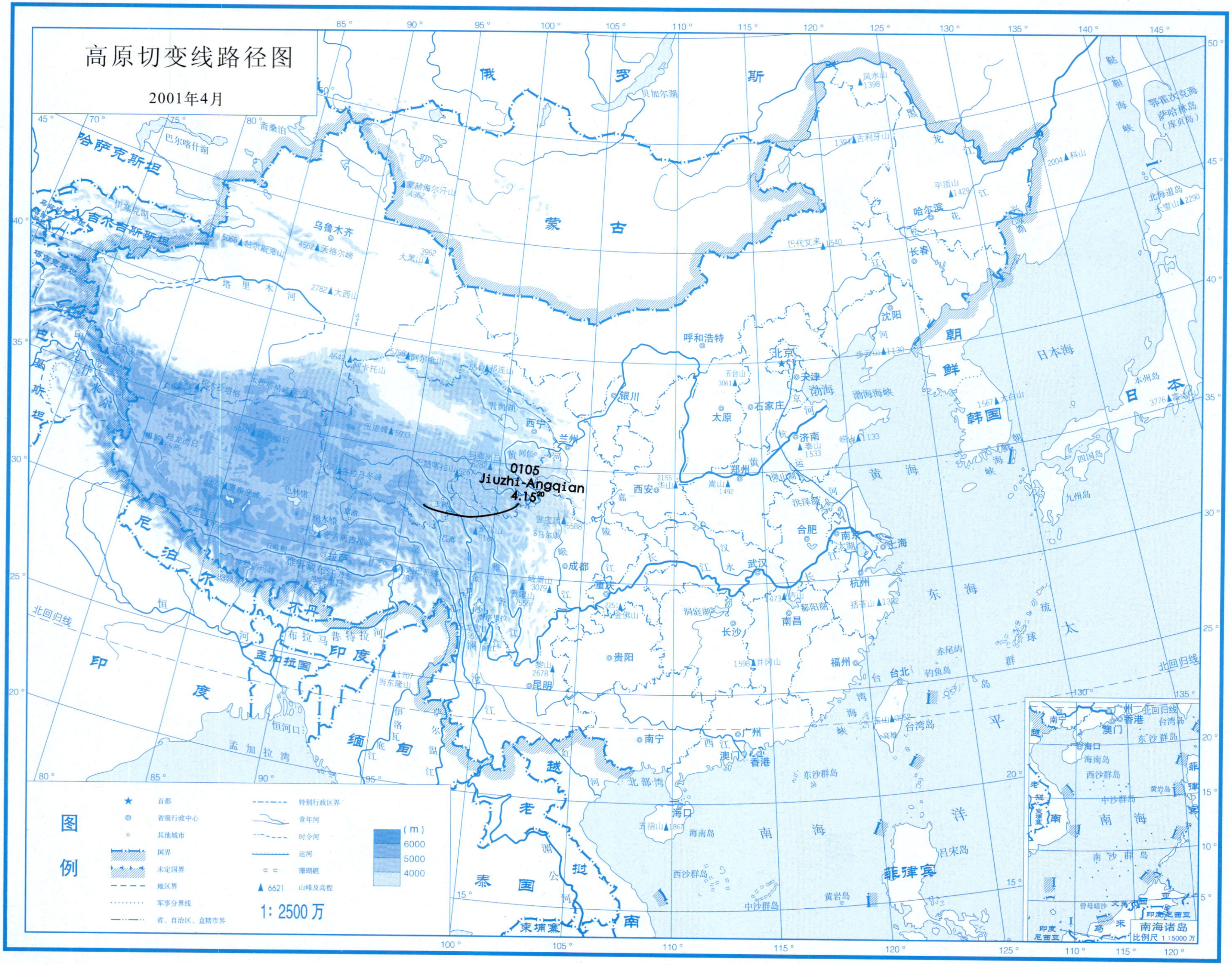
高原切变线路径图
2001年4月
0105
Jiuzhi-Angqian
4.15[20]
图例
首都
省级行政中心
其他城市
国界
未定国界
地区界
军事分界线
省、自治区、直辖市界
特别行政区界
常年河
时令河
运河
珊瑚礁
6621 山峰及高程
(m)
6000
5000
4000
1: 2500万
南海诸岛
比例尺 1:5000万

高原切变线路径图

2001年5月(1)

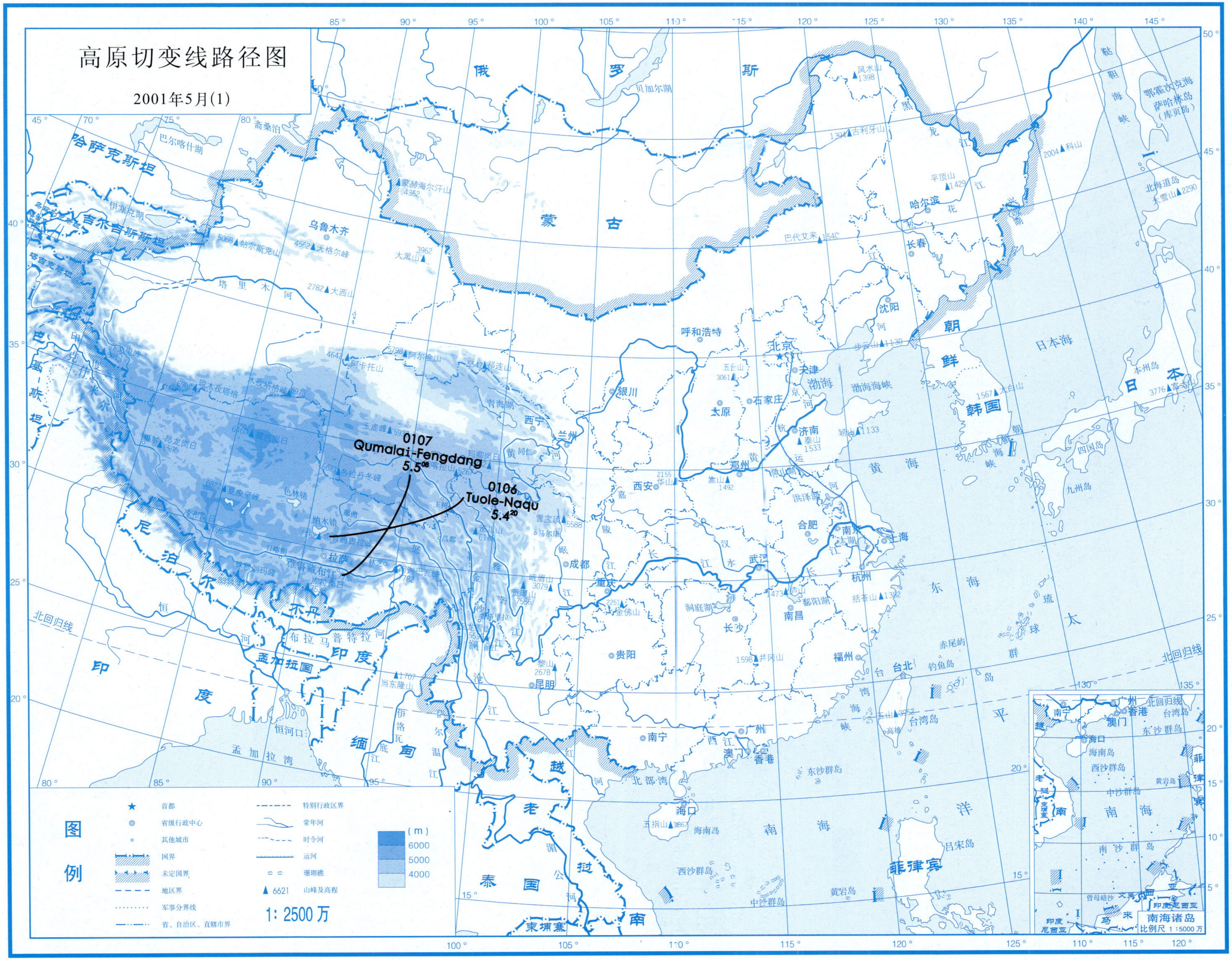

高原切变线路径图

2001年5月(2)

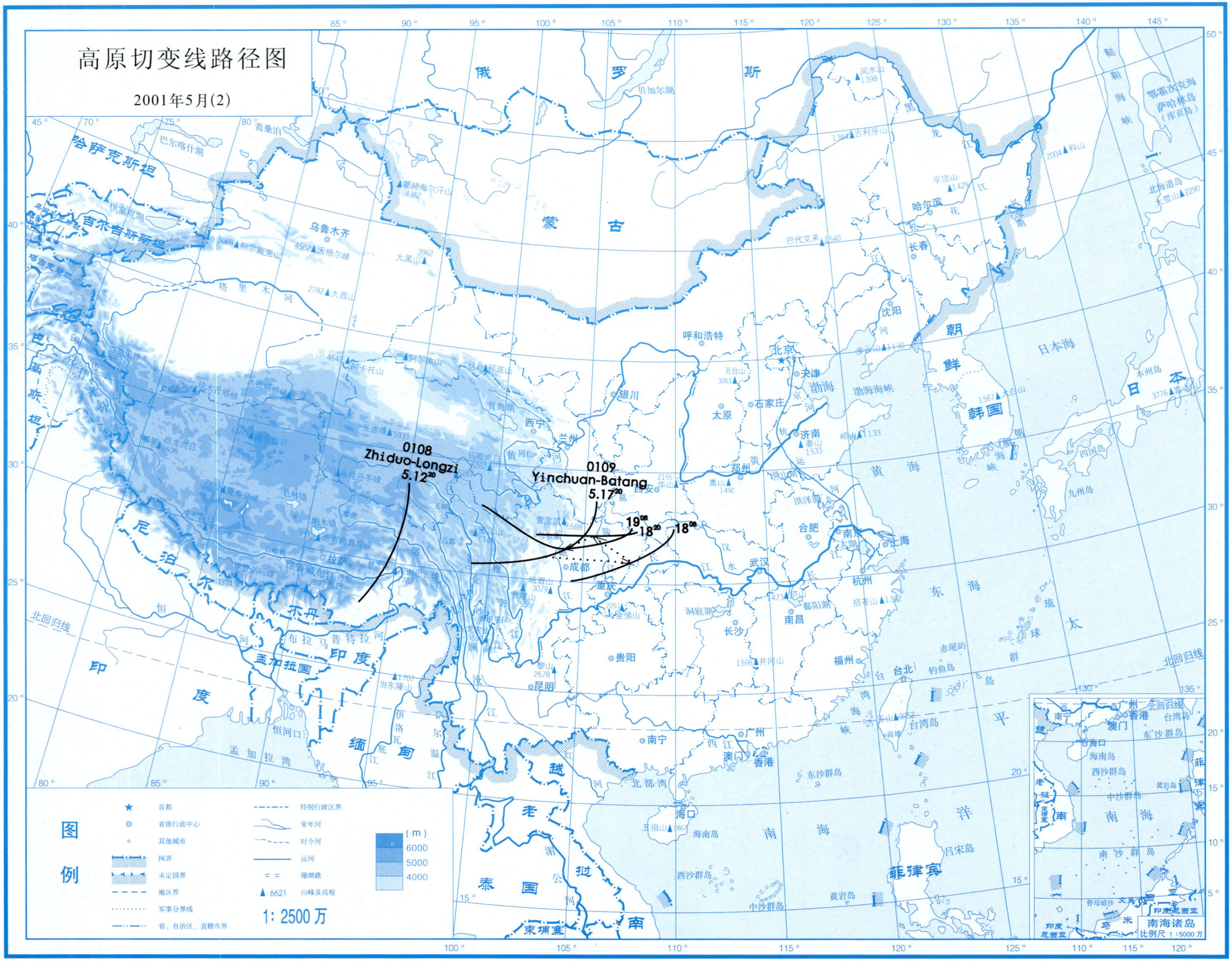

高原切变线路径图

2001年5月(3)

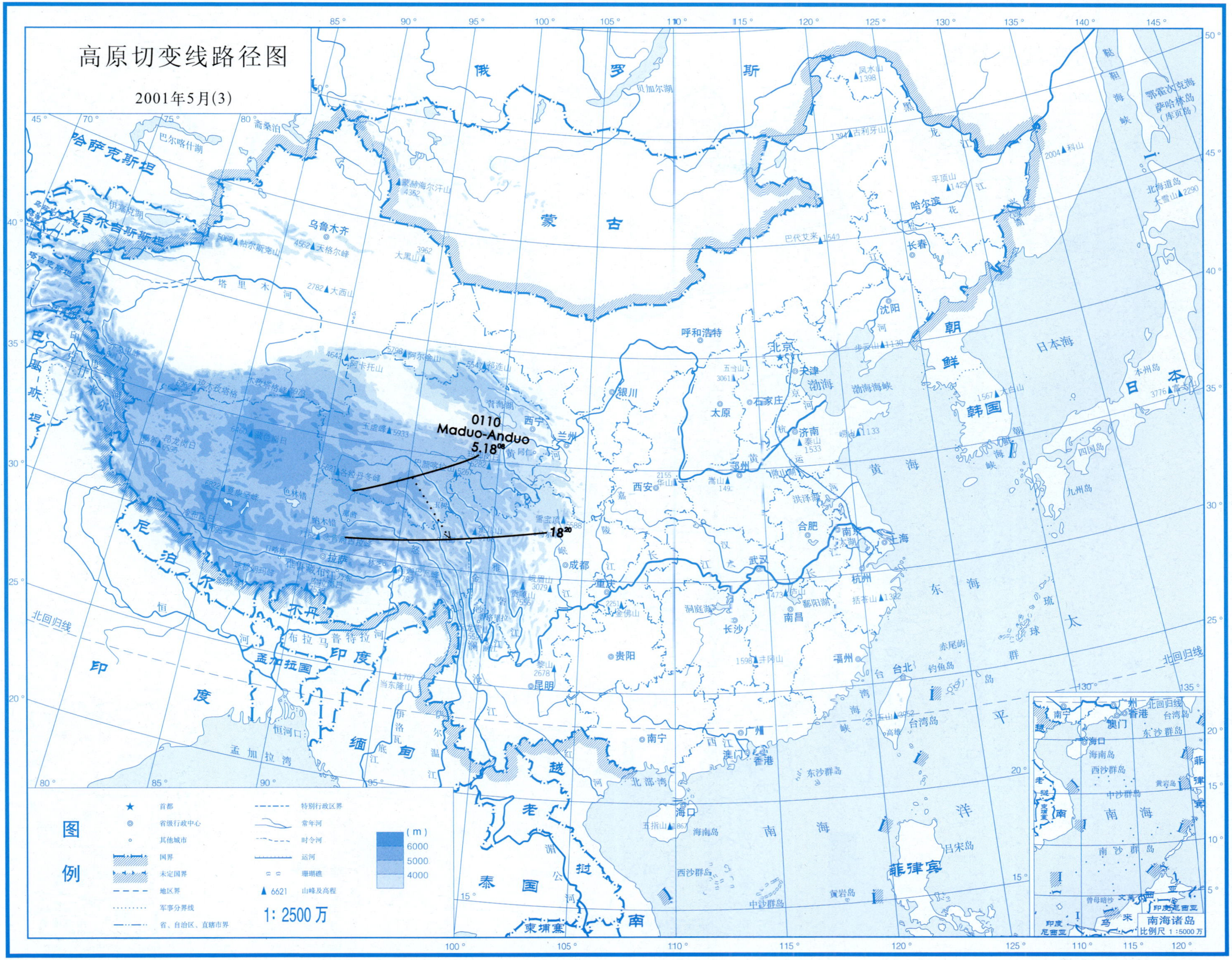

Page...118

高原切变线 第2部分

高原切变线路径图

2001年5月(4)

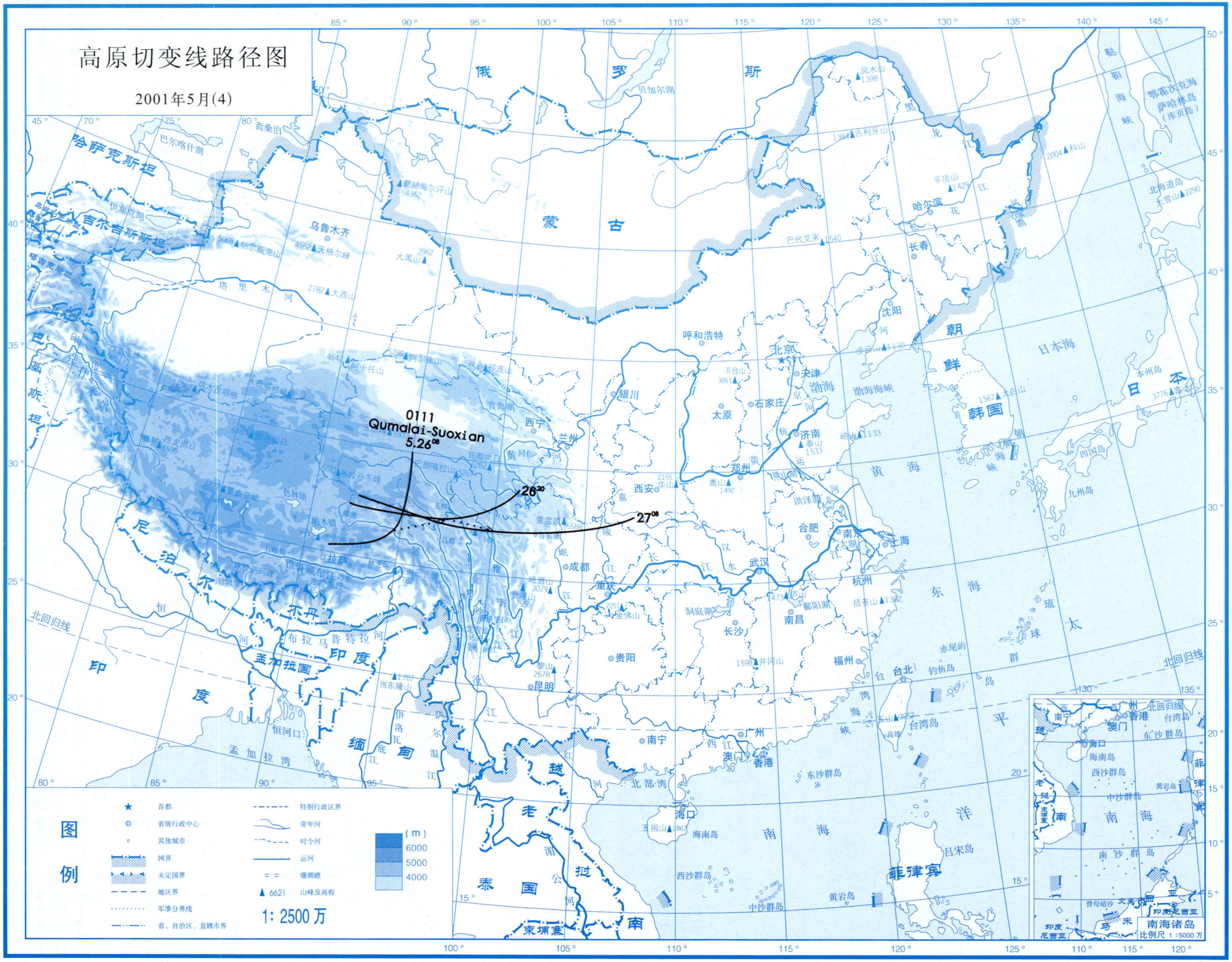

高原切变线路径图

2001年5月(5)

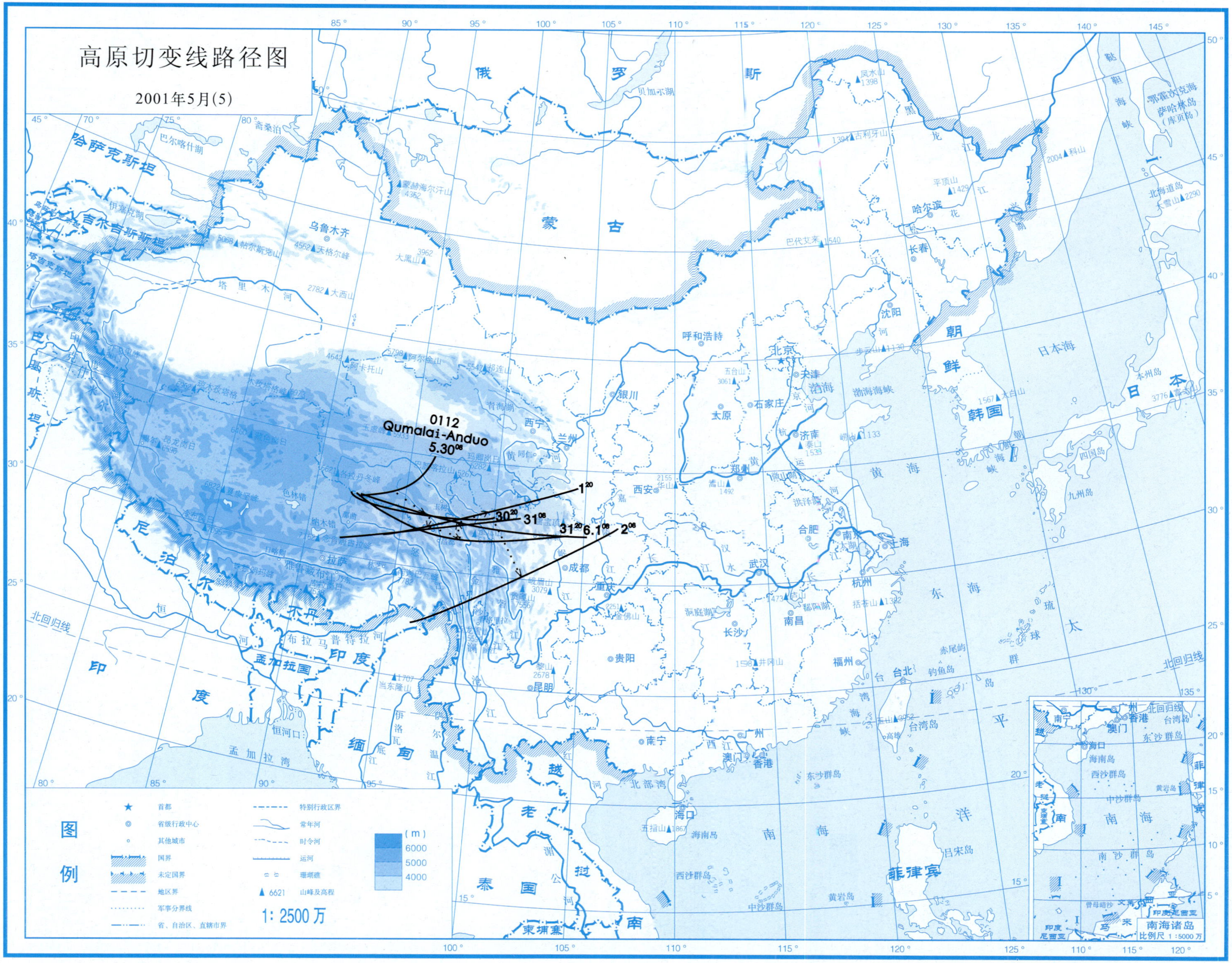

高原切变线路径图

2001年6月(1)

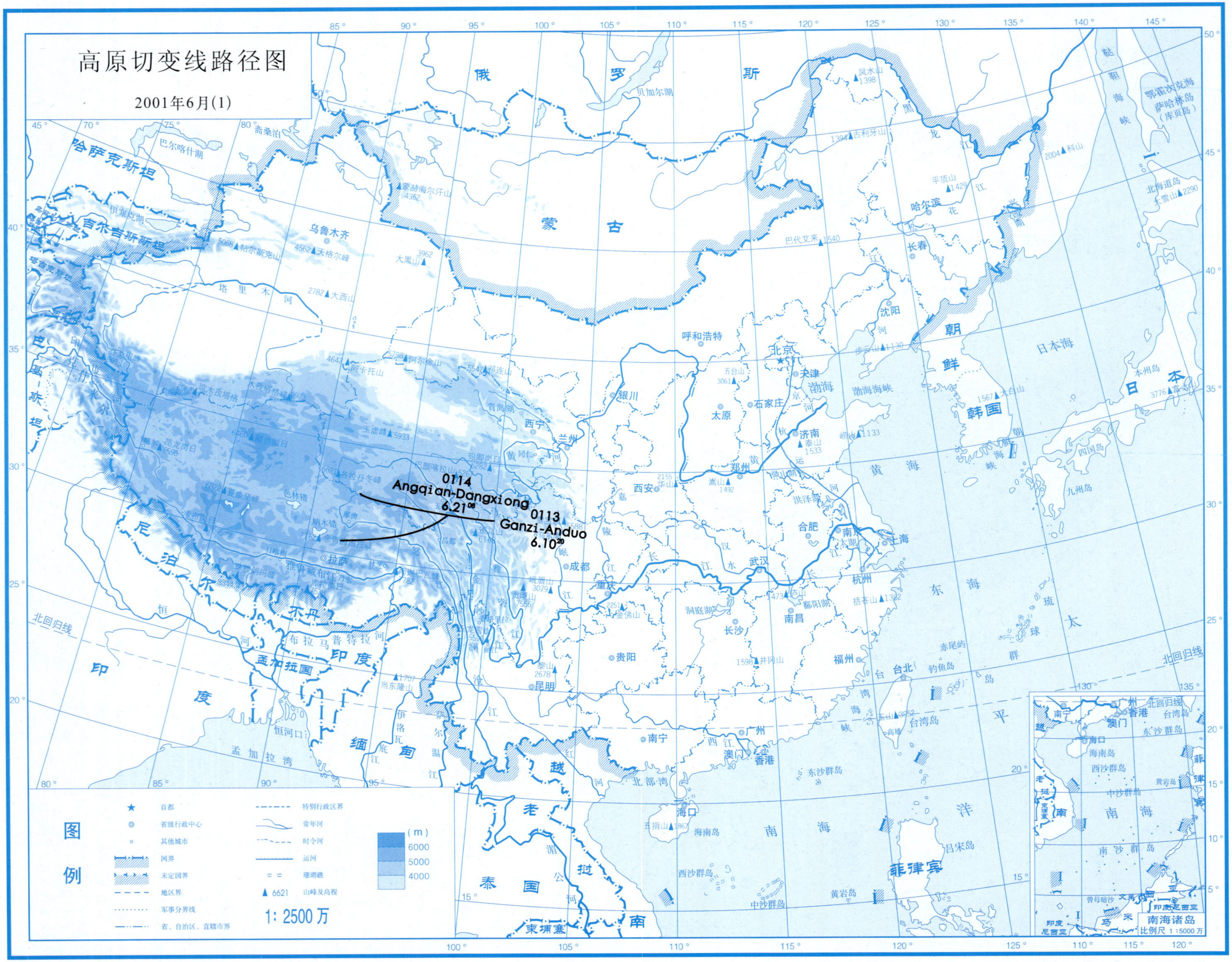

高原切变线路径图

2001年6月(2)

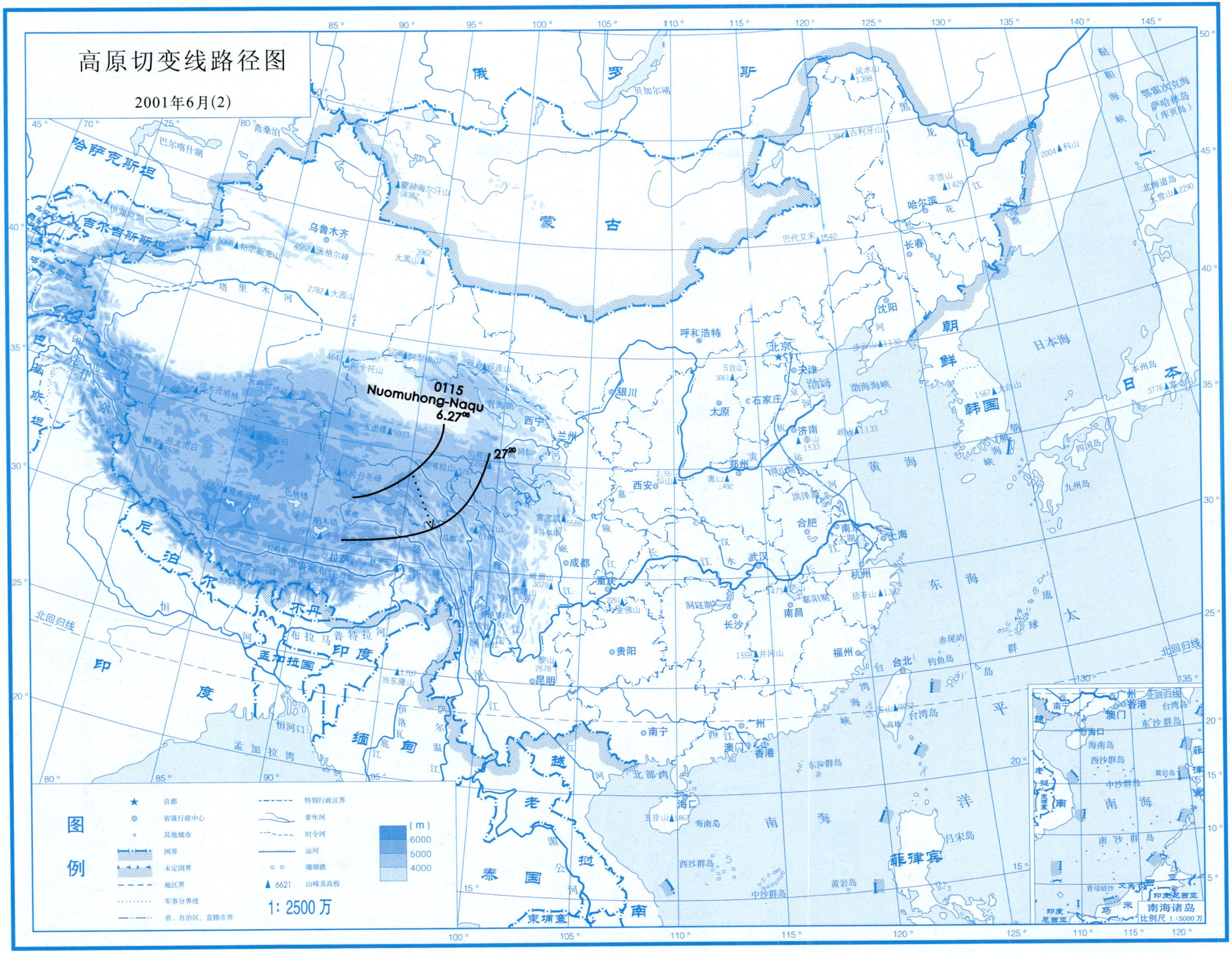

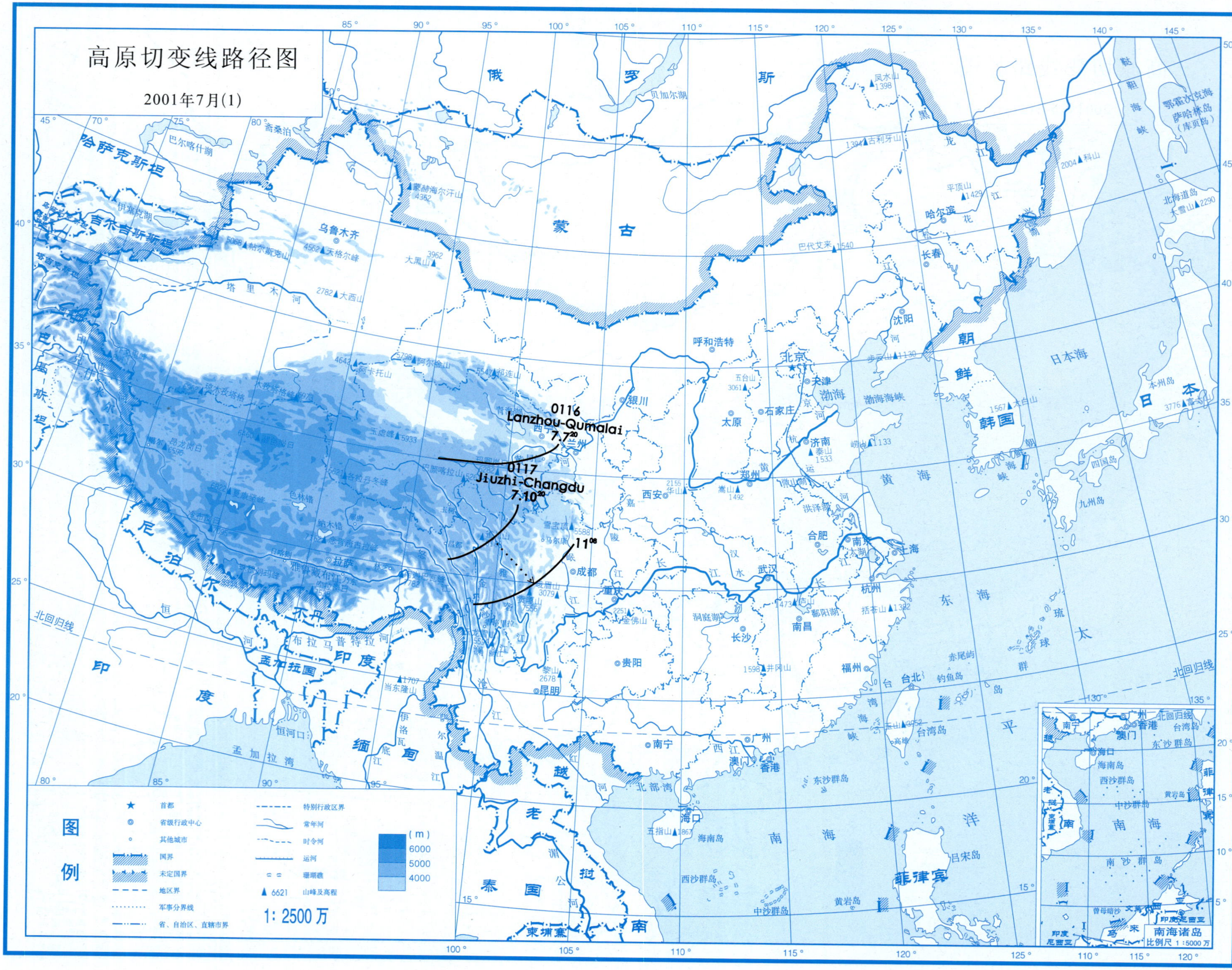
高原切变线路径图
2001年7月(1)
0116
Lanzhou-Qumalai
7.7[20]
0117
Jiuzhi-Changdu
7.10[20]
11[08]
图例
首都
省级行政中心
其他城市
国界
未定国界
地区界
军事分界线
省、自治区、直辖市界
特别行政区界
常年河
时令河
运河
珊瑚礁
6621 山峰及高程
(m)
6000
5000
4000
1: 2500万
南海诸岛
比例尺 1:5000万

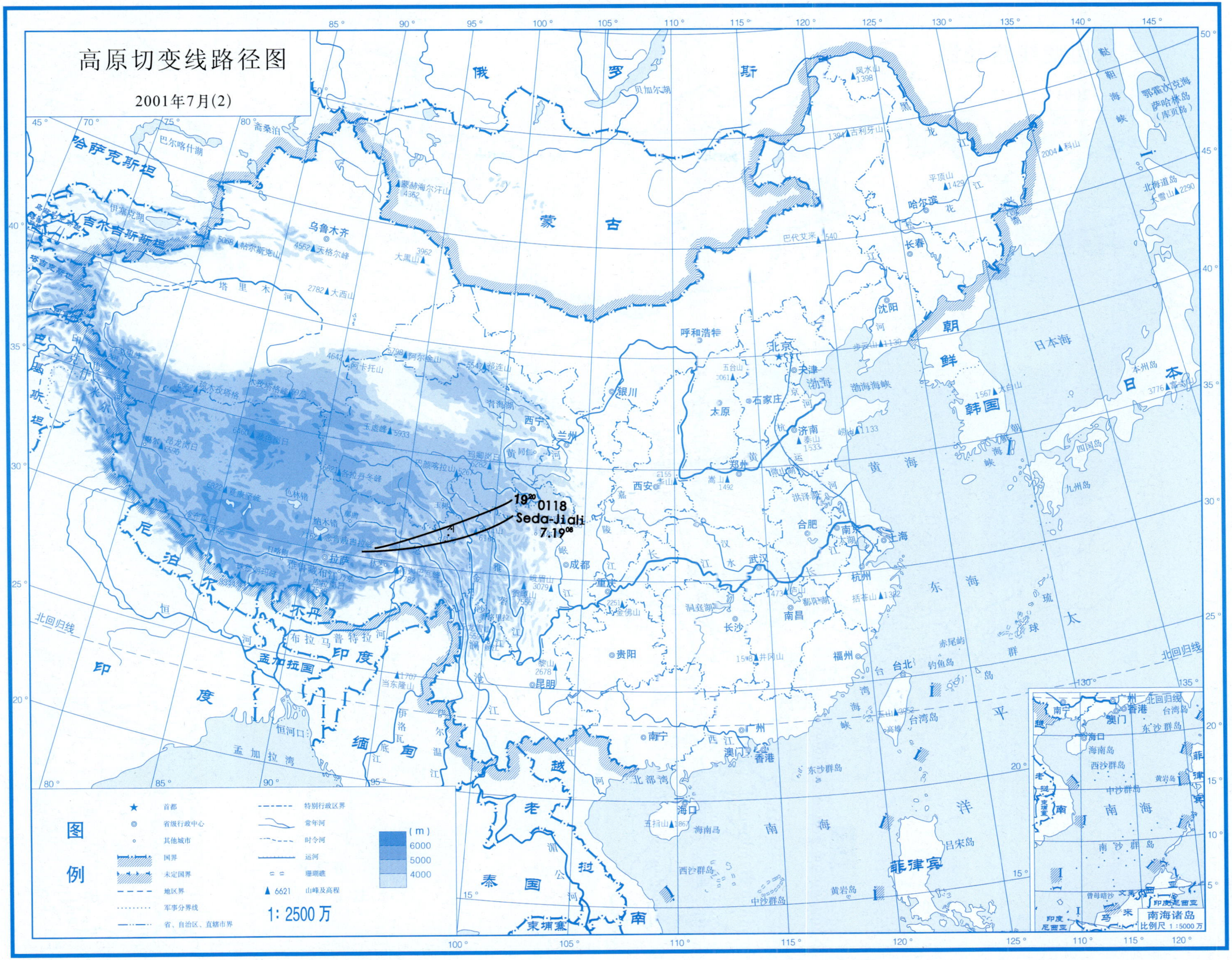
高原切变线路径图
2001年7月(2)
19^20 0118
Seda-Jiali
7.19^08
图例
首都
省级行政中心
其他城市
国界
未定国界
地区界
军事分界线
省、自治区、直辖市界
特别行政区界
常年河
时令河
运河
珊瑚礁
6621 山峰及高程
(m)
6000
5000
4000
1: 2500 万
南海诸岛
比例尺 1:5000 万

高原切变线路径图

2001年7月(3)

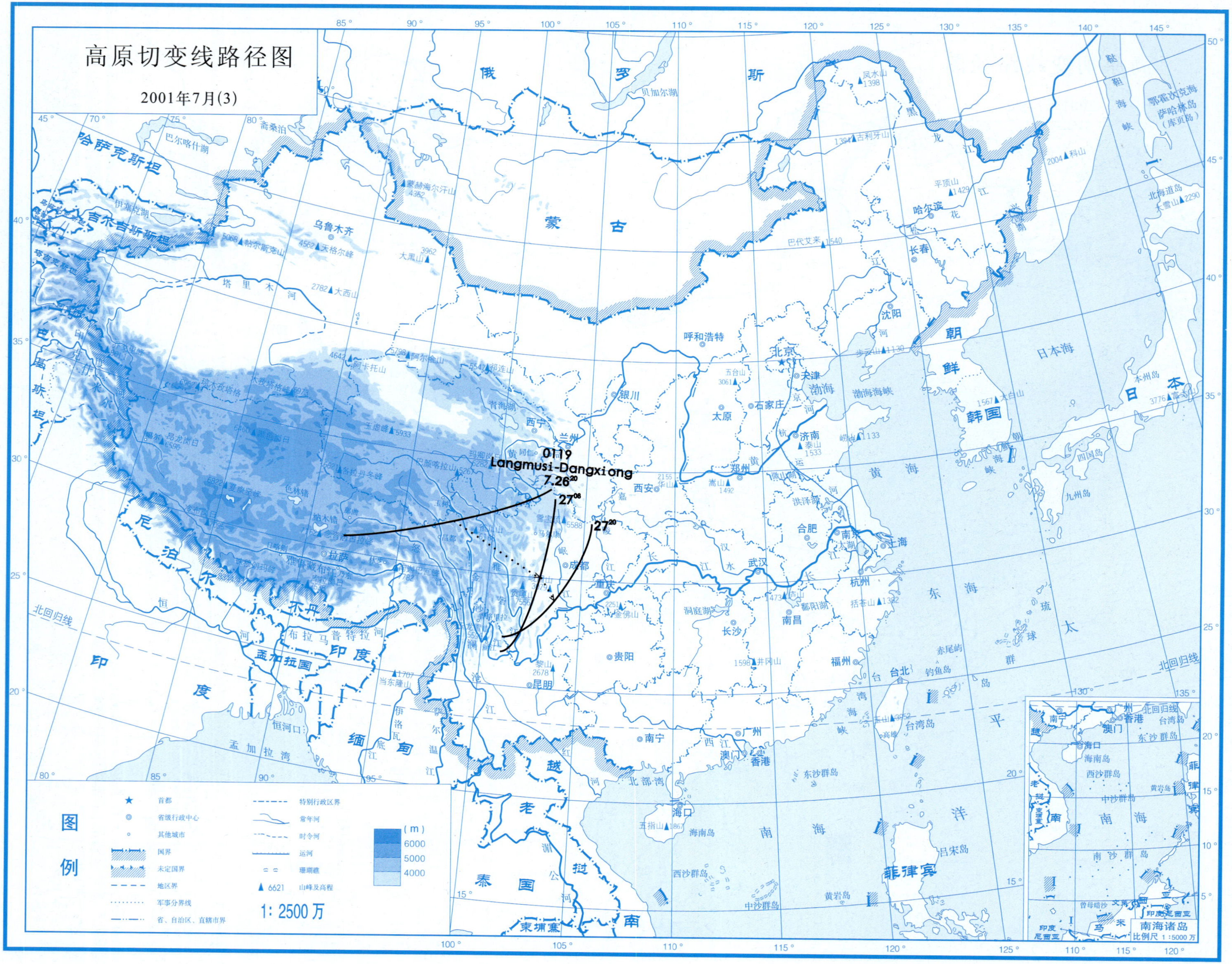

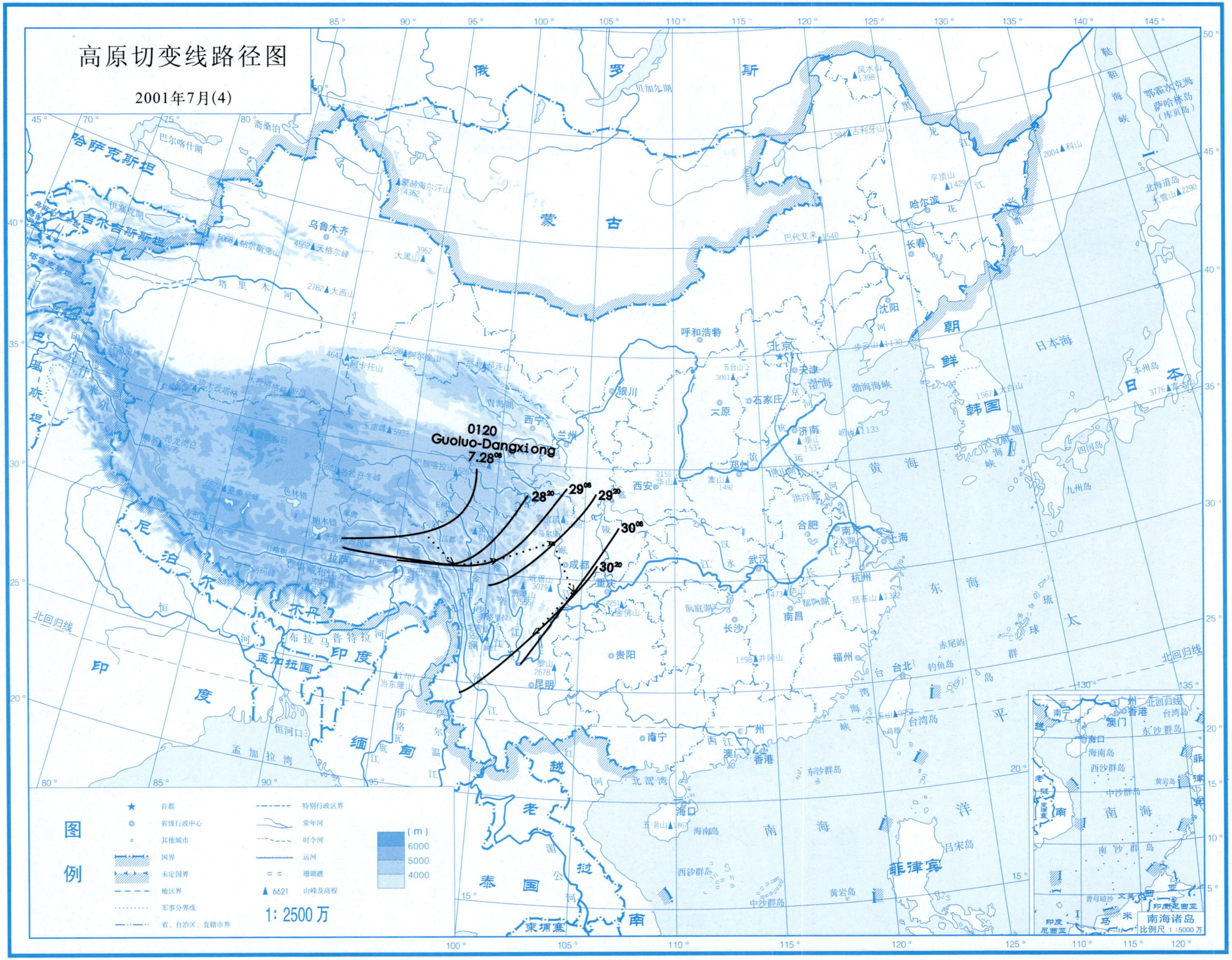
高原切变线路径图
2001年7月(4)
0120
Guoluo-Dangxiong
7.28 08
28 20
29 08
29 20
30 08
30 20
图例
首都
省级行政中心
其他城市
国界
未定国界
地区界
军事分界线
省、自治区、直辖市界
特别行政区界
常年河
时令河
运河
珊瑚礁
山峰及高程
(m)
6000
5000
4000
1: 2500 万
南海诸岛
比例尺 1:5000 万

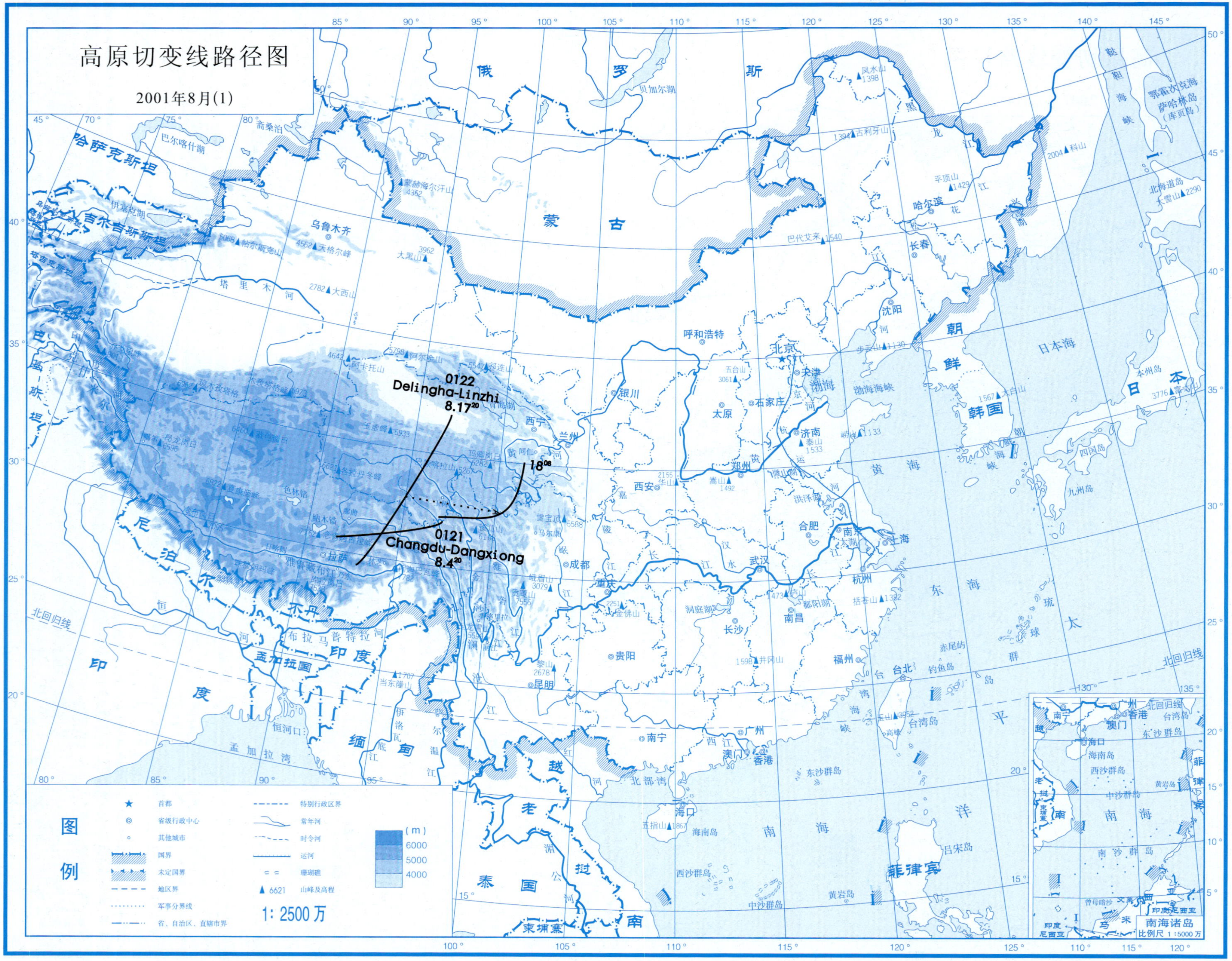

高原切变线路径图

2001年8月(1)

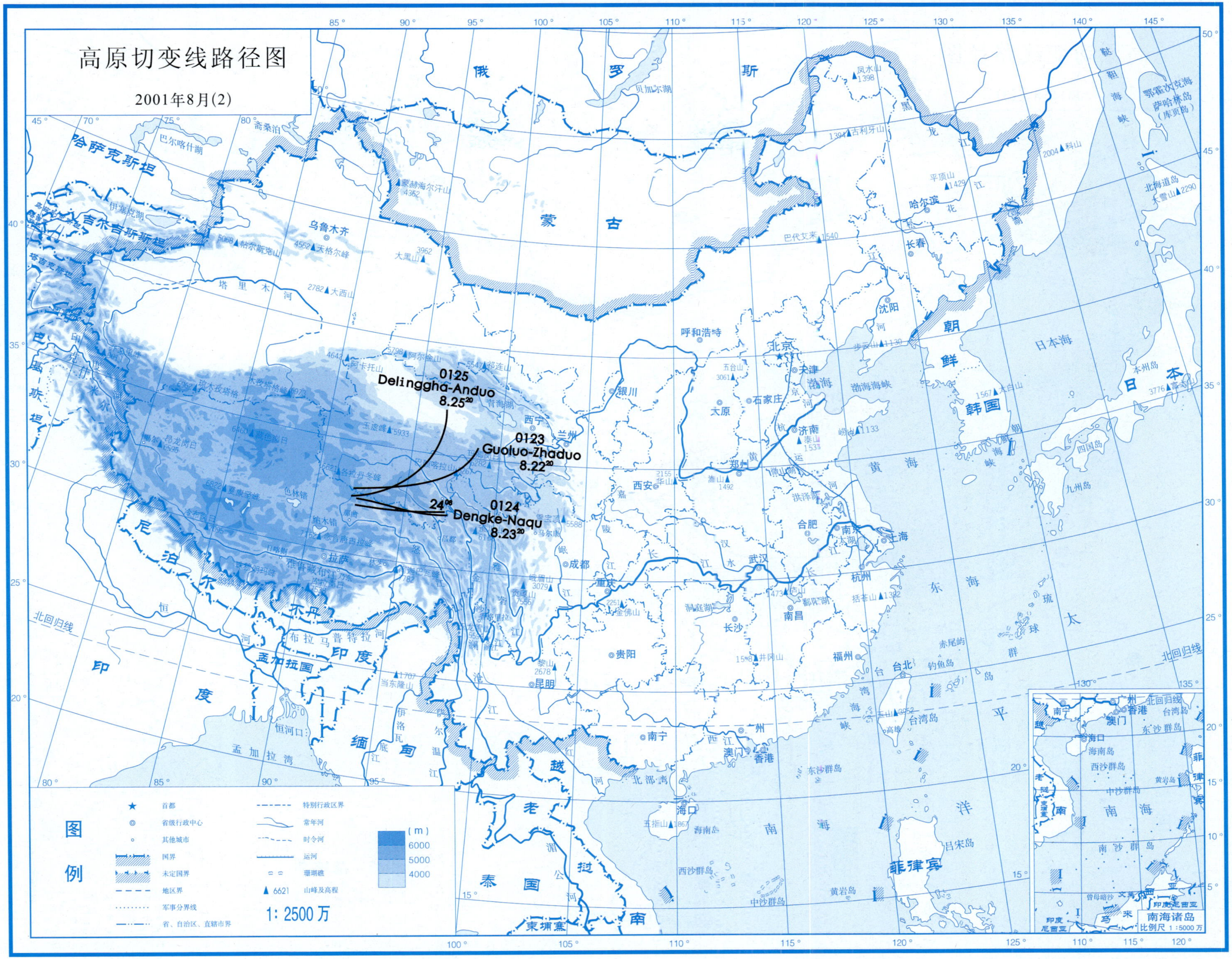

高原切变线路径图
2001年8月(2)
0125
Delinggha-Anduo
8.25[20]
0123
Guoluo-Zhaduo
8.22[20]
0124
Dengke-Naqu
8.23[20]
24[08]
图例
首都
省级行政中心
其他城市
国界
未定国界
地区界
军事分界线
省、自治区、直辖市界
特别行政区界
常年河
时令河
运河
珊瑚礁
6621 山峰及高程
(m)
6000
5000
4000
1:2500万
南海诸岛
比例尺 1:5000万

高原切变线路径图

2001年8月(3)

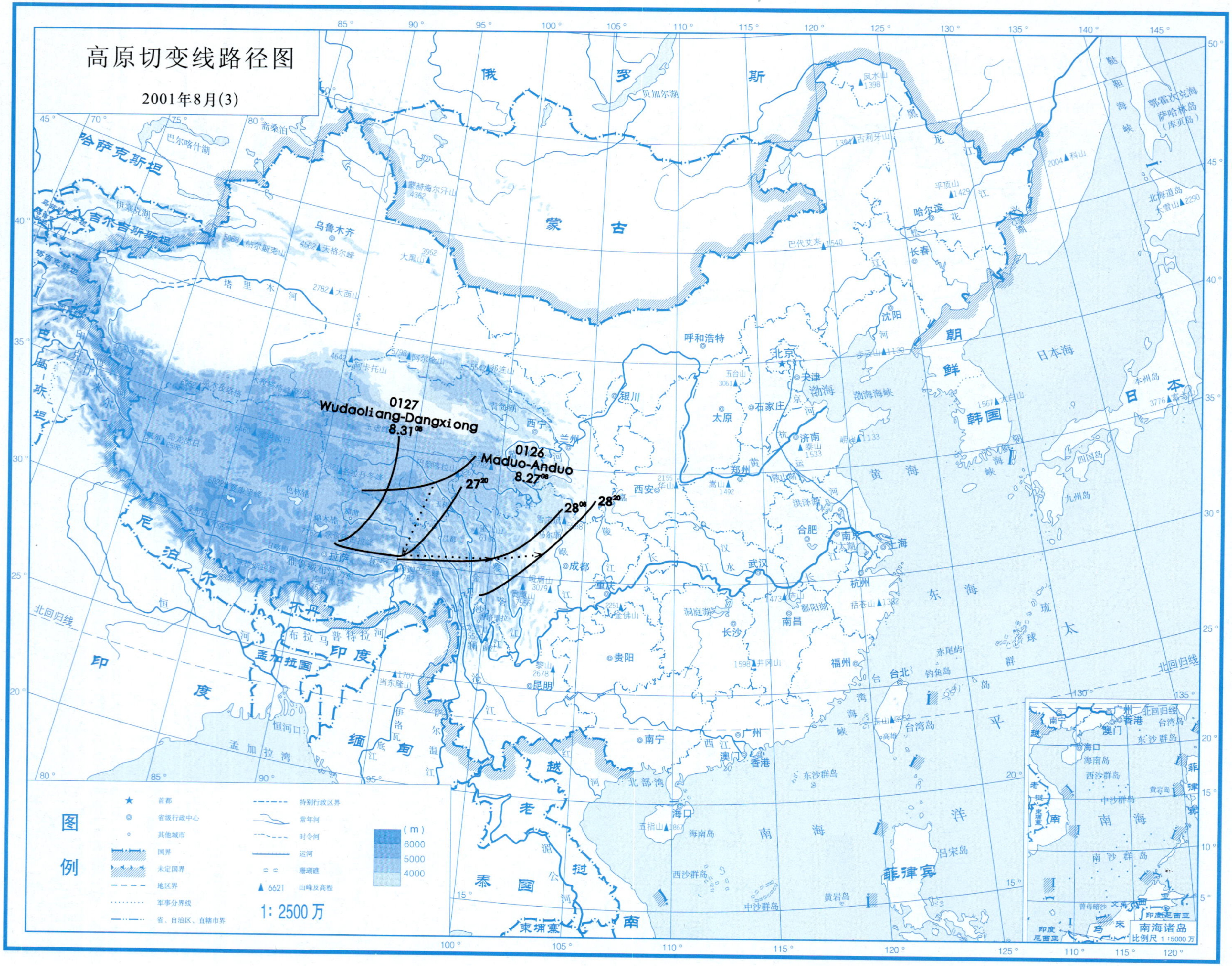

高原切变线路径图

2001年9~12月

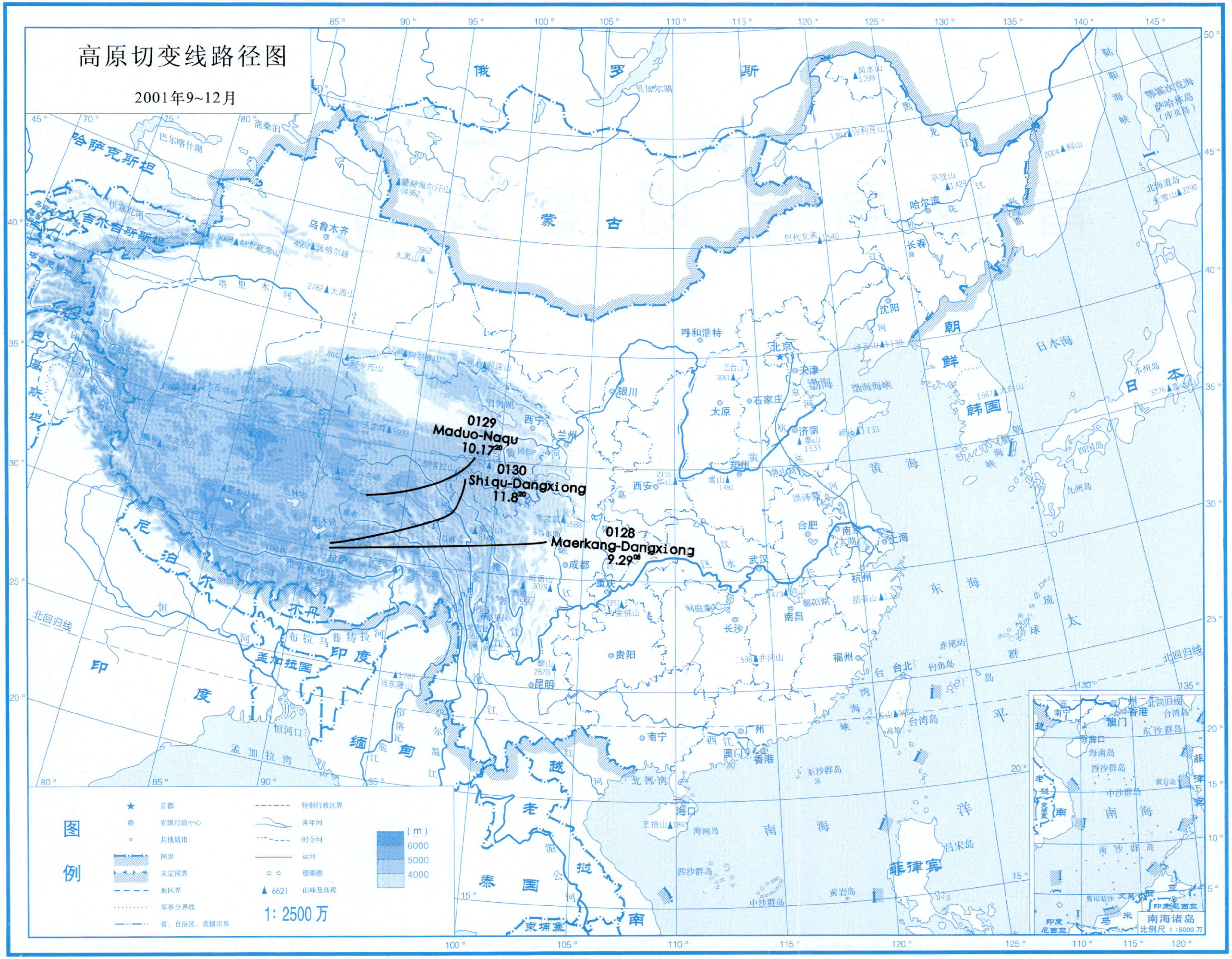

青藏高原切变线降水资料

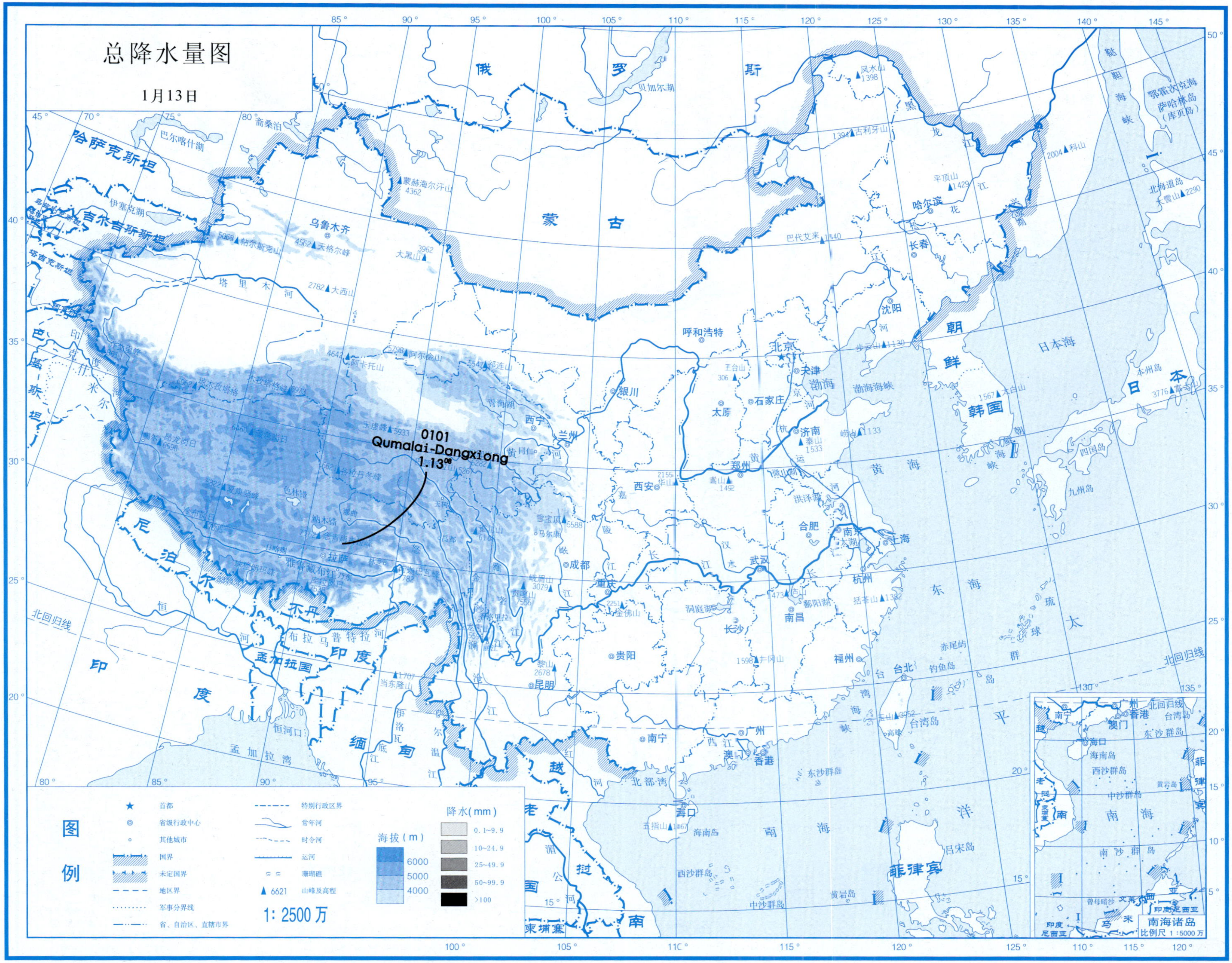
0101
Qumalai-Dangxiong
1.13[08]
俄　罗　斯
蒙　古
哈萨克斯坦
吉尔吉斯斯坦
塔吉克斯坦
巴基斯坦
尼泊尔
不丹
孟加拉国
印度
缅甸
老挝
越南
柬埔寨
泰国
菲律宾
朝鲜
韩国
日本
日本海
黄海
东海
南海
太平洋
渤海
孟加拉湾
北回归线
乌鲁木齐
拉萨
西宁
兰州
银川
呼和浩特
北京
天津
石家庄
太原
济南
郑州
西安
成都
重庆
贵阳
昆明
南宁
广州
香港
澳门
长沙
武汉
南昌
合肥
南京
上海
杭州
福州
台北
海口
哈尔滨
长春
沈阳
图例
首都
省级行政中心
其他城市
国界
未定国界
地区界
军事分界线
省、自治区、直辖市界
特别行政区界
常年河
时令河
运河
珊瑚礁
山峰及高程
海拔(m)
6000
5000
4000
降水(mm)
0.1~9.9
10~24.9
25~49.9
50~99.9
>100
1: 2500万
南海诸岛
比例尺 1 :5000 万

总降水量图

1月13日

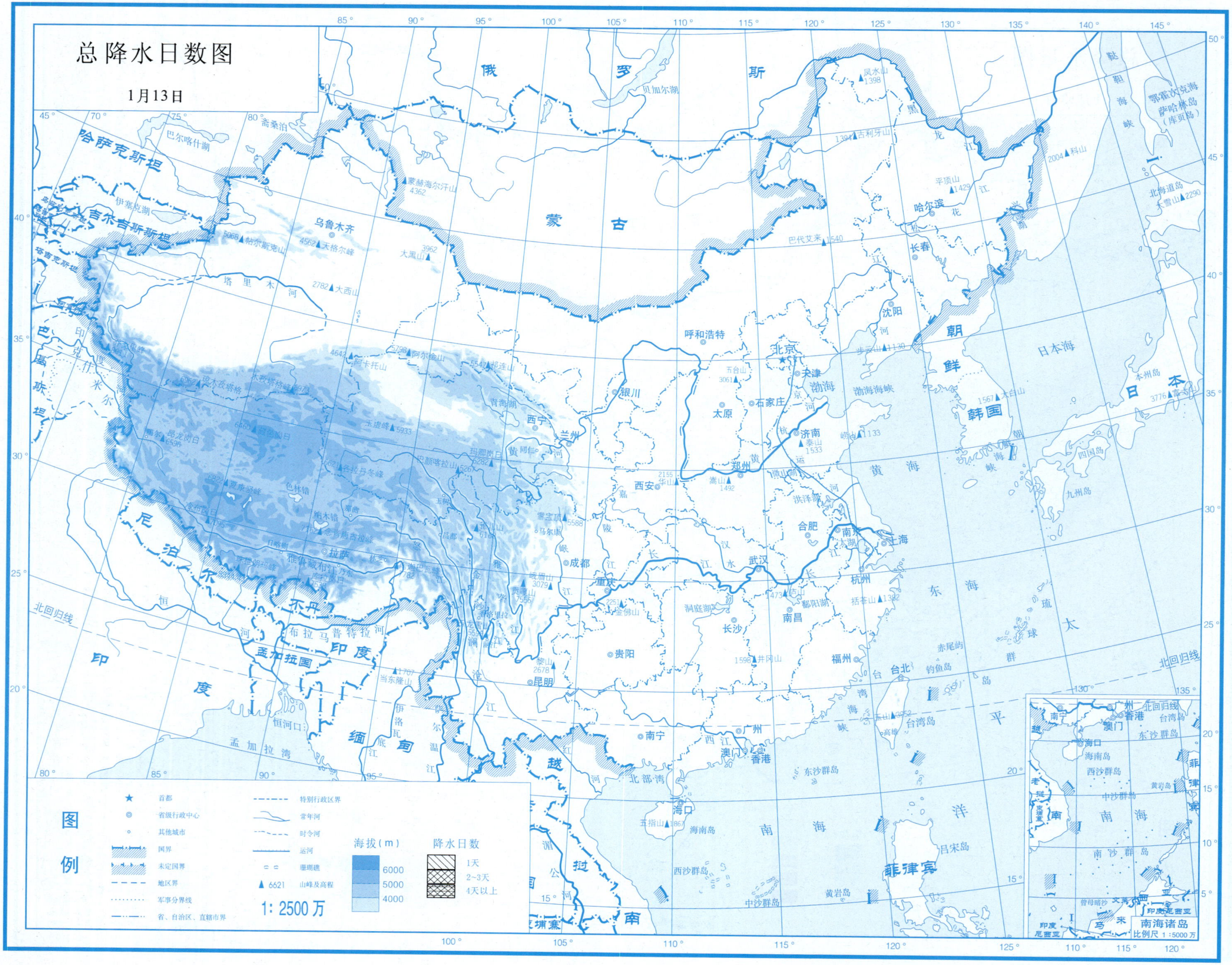
总降水日数图
1月13日
图例
首都
省级行政中心
其他城市
国界
未定国界
地区界
军事分界线
省、自治区、直辖市界
特别行政区界
常年河
时令河
运河
珊瑚礁
6621 山峰及高程
1: 2500 万
海拔(m)
6000
5000
4000
降水日数
1天
2~3天
4天以上
南海诸岛
比例尺 1:5000 万

总降水量图

2月24日

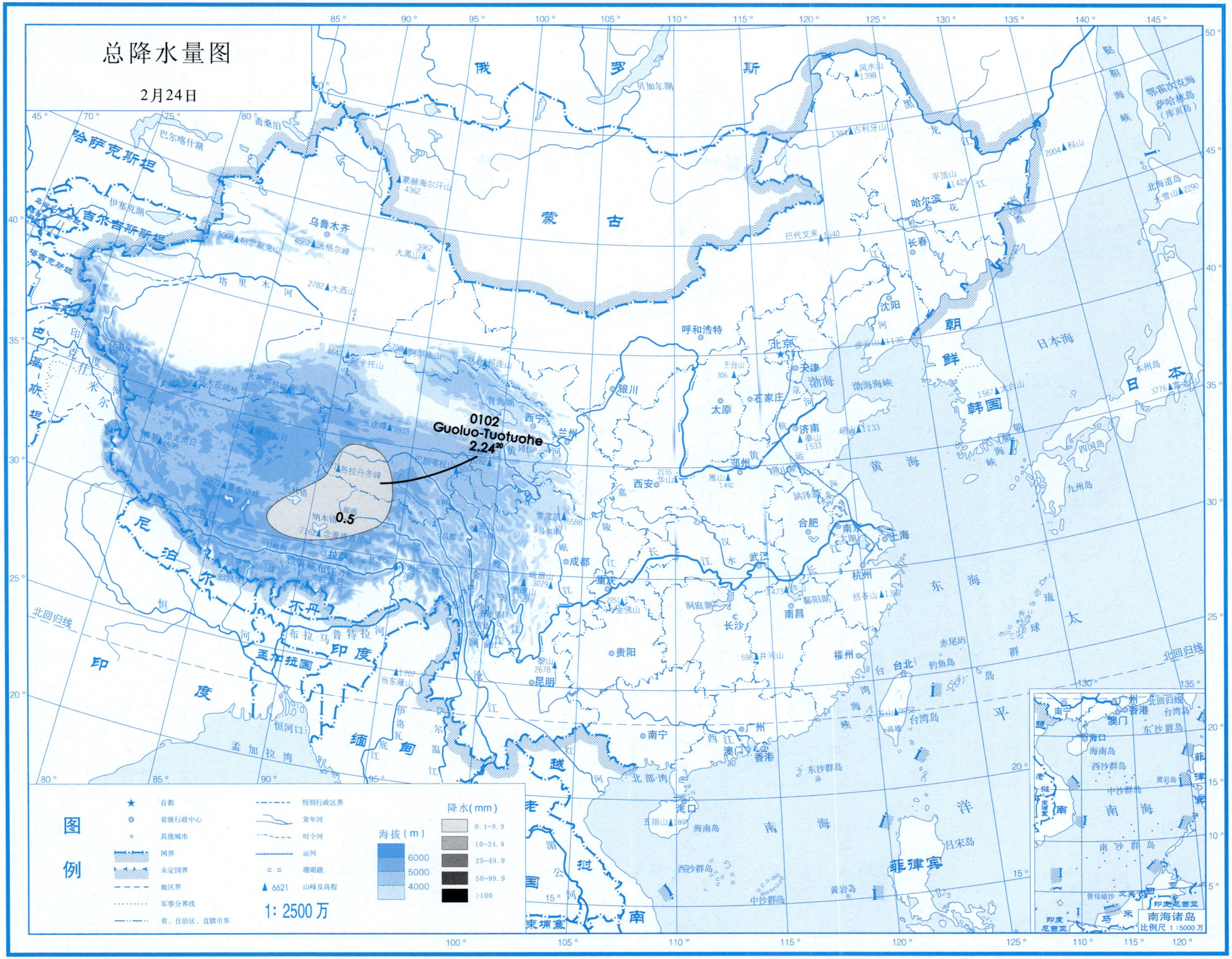
0102
Guoluo-Tuotuohe
2.24 20
0.5
图例
首都
省级行政中心
其他城市
国界
未定国界
地区界
军事分界线
省、自治区、直辖市界
特别行政区界
常年河
时令河
运河
珊瑚礁
6621 山峰及高程
海拔(m)
6000
5000
4000
降水(mm)
0.1~9.9
10~24.9
25~49.9
50~99.9
>100
1: 2500 万
南海诸岛
比例尺 1:5000 万

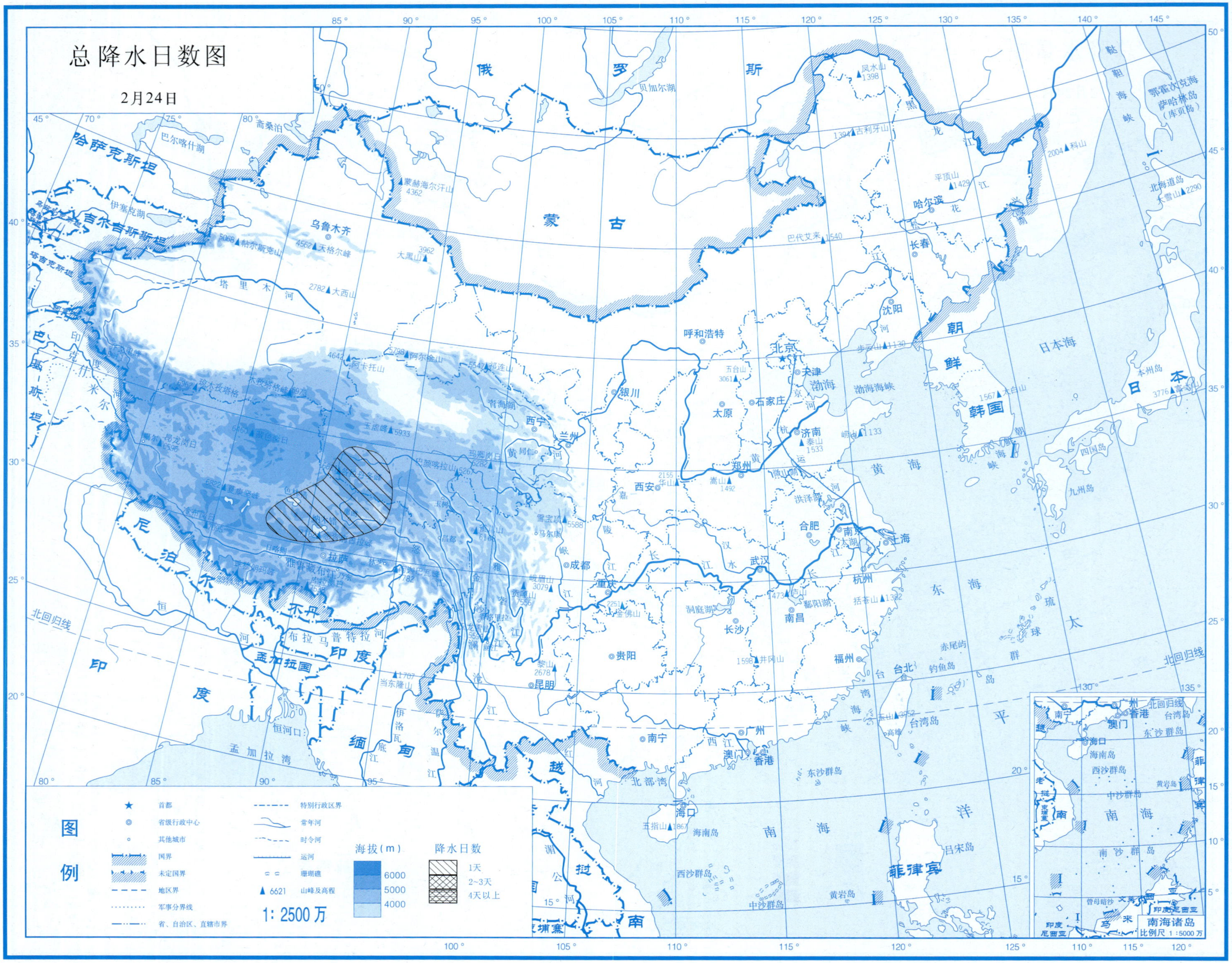
总降水日数图
2月24日
图例
首都
省级行政中心
其他城市
国界
未定国界
地区界
军事分界线
省、自治区、直辖市界
特别行政区界
常年河
时令河
运河
珊瑚礁
6621 山峰及高程
1: 2500 万
海拔（m）
6000
5000
4000
降水日数
1天
2~3天
4天以上
南海诸岛
比例尺 1:5000 万

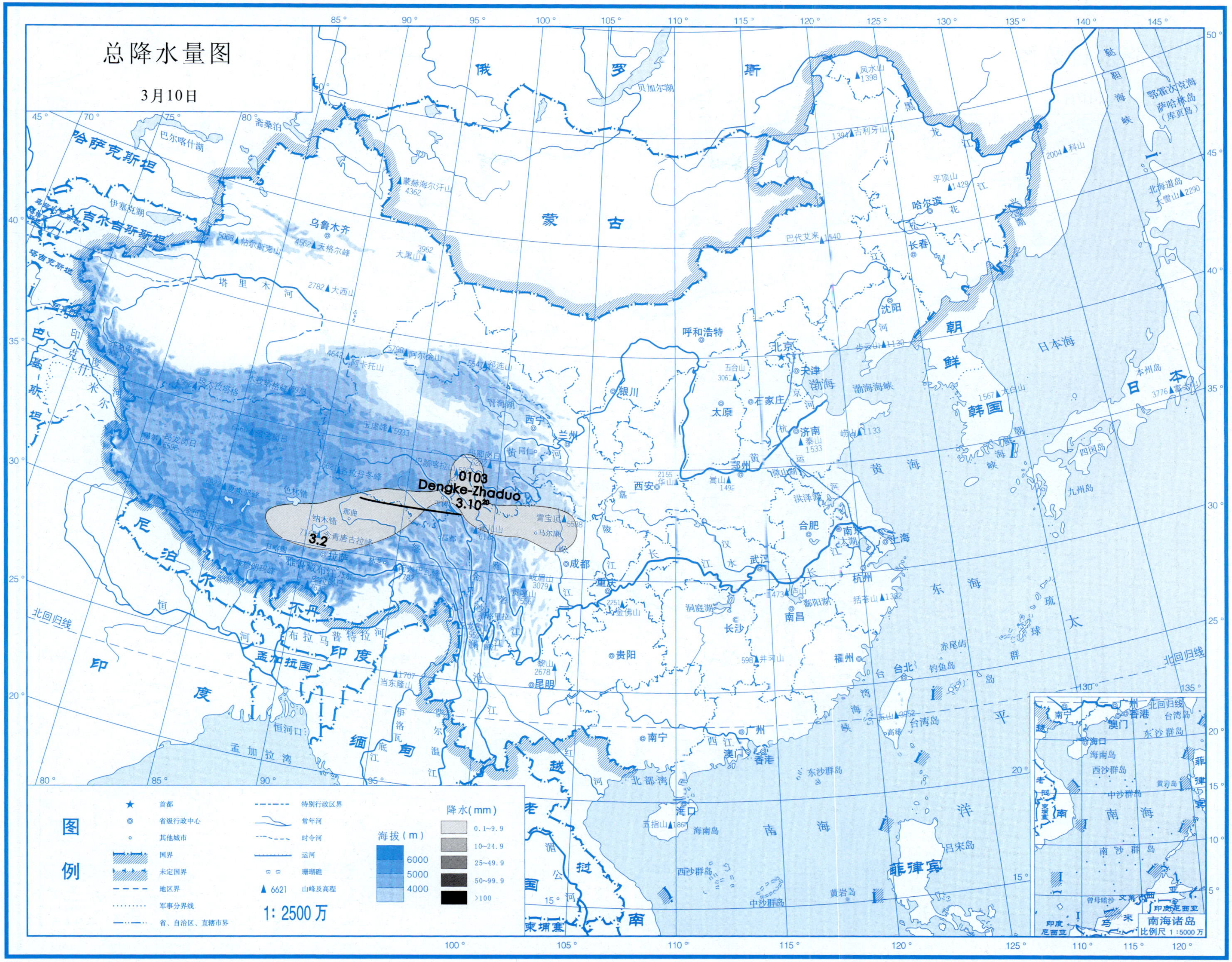
总降水量图
3月10日
0103
Dengke-Zhaduo
3.10 20
3.2
图例
首都
省级行政中心
其他城市
国界
未定国界
地区界
军事分界线
省、自治区、直辖市界
特别行政区界
常年河
时令河
运河
珊瑚礁
山峰及高程
海拔（m）
6000
5000
4000
降水（mm）
0.1~9.9
10~24.9
25~49.9
50~99.9
>100
1：2500万
南海诸岛
比例尺 1：5000万

总降水日数图

3月10日

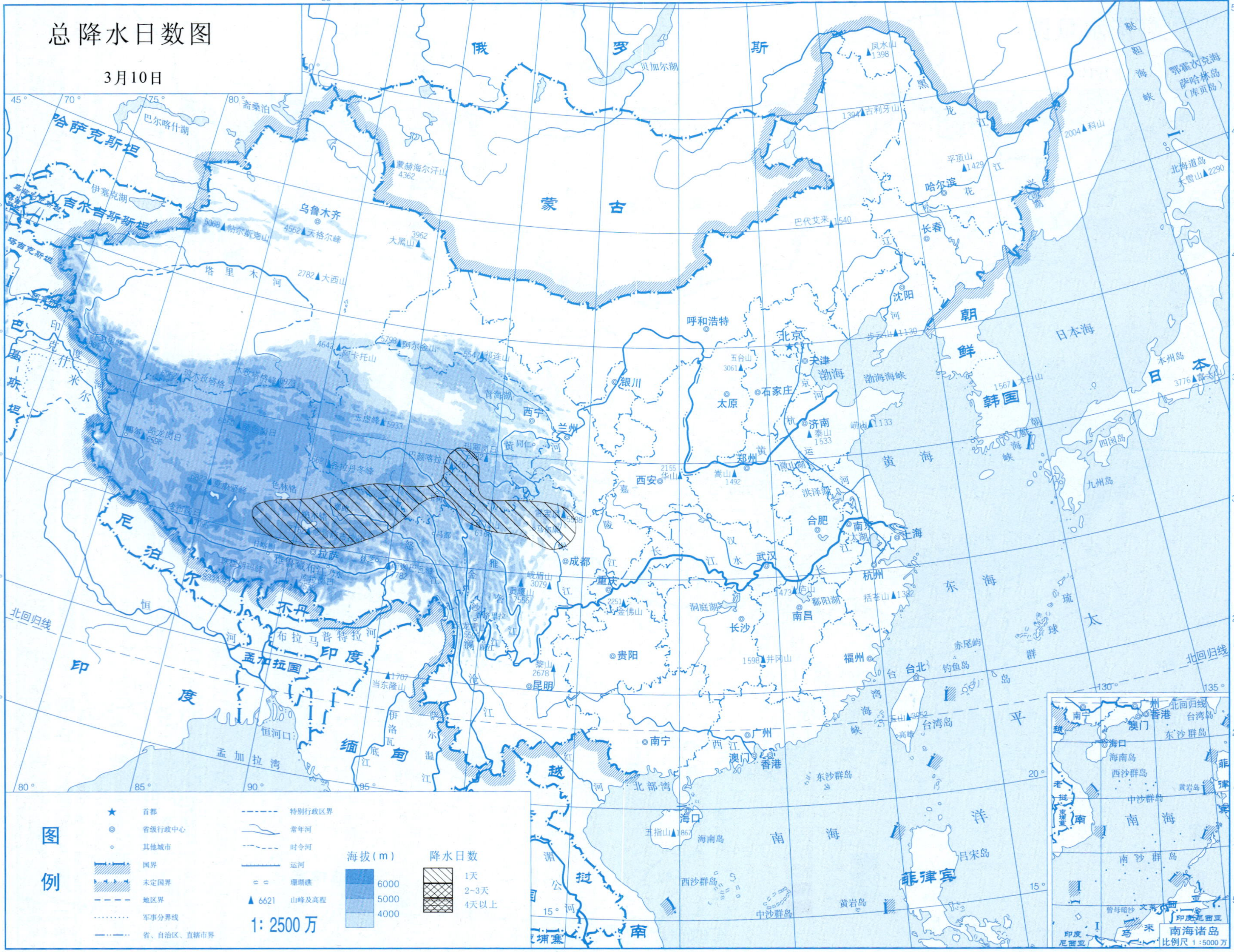

总降水量图

3月11日

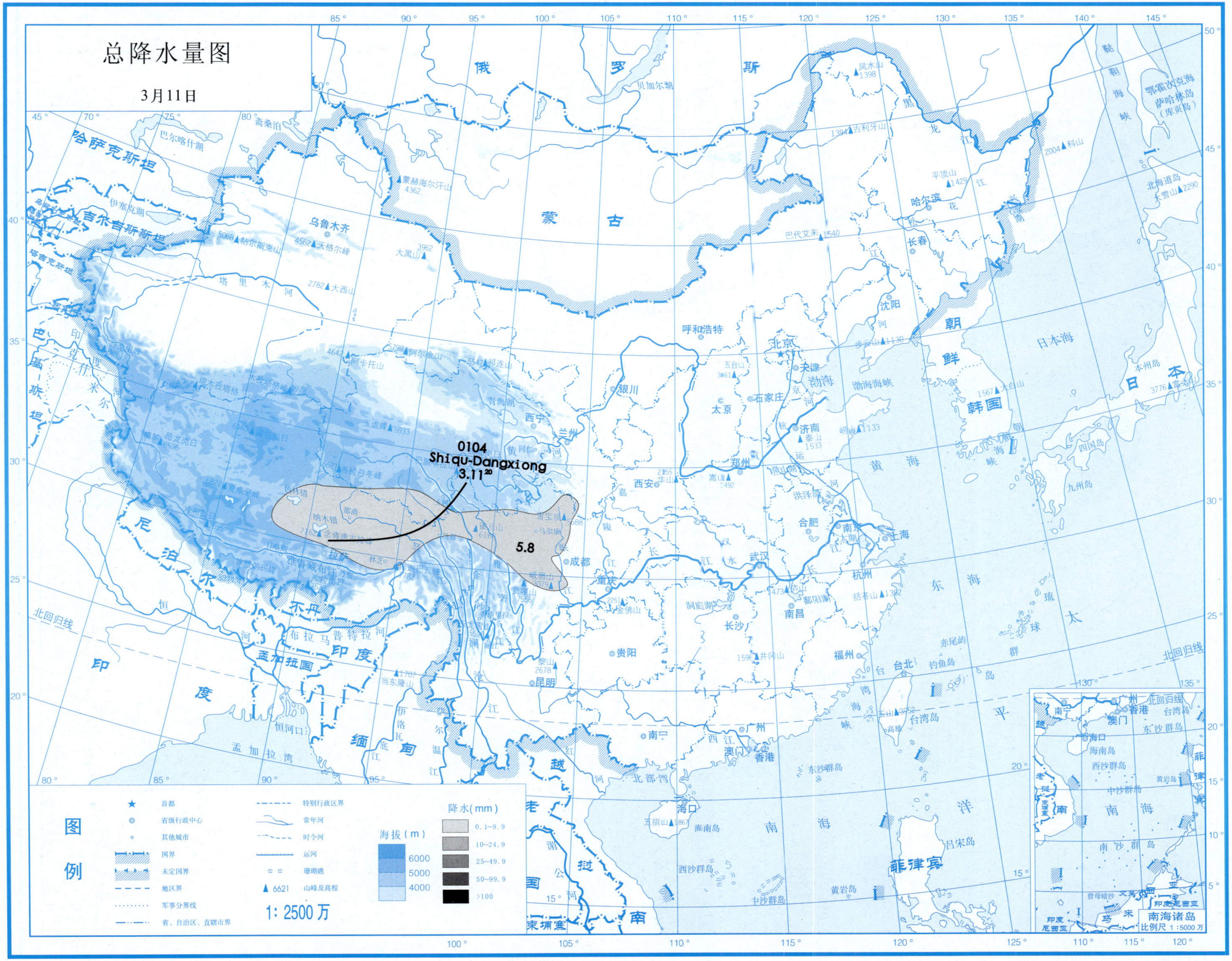
0104
Shiqu-Dangxiong
3.11[20]
5.8
图例
首都
省级行政中心
其他城市
国界
未定国界
地区界
军事分界线
省、自治区、直辖市界
特别行政区界
常年河
时令河
运河
珊瑚礁
6621 山峰及高程
海拔（m）
6000
5000
4000
降水（mm）
0.1~9.9
10~24.9
25~49.9
50~99.9
>100
1: 2500 万
南海诸岛
比例尺 1:5000 万

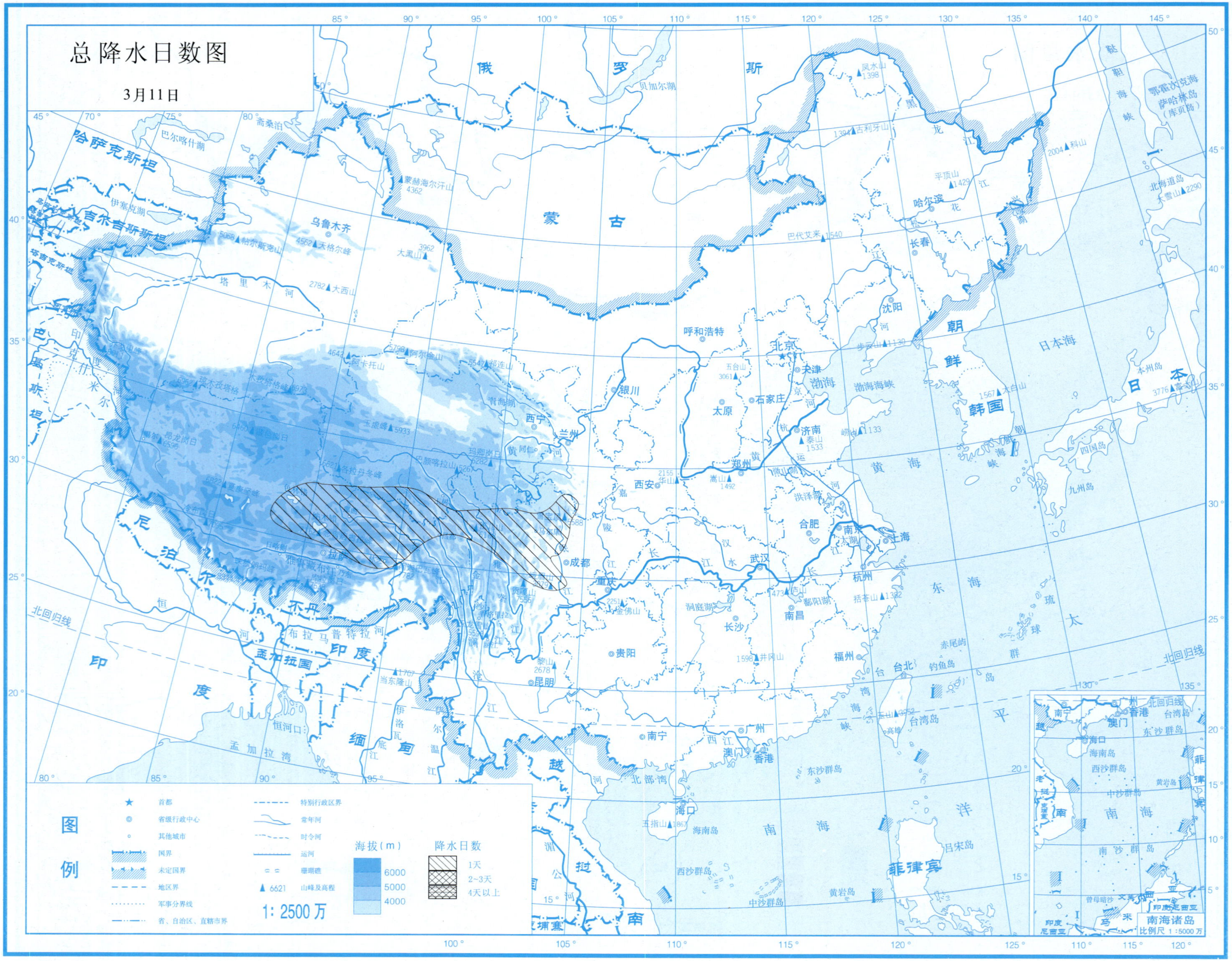
总降水日数图
3月11日
图例
首都
省级行政中心
其他城市
国界
未定国界
地区界
军事分界线
省、自治区、直辖市界
特别行政区界
常年河
时令河
运河
珊瑚礁
山峰及高程
1：2500万
海拔（m）
6000
5000
4000
降水日数
1天
2~3天
4天以上
南海诸岛
比例尺 1：5000万
俄罗斯
蒙古
哈萨克斯坦
吉尔吉斯斯坦
塔吉克斯坦
巴基斯坦
尼泊尔
不丹
印度
孟加拉国
缅甸
老挝
越南
泰国
柬埔寨
朝鲜
韩国
日本
菲律宾
乌鲁木齐
呼和浩特
北京
天津
石家庄
太原
济南
郑州
西安
银川
西宁
兰州
成都
重庆
贵阳
昆明
拉萨
武汉
长沙
南昌
合肥
南京
上海
杭州
福州
台北
广州
南宁
海口
香港
澳门
沈阳
长春
哈尔滨
渤海
黄海
东海
南海
日本海
太平洋
北回归线

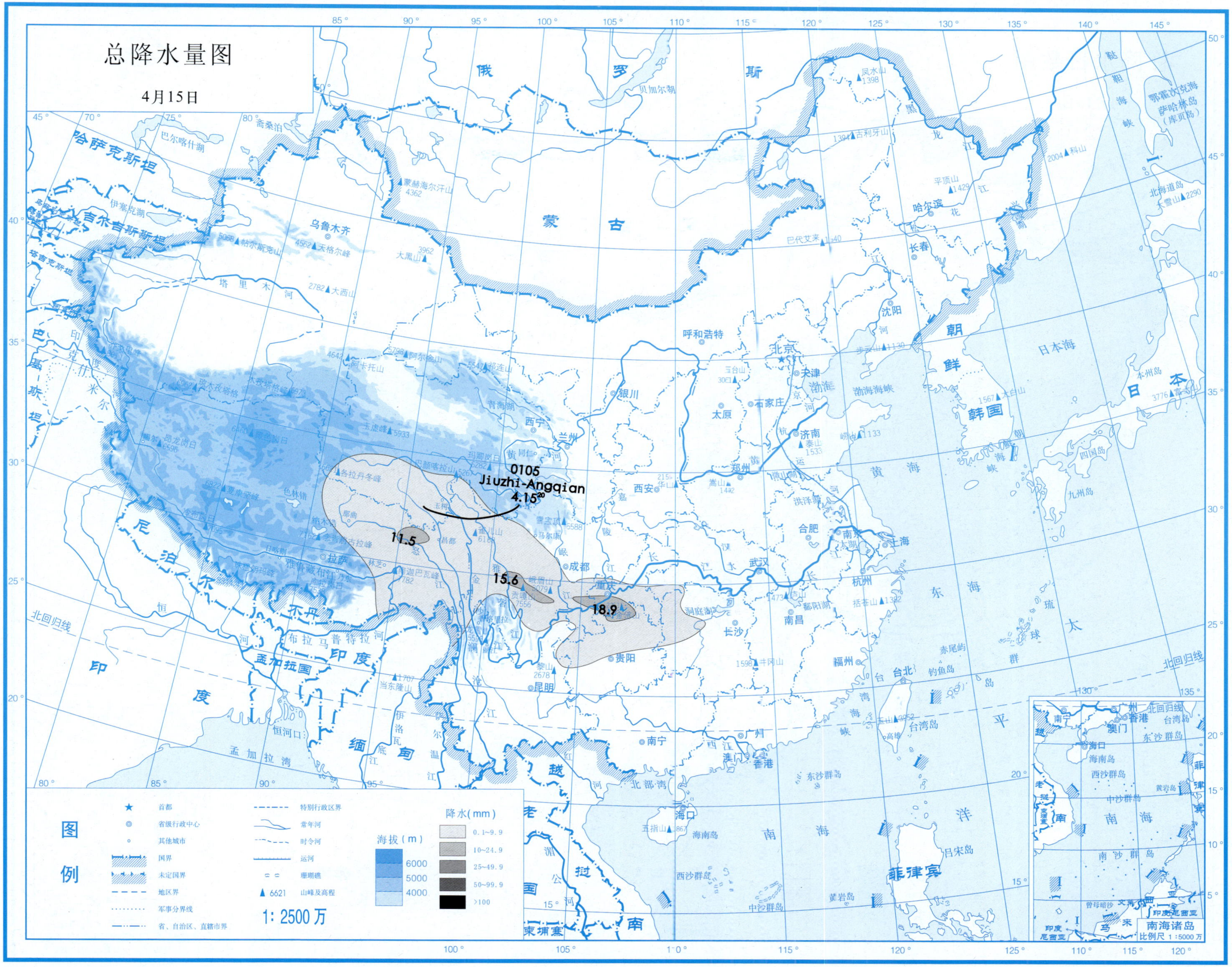

总降水量图
4月15日
0105
Jiuzhi-Angqian
4.15[20]
11.5
15.6
18.9
图例
首都
省级行政中心
其他城市
国界
未定国界
地区界
军事分界线
省、自治区、直辖市界
特别行政区界
常年河
时令河
运河
珊瑚礁
6621 山峰及高程
海拔（m）
6000
5000
4000
降水（mm）
0.1~9.9
10~24.9
25~49.9
50~99.9
>100
1: 2500 万
南海诸岛
比例尺 1:5000 万

总降水日数图

4月15日

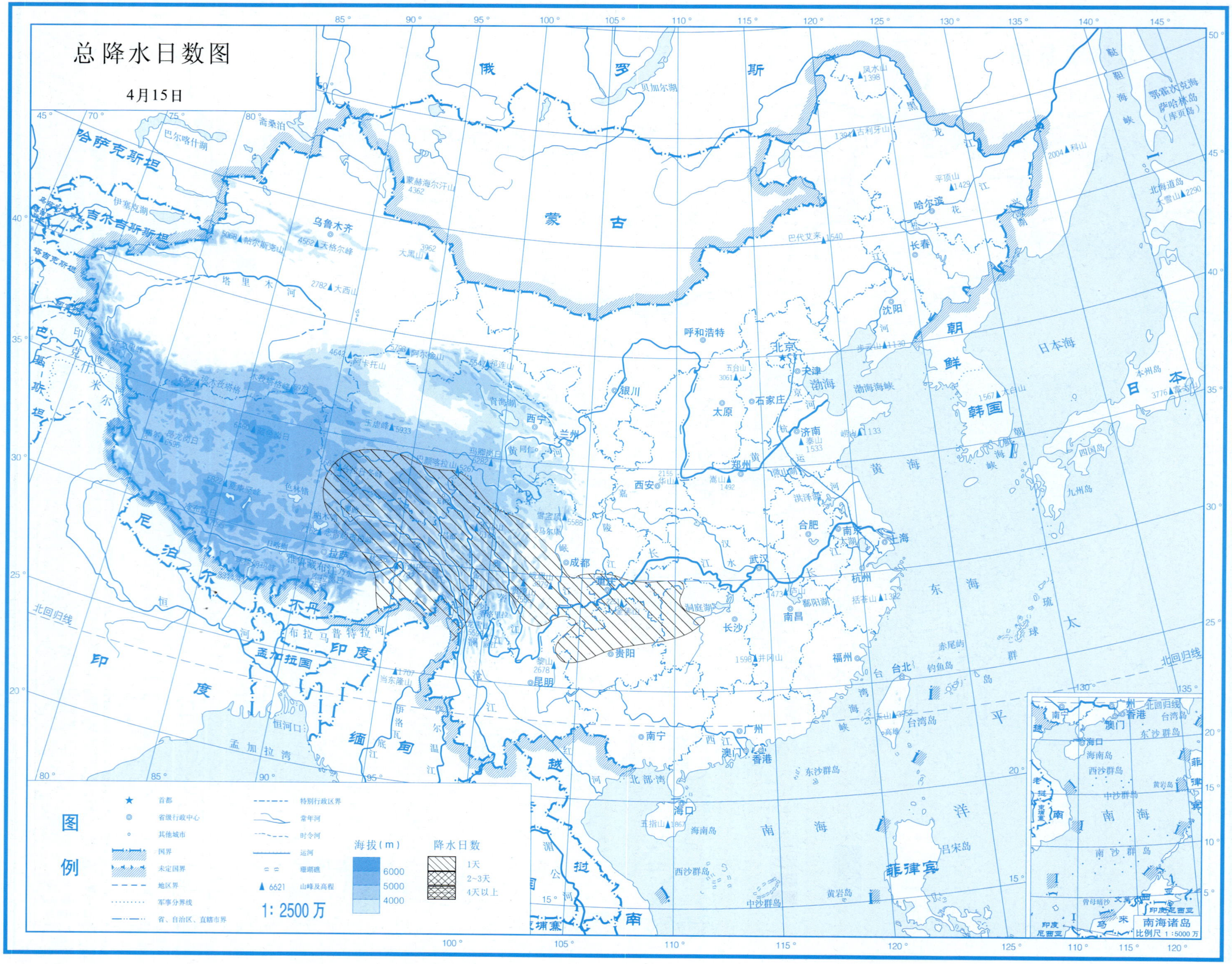

总降水量图

5月4日

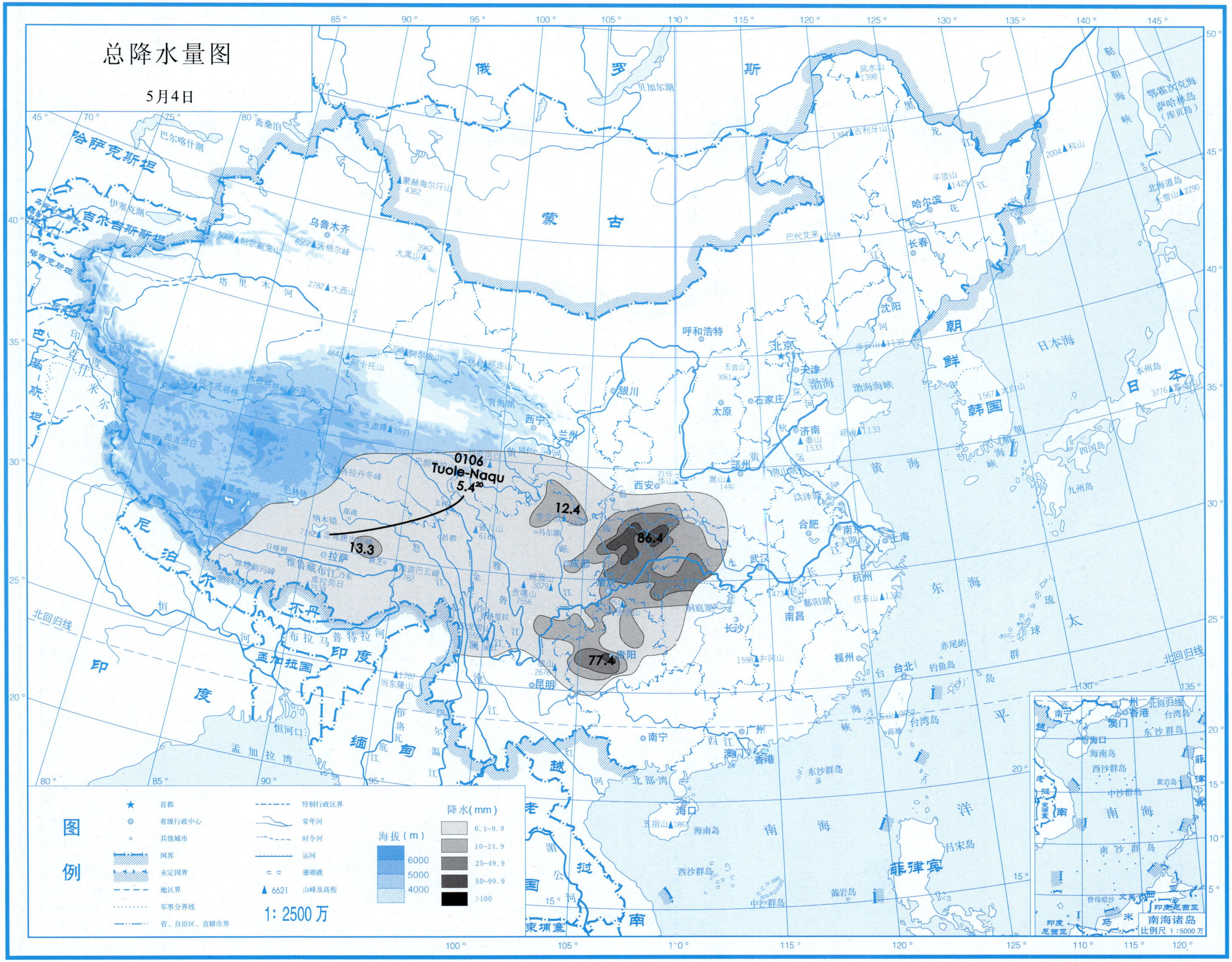

0106
Tuole-Naqu
5.4
13.3
12.4
86.4
77.4
图例
首都
省级行政中心
其他城市
国界
未定国界
地区界
军事分界线
省、自治区、直辖市界
特别行政区界
常年河
时令河
运河
珊瑚礁
山峰及高程
海拔（m）
6000
5000
4000
降水（mm）
0.1~9.9
10~24.9
25~49.9
50~99.9
>100
1：2500 万
南海诸岛
比例尺 1：5000 万

总降水日数图

5月4日

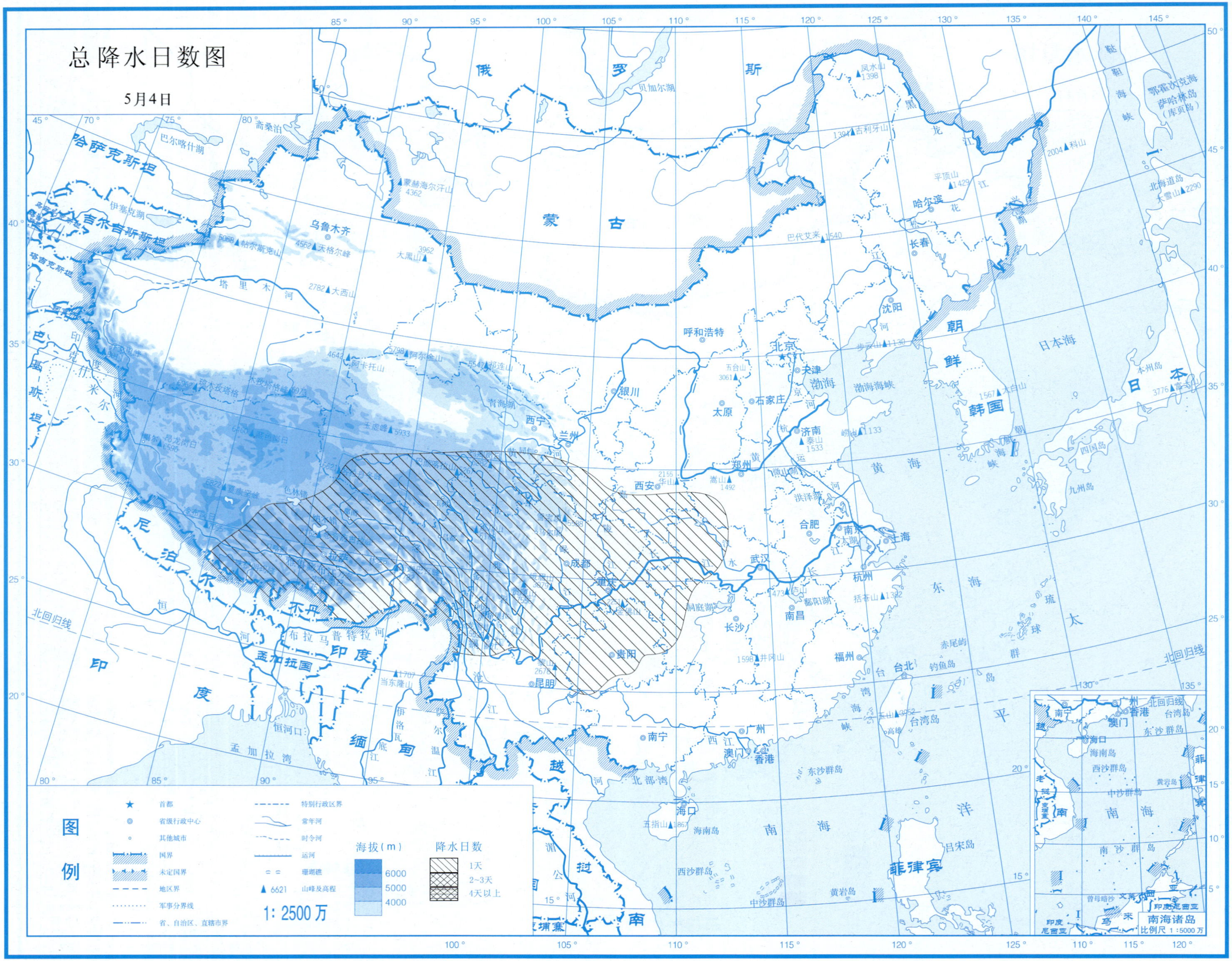
图例
首都
省级行政中心
其他城市
国界
未定国界
地区界
军事分界线
省、自治区、直辖市界
特别行政区界
常年河
时令河
运河
珊瑚礁
6621 山峰及高程
海拔（m）
6000
5000
4000
降水日数
1天
2~3天
4天以上
1: 2500万
南海诸岛
比例尺 1:5000万

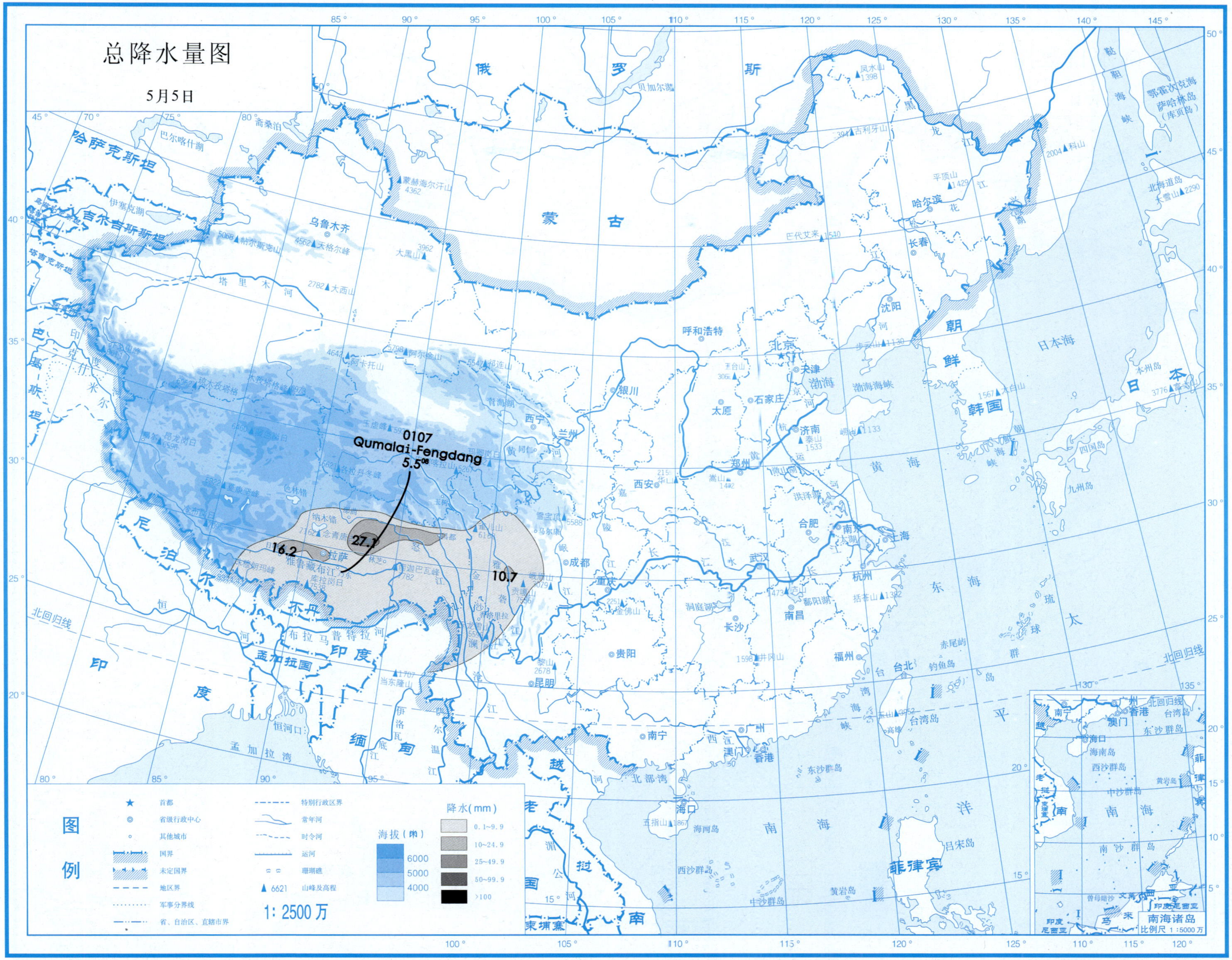
总降水量图
5月5日
0107
Qumalai-Fengdang
5.5[08]
27.1
16.2
10.7
图例
首都
省级行政中心
其他城市
国界
未定国界
地区界
军事分界线
省、自治区、直辖市界
特别行政区界
常年河
时令河
运河
珊瑚礁
6621 山峰及高程
海拔（米）
6000
5000
4000
降水(mm)
0.1~9.9
10~24.9
25~49.9
50~99.9
>100
1：2500万
南海诸岛
比例尺 1：5000万

总降水日数图

5月5日

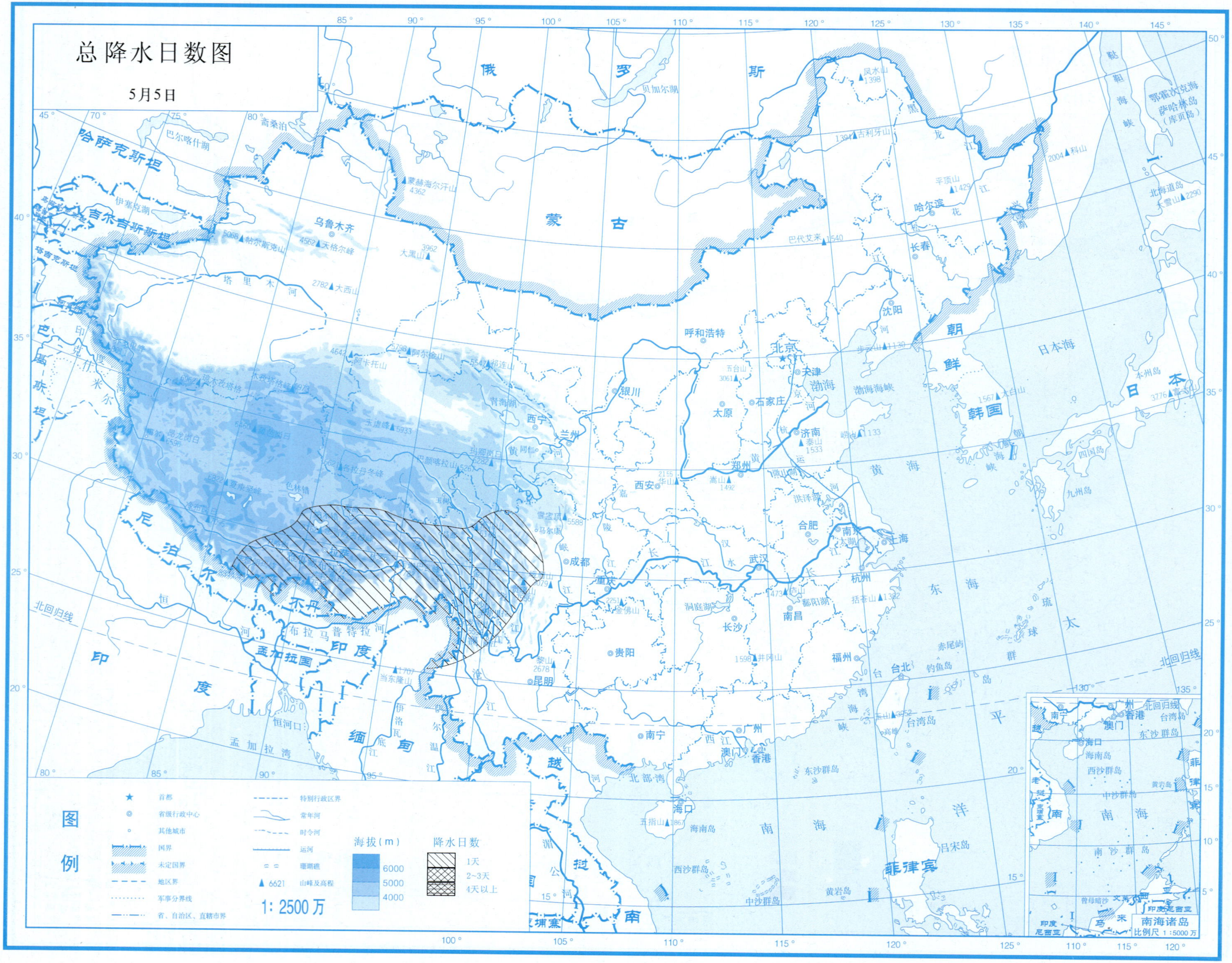
图例
首都
省级行政中心
其他城市
国界
未定国界
地区界
军事分界线
省、自治区、直辖市界
特别行政区界
常年河
时令河
运河
珊瑚礁
▲ 6621 山峰及高程
1: 2500 万
海拔(m)
6000
5000
4000
降水日数
1天
2~3天
4天以上
南海诸岛
比例尺 1:5000 万

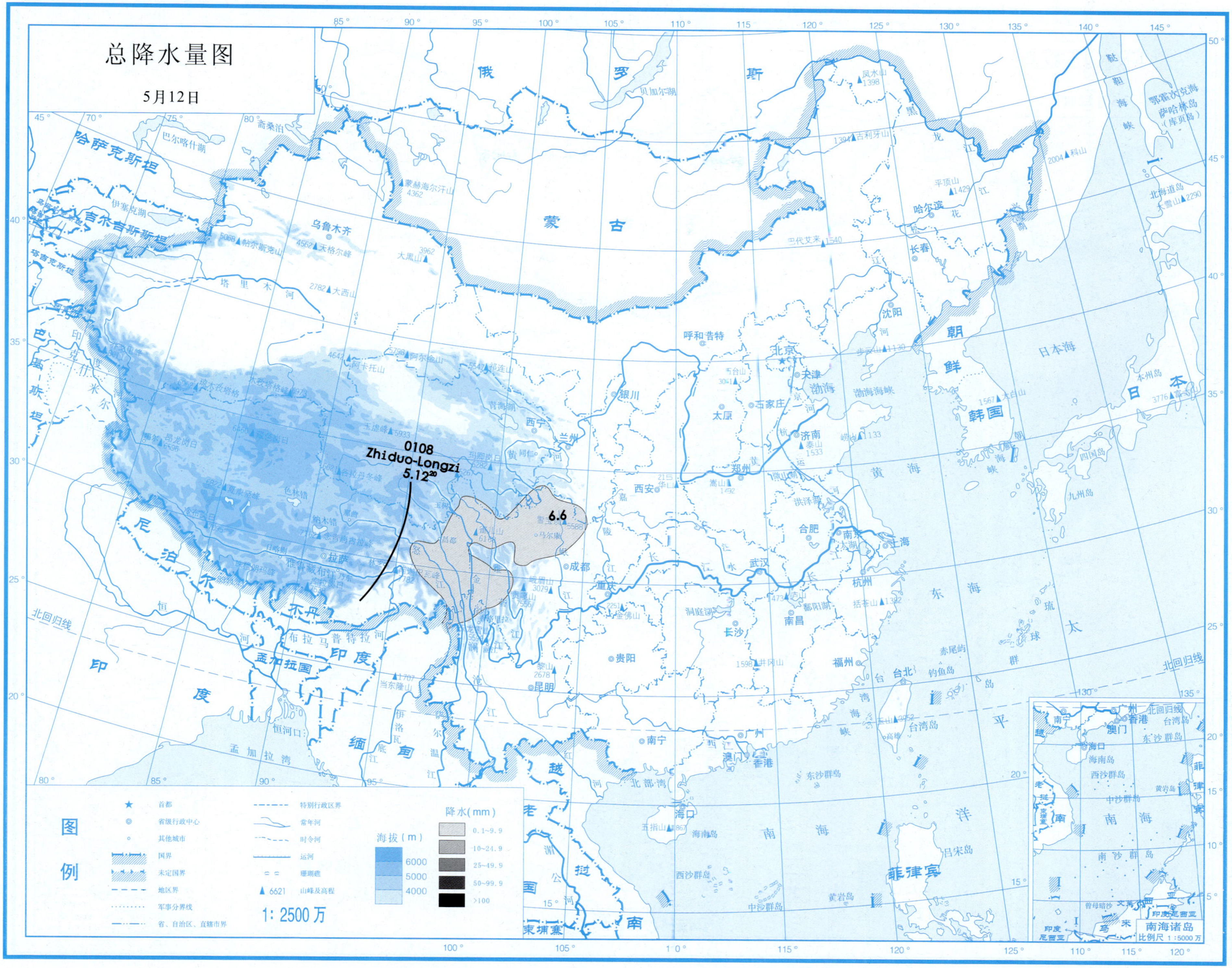
总降水量图
5月12日
0108
Zhiduo-Longzi
5.12[20]
6.6
图例
首都
省级行政中心
其他城市
国界
未定国界
地区界
军事分界线
省、自治区、直辖市界
特别行政区界
常年河
时令河
运河
珊瑚礁
6621 山峰及高程
1: 2500 万
海拔(m)
6000
5000
4000
降水(mm)
0.1~9.9
10~24.9
25~49.9
50~99.9
>100
南海诸岛
比例尺 1:5000 万

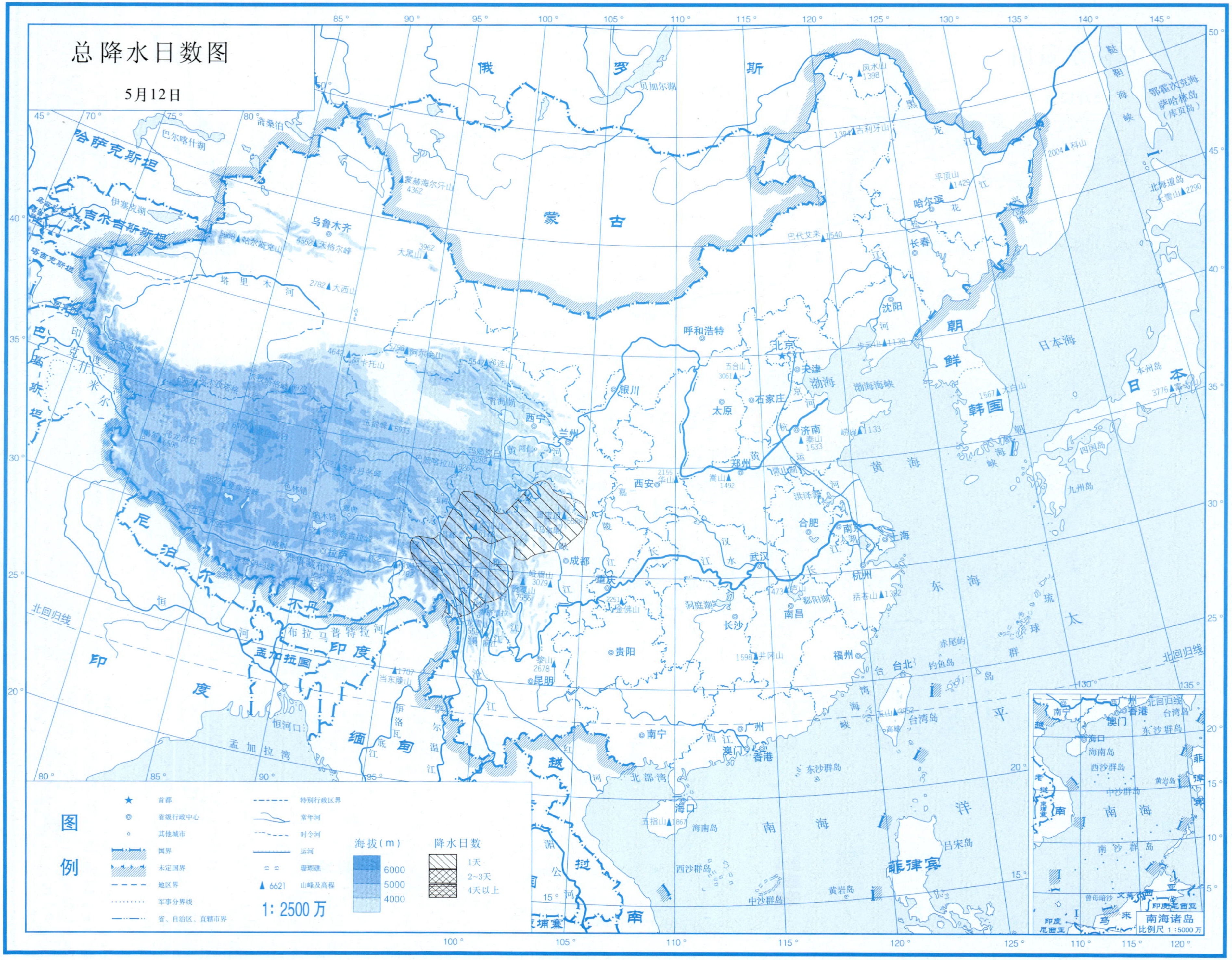
总降水日数图
5月12日
图例
首都
省级行政中心
其他城市
国界
未定国界
地区界
军事分界线
省、自治区、直辖市界
特别行政区界
常年河
时令河
运河
珊瑚礁
6621 山峰及高程
1: 2500万
海拔(m)
6000
5000
4000
降水日数
1天
2~3天
4天以上
南海诸岛
比例尺 1:5000万

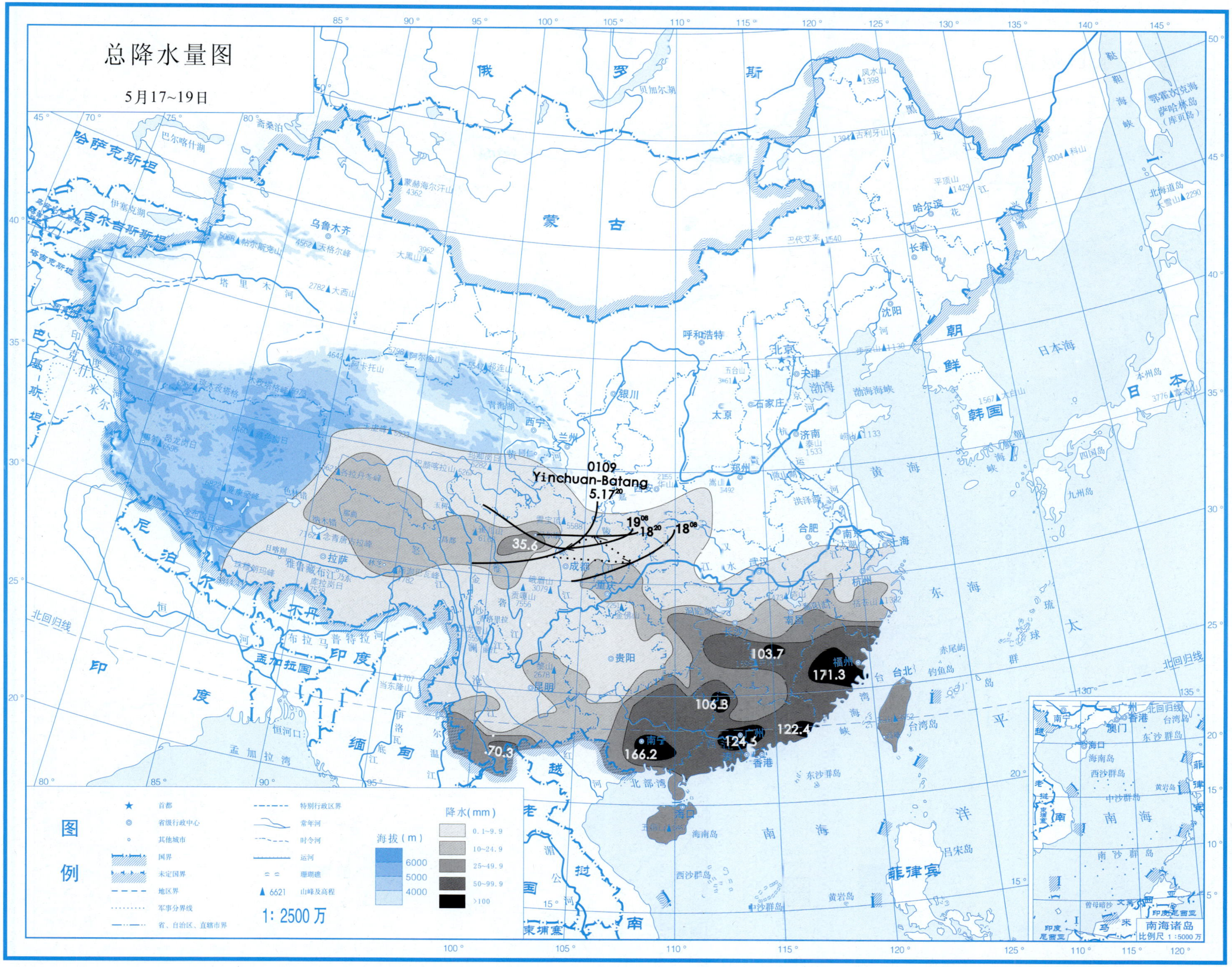
总降水量图
5月17~19日
0109
Yinchuan-Batang
5.17 20
19 08
18 20
18 08
35.6
103.7
171.3
106.3
122.4
124.3
166.2
70.3
图例
首都
省级行政中心
其他城市
国界
未定国界
地区界
军事分界线
省、自治区、直辖市界
特别行政区界
常年河
时令河
运河
珊瑚礁
6621 山峰及高程
海拔(m)
6000
5000
4000
降水(mm)
0.1~9.9
10~24.9
25~49.9
50~99.9
>100
1: 2500 万
南海诸岛
比例尺 1:5000 万

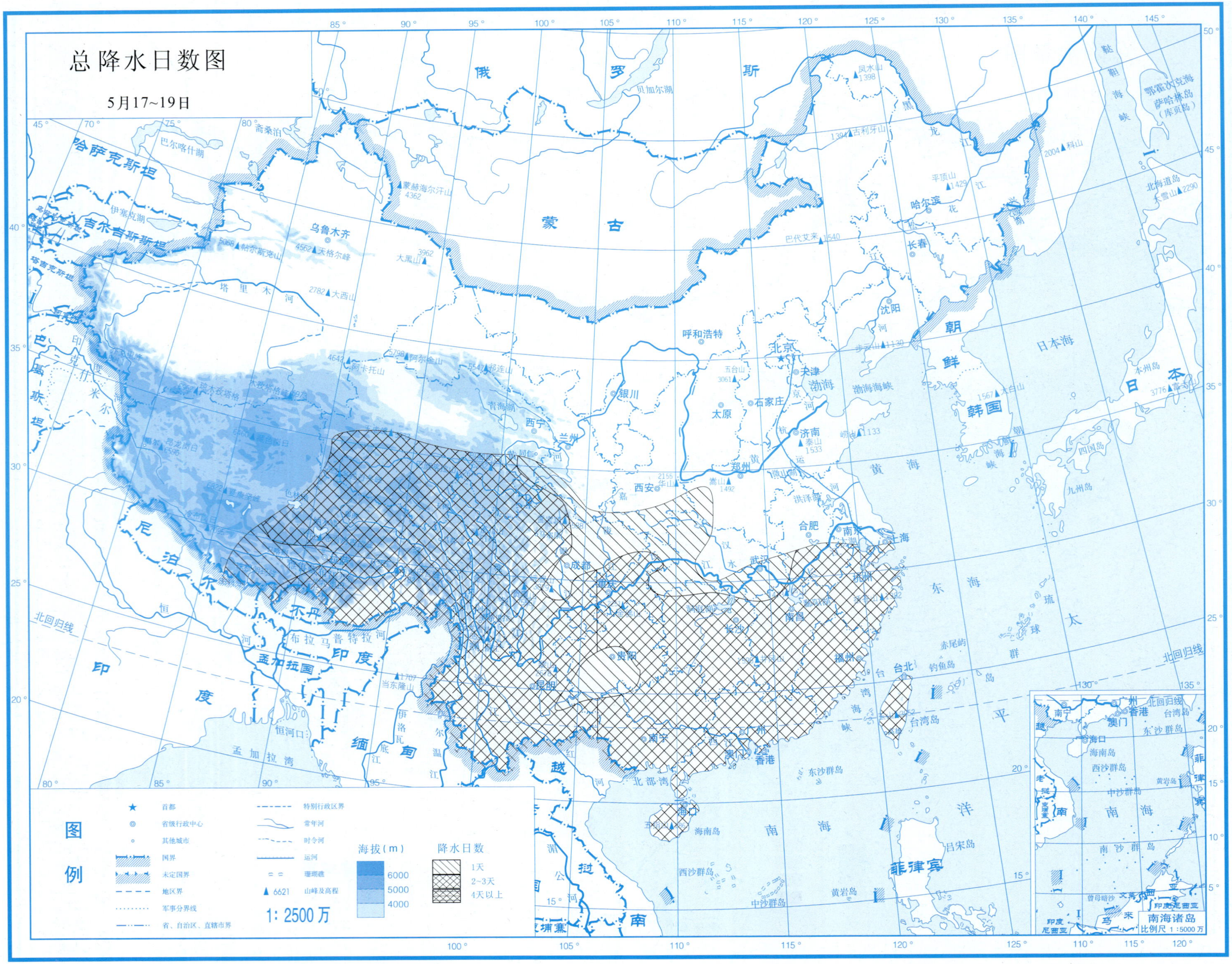
总降水日数图
5月17~19日
图例
首都
省级行政中心
其他城市
国界
未定国界
地区界
军事分界线
省、自治区、直辖市界
特别行政区界
常年河
时令河
运河
珊瑚礁
6621 山峰及高程
海拔（m）
6000
5000
4000
降水日数
1天
2~3天
4天以上
1：2500万
南海诸岛
比例尺 1：5000万

总降水量图

5月18日

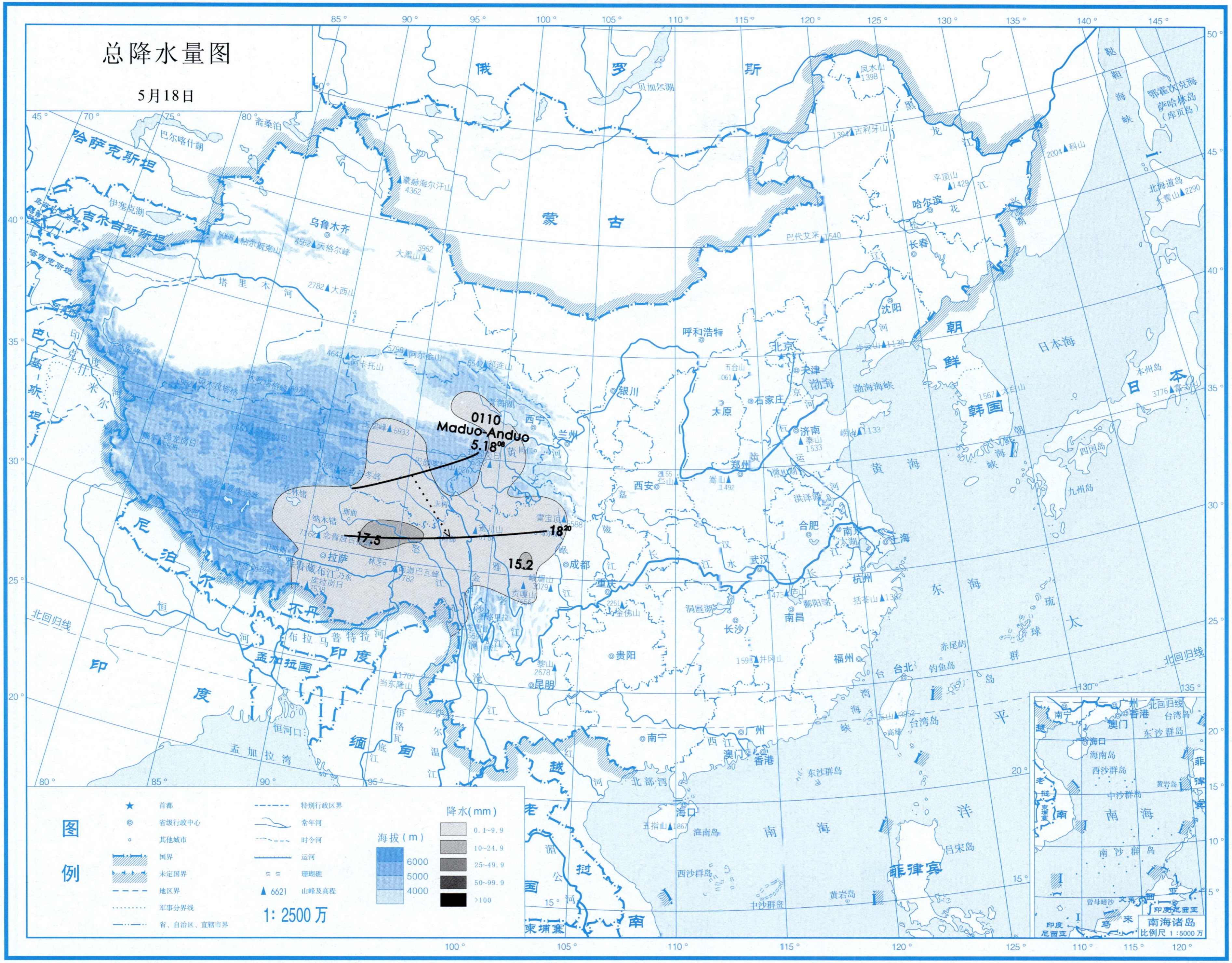
0110
Maduo-Anduo
5.18 08
17.5
18 20
15.2
图例
首都
省级行政中心
其他城市
国界
未定国界
地区界
军事分界线
省、自治区、直辖市界
特别行政区界
常年河
时令河
运河
珊瑚礁
6621 山峰及高程
海拔（m）
6000
5000
4000
降水（mm）
0.1~9.9
10~24.9
25~49.9
50~99.9
>100
1: 2500 万
南海诸岛
比例尺 1:5000 万

总降水日数图

5月18日

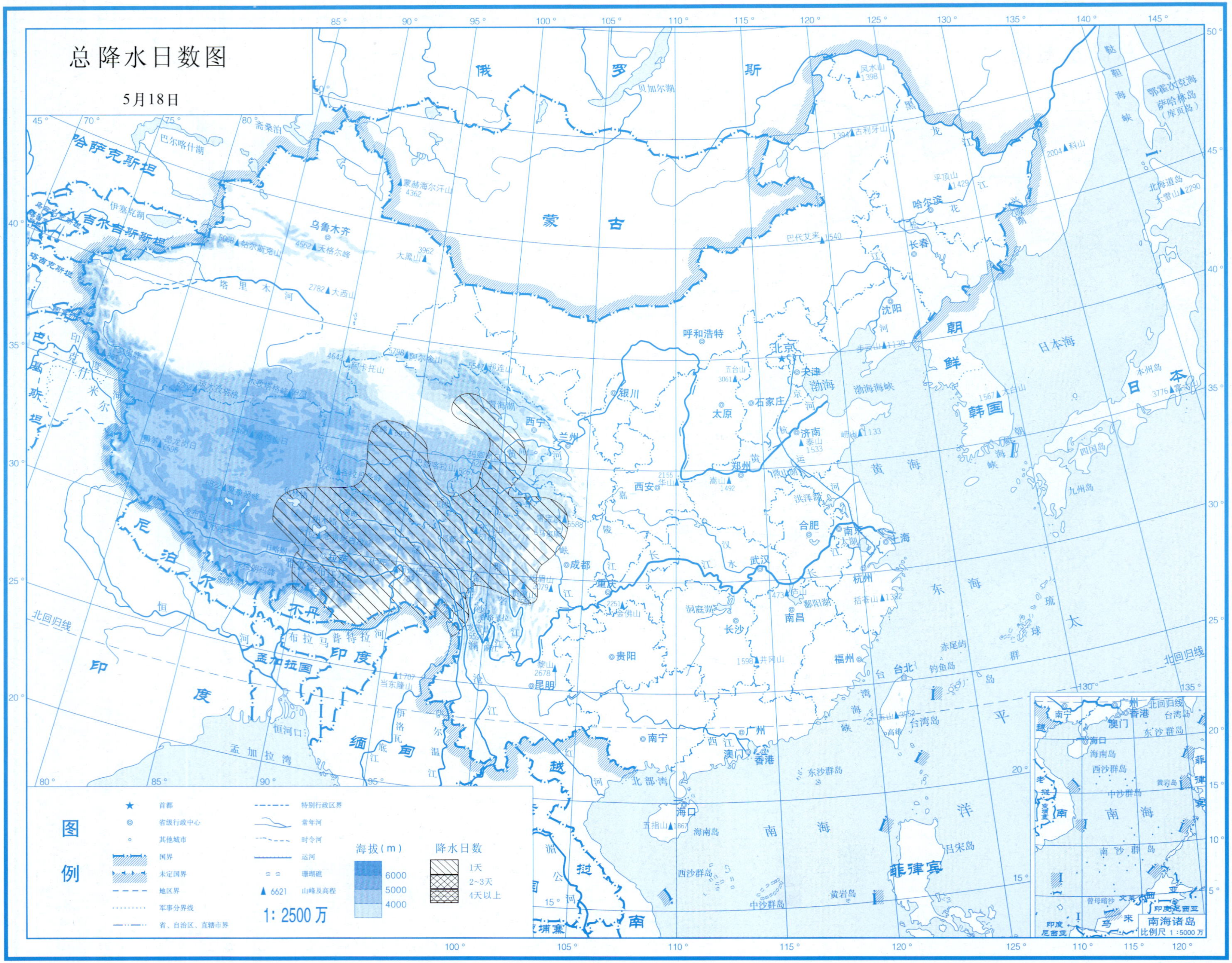

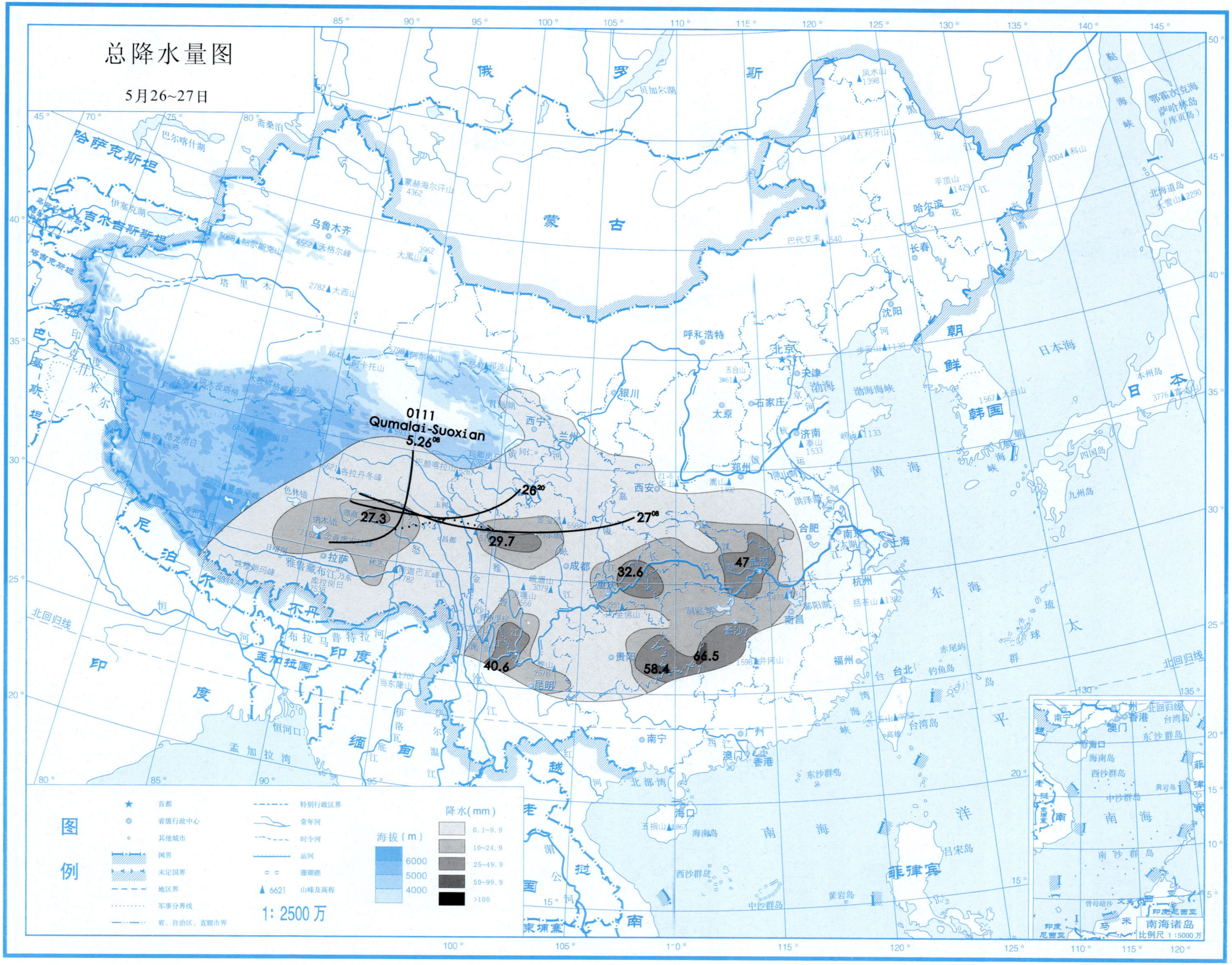
总降水量图
5月26~27日
0111
Qumalai-Suoxian
5.26 08
26 20
27 08
27.3
29.7
32.6
47
40.6
58.4
66.5
图例
首都
省级行政中心
其他城市
国界
未定国界
地区界
军事分界线
省、自治区、直辖市界
特别行政区界
常年河
时令河
运河
珊瑚礁
6621 山峰及高程
海拔（m）
6000
5000
4000
降水（mm）
0.1~9.9
10~24.9
25~49.9
50~99.9
>100
1: 2500万
南海诸岛
比例尺 1:5000万

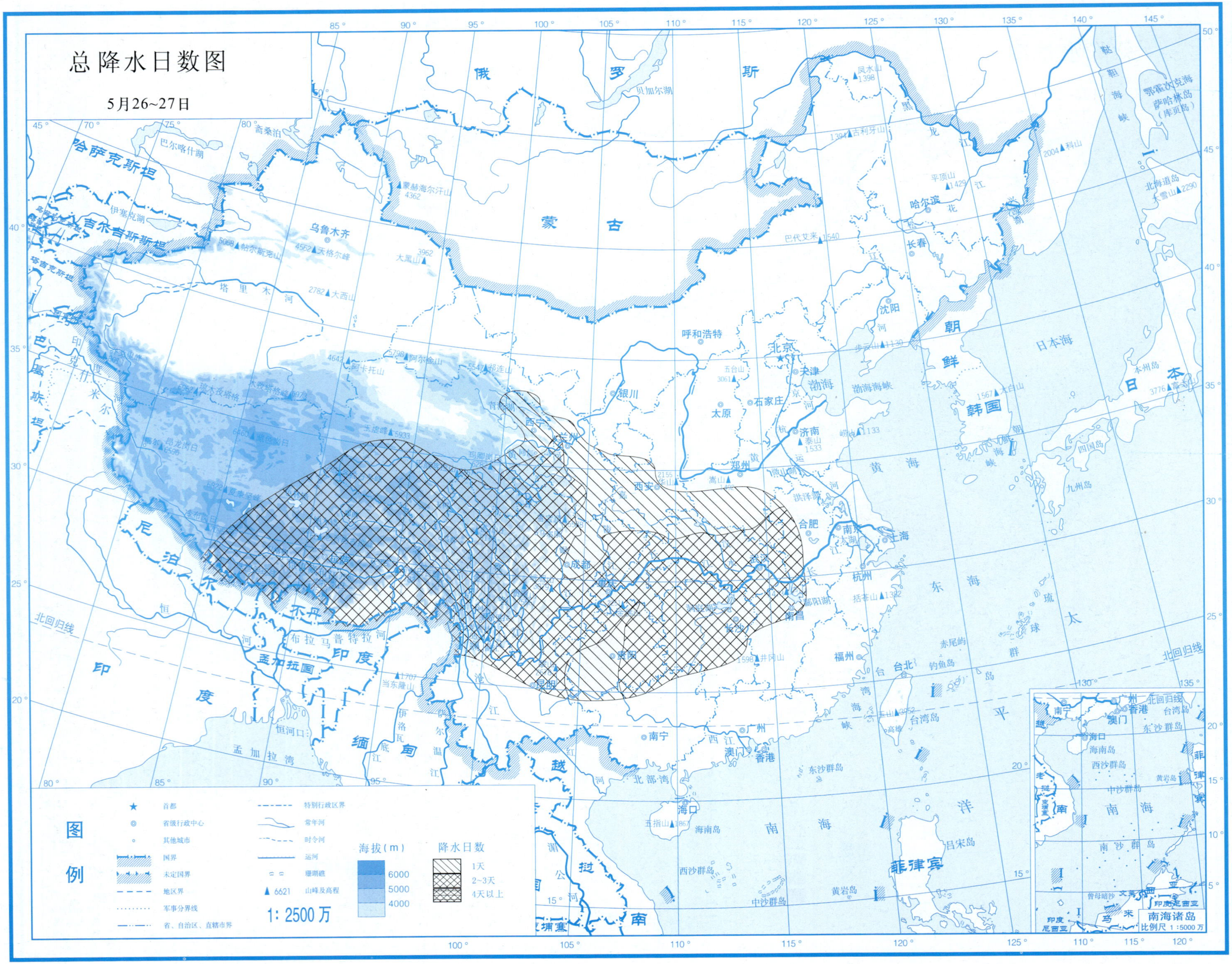
总降水日数图
5月26~27日
图例
首都
省级行政中心
其他城市
国界
未定国界
地区界
军事分界线
省、自治区、直辖市界
特别行政区界
常年河
时令河
运河
珊瑚礁
▲6621 山峰及高程
1: 2500 万
海拔(m)
6000
5000
4000
降水日数
1天
2~3天
4天以上
南海诸岛
比例尺 1:5000 万

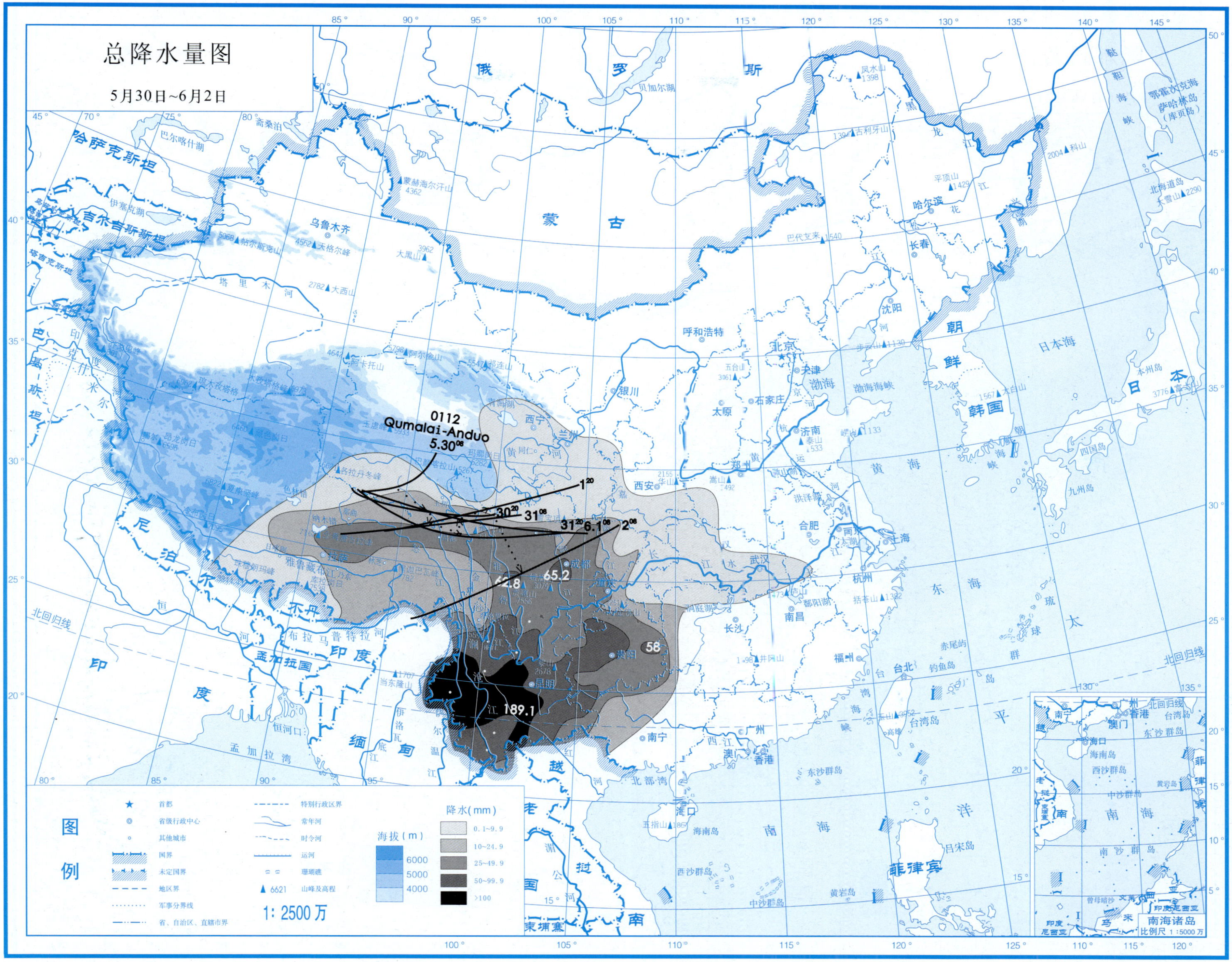
总降水量图
5月30日~6月2日
0112
Qumalai-Anduo
5.30[08]
30[20]
31[08]
31[20]
6.1[08]
2[08]
1[20]
62.8
65.2
58
189.1
图例
首都
省级行政中心
其他城市
国界
未定国界
地区界
军事分界线
省、自治区、直辖市界
特别行政区界
常年河
时令河
运河
珊瑚礁
6621 山峰及高程
1: 2500 万
海拔(m)
6000
5000
4000
降水(mm)
0.1~9.9
10~24.9
25~49.9
50~99.9
>100
南海诸岛
比例尺 1:5000 万

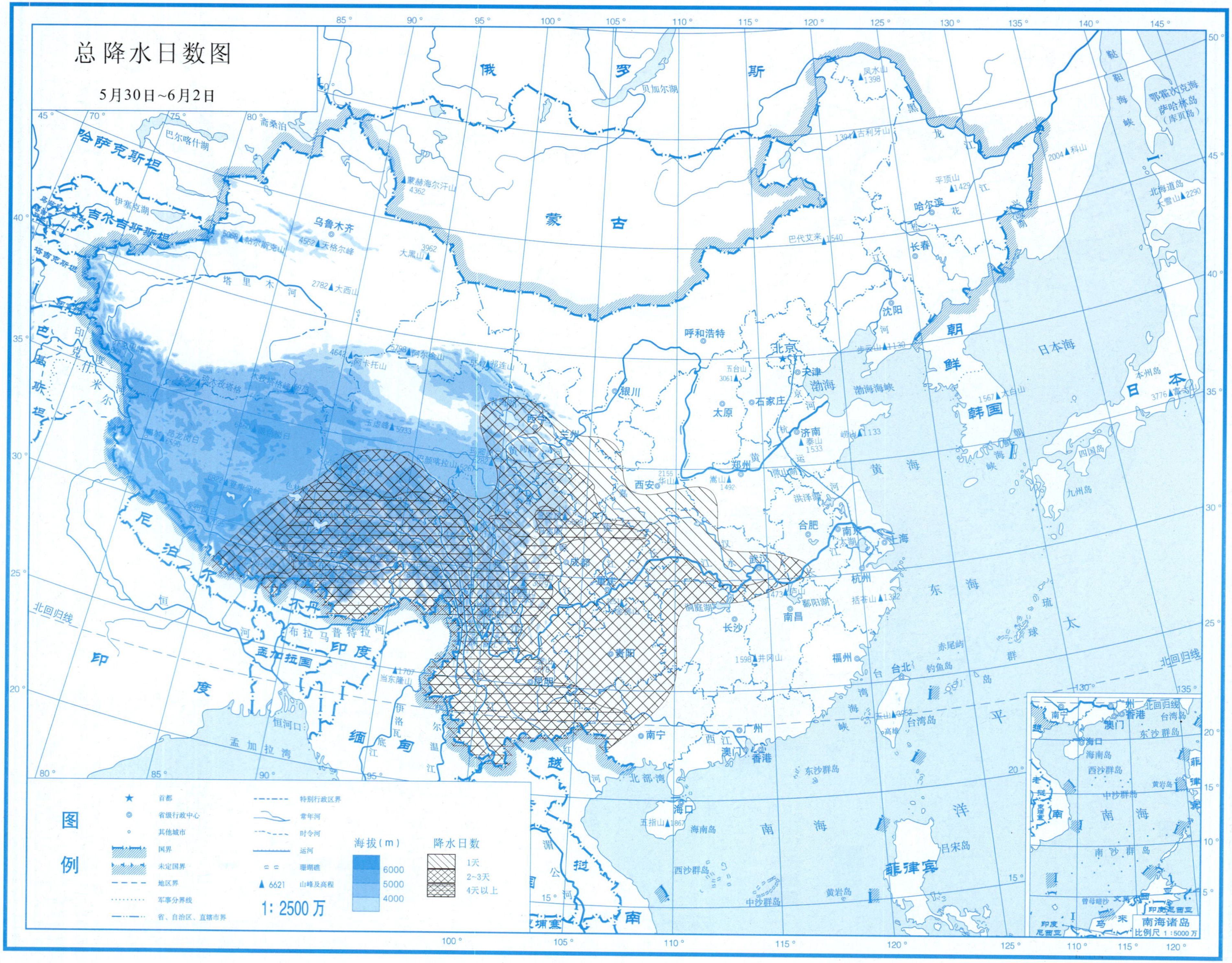
总降水日数图
5月30日~6月2日
图例
首都
省级行政中心
其他城市
国界
未定国界
地区界
军事分界线
省、自治区、直辖市界
特别行政区界
常年河
时令河
运河
珊瑚礁
▲6621 山峰及高程
1：2500万
海拔（m）
6000
5000
4000
降水日数
1天
2~3天
4天以上
南海诸岛
比例尺 1：5000万

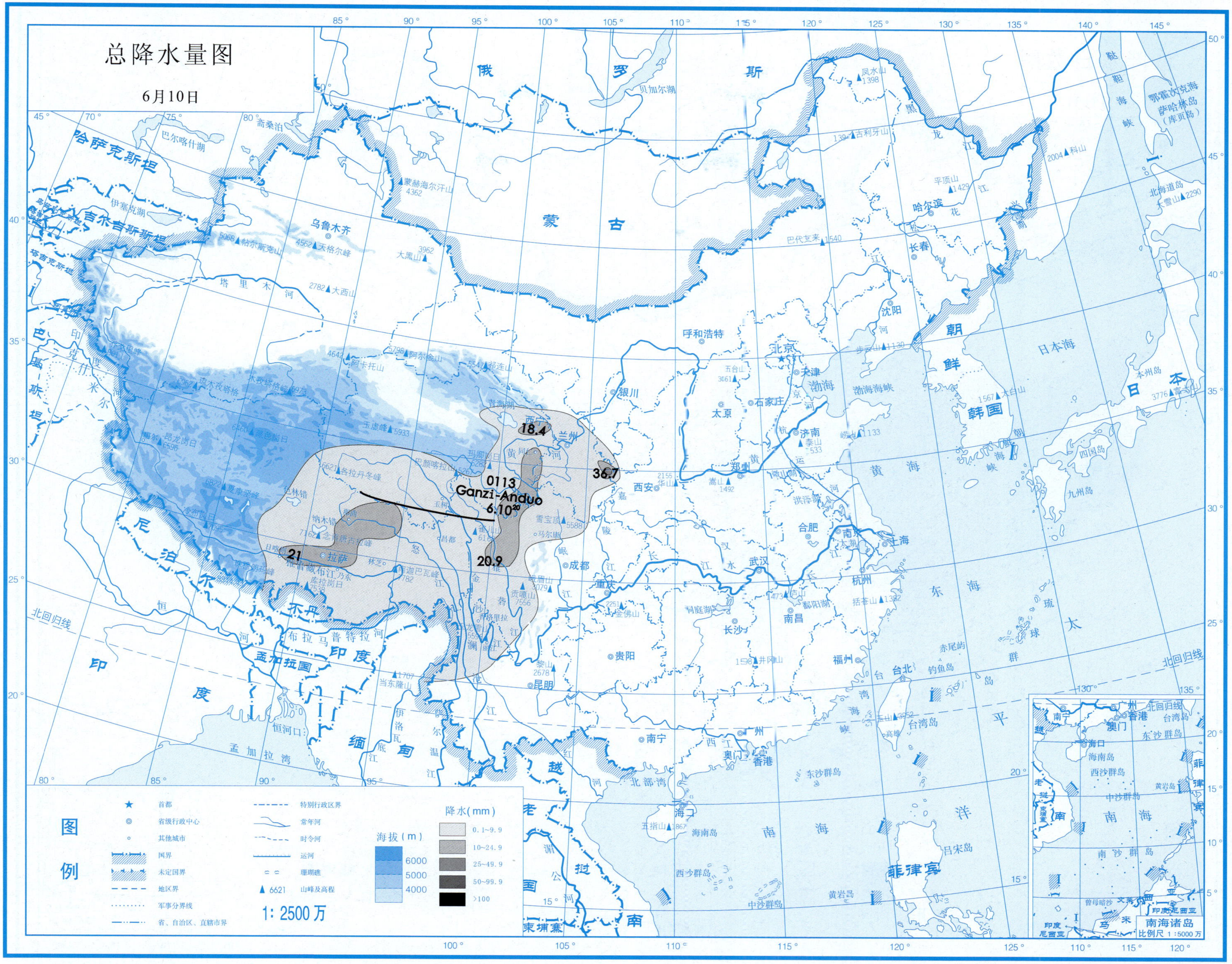
总降水量图
6月10日
0113
Ganzi-Anduo
6.10[20]
18.4
36.7
21
20.9
图例
首都
省级行政中心
其他城市
国界
未定国界
地区界
军事分界线
省、自治区、直辖市界
特别行政区界
常年河
时令河
运河
珊瑚礁
6621 山峰及高程
海拔（m）
6000
5000
4000
1:2500万
降水(mm)
0.1~9.9
10~24.9
25~49.9
50~99.9
>100
南海诸岛
比例尺 1:5000万

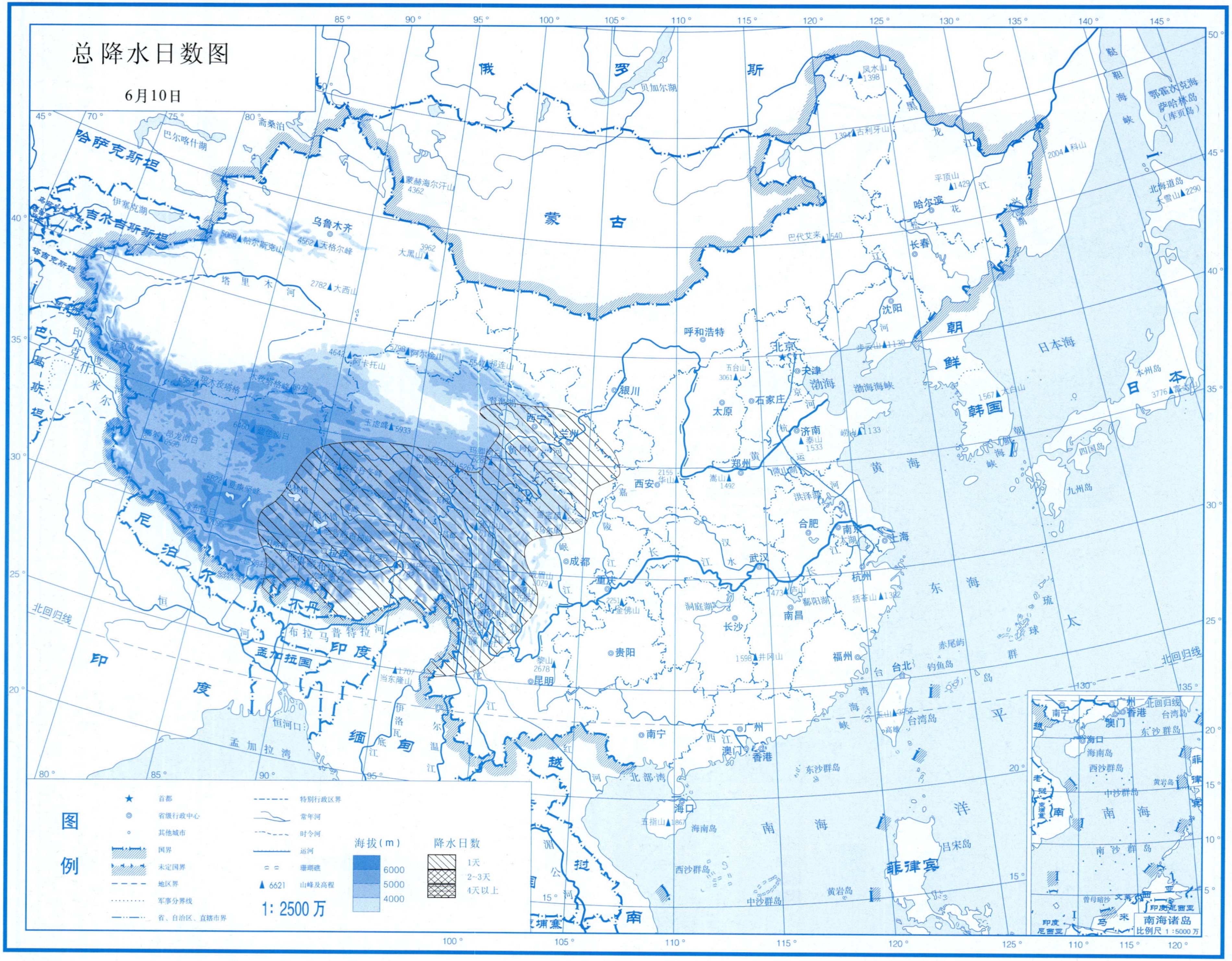
总降水日数图
6月10日
图例
首都
省级行政中心
其他城市
国界
未定国界
地区界
军事分界线
省、自治区、直辖市界
特别行政区界
常年河
时令河
运河
珊瑚礁
山峰及高程
海拔（m）
6000
5000
4000
降水日数
1天
2~3天
4天以上
1：2500万
南海诸岛
比例尺 1：5000万

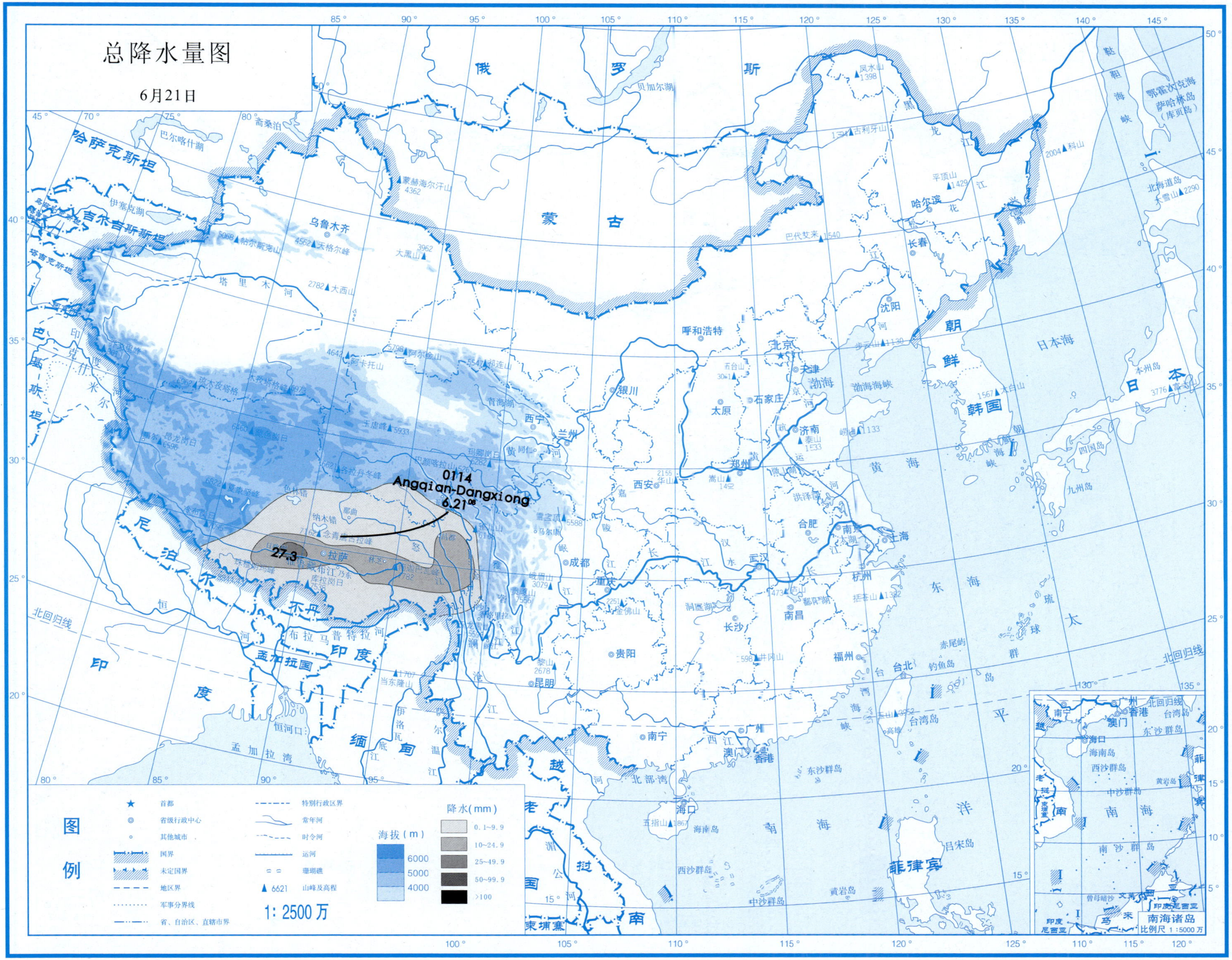
总降水量图
6月21日
0114
Angqian-Dangxiong
6.21[06]
27.3
拉萨
俄 罗 斯
蒙 古
哈萨克斯坦
吉尔吉斯斯坦
塔吉克斯坦
巴基斯坦
印度
尼泊尔
不丹
孟加拉国
缅甸
老挝
越南
泰国
柬埔寨
菲律宾
朝鲜
韩国
日本
乌鲁木齐
哈尔滨
长春
沈阳
呼和浩特
北京
天津
石家庄
太原
银川
西宁
兰州
济南
郑州
西安
合肥
南京
上海
杭州
武汉
成都
重庆
长沙
南昌
福州
贵阳
昆明
南宁
广州
香港
澳门
海口
台北
台湾岛
海南岛
渤海
黄海
东海
南海
日本海
太平洋
北回归线
南海诸岛
比例尺 1:5000 万
图例
首都
省级行政中心
其他城市
国界
未定国界
地区界
军事分界线
省、自治区、直辖市界
特别行政区界
常年河
时令河
运河
珊瑚礁
山峰及高程
1: 2500 万
海拔(m)
6000
5000
4000
降水(mm)
0.1~9.9
10~24.9
25~49.9
50~99.9
>100

总降水日数图

6月21日

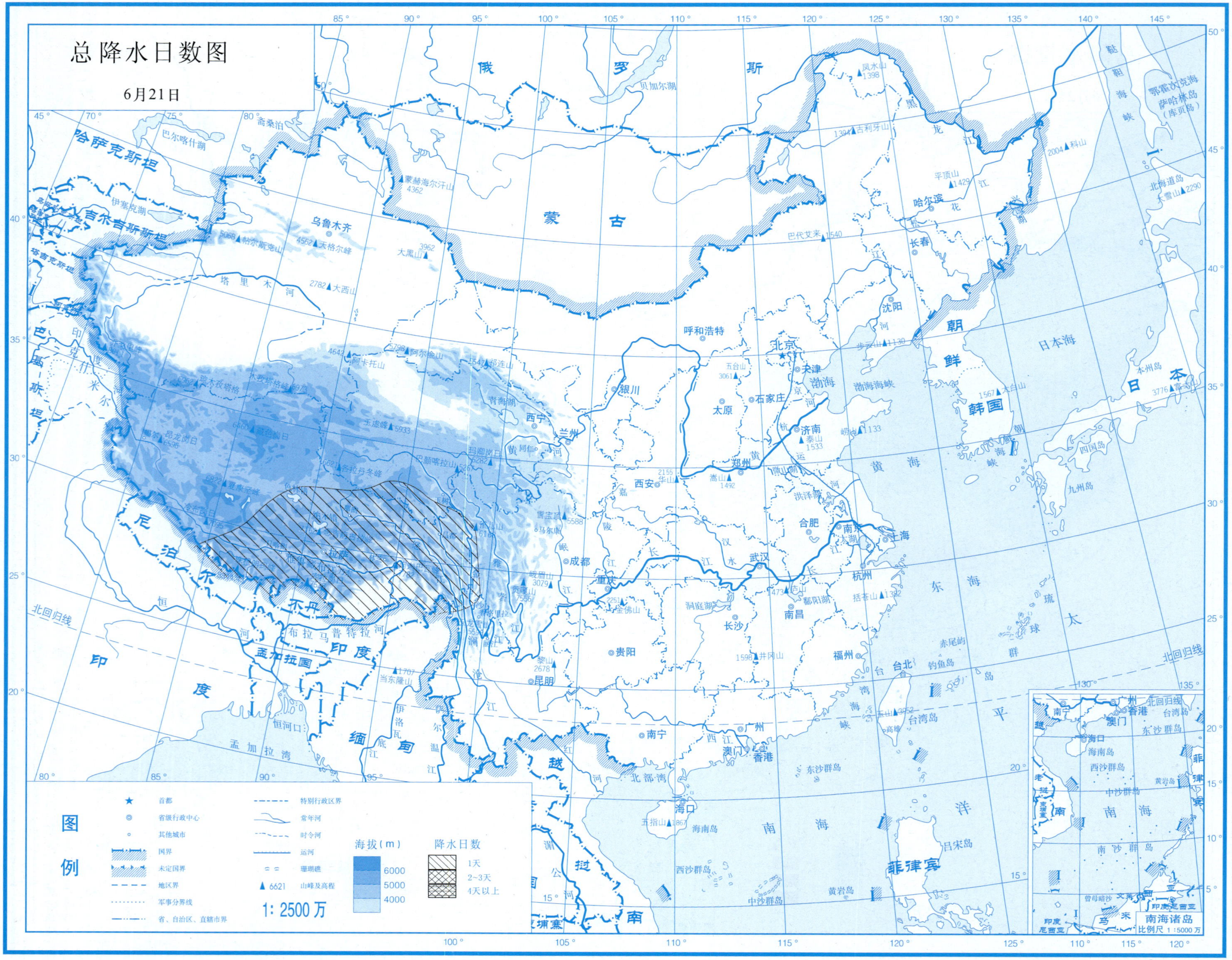

总降水量图

6月27日

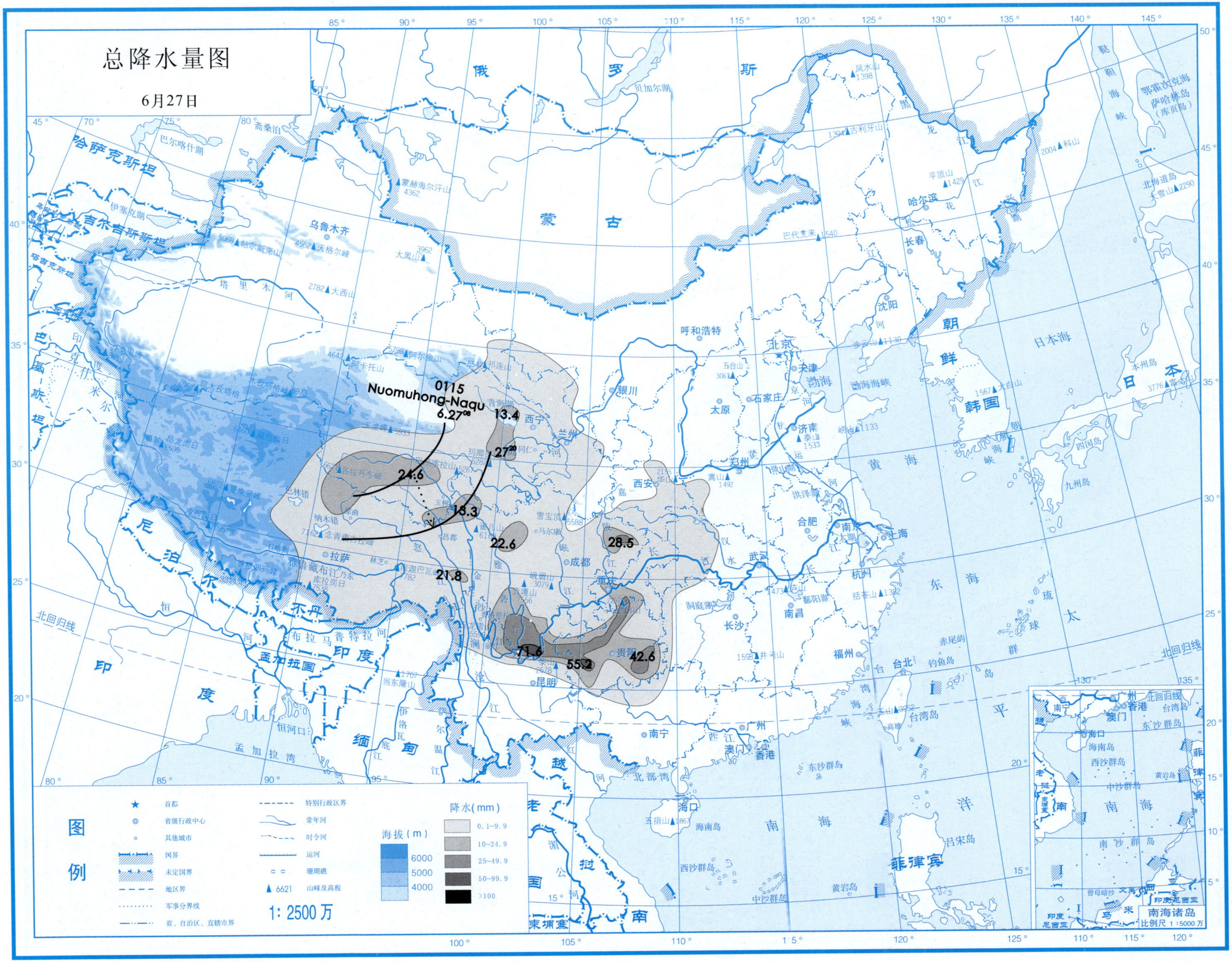
0115
Nuomuhong-Naqu
6.27[08]
13.4
27[20]
24.6
18.3
22.6
28.5
21.8
71.6
55.2
42.6
图例
首都
省级行政中心
其他城市
国界
未定国界
地区界
军事分界线
省、自治区、直辖市界
特别行政区界
常年河
时令河
运河
珊瑚礁
6621 山峰及高程
海拔（m）
6000
5000
4000
降水（mm）
0.1~9.9
10~24.9
25~49.9
50~99.9
>100
1: 2500 万
南海诸岛
比例尺 1：5000 万

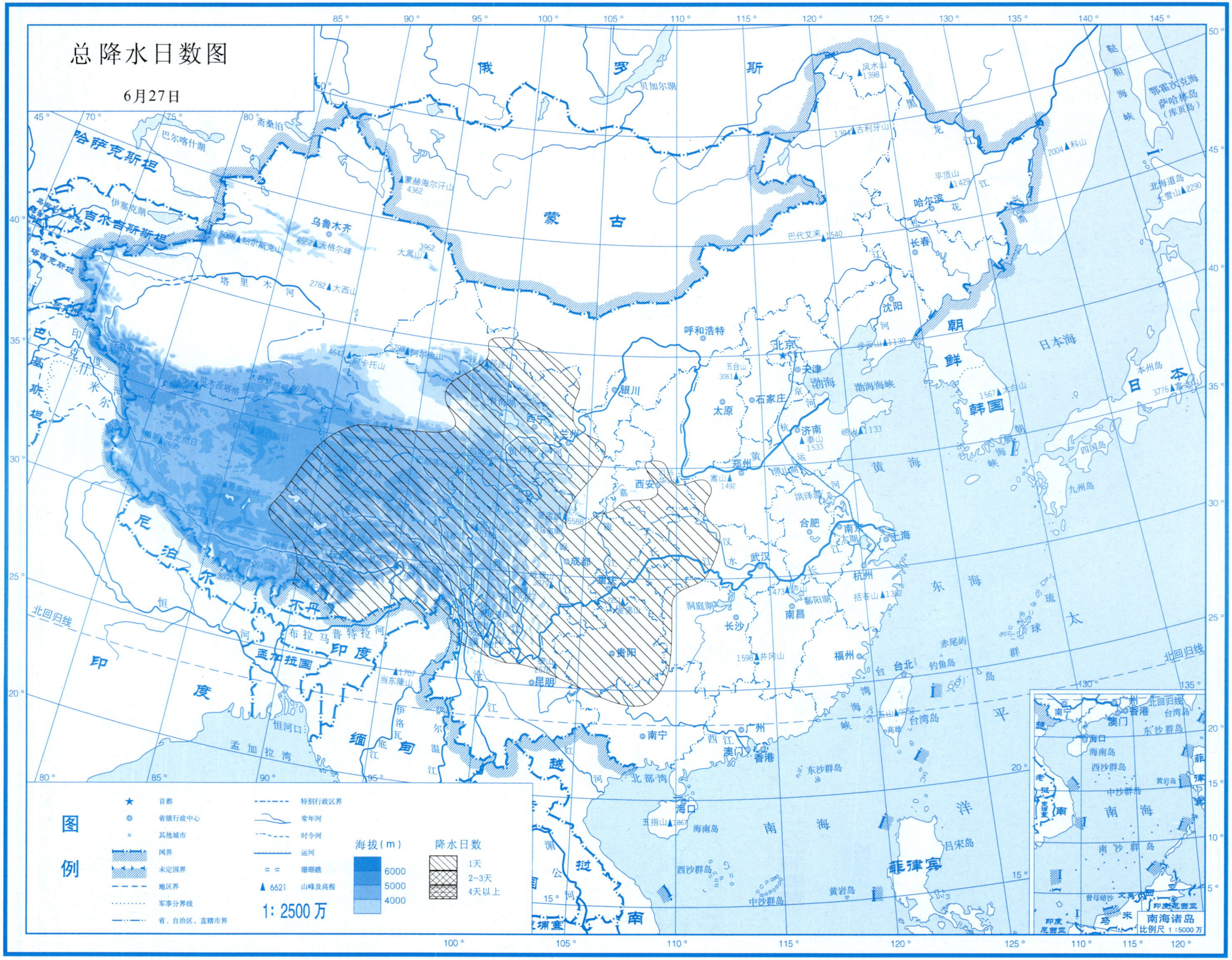
总降水日数图
6月27日
图例
首都
省级行政中心
其他城市
国界
未定国界
地区界
军事分界线
省、自治区、直辖市界
特别行政区界
常年河
时令河
运河
珊瑚礁
6621 山峰及高程
1: 2500万
海拔(m)
6000
5000
4000
降水日数
1天
2~3天
4天以上
南海诸岛
比例尺 1:5000万

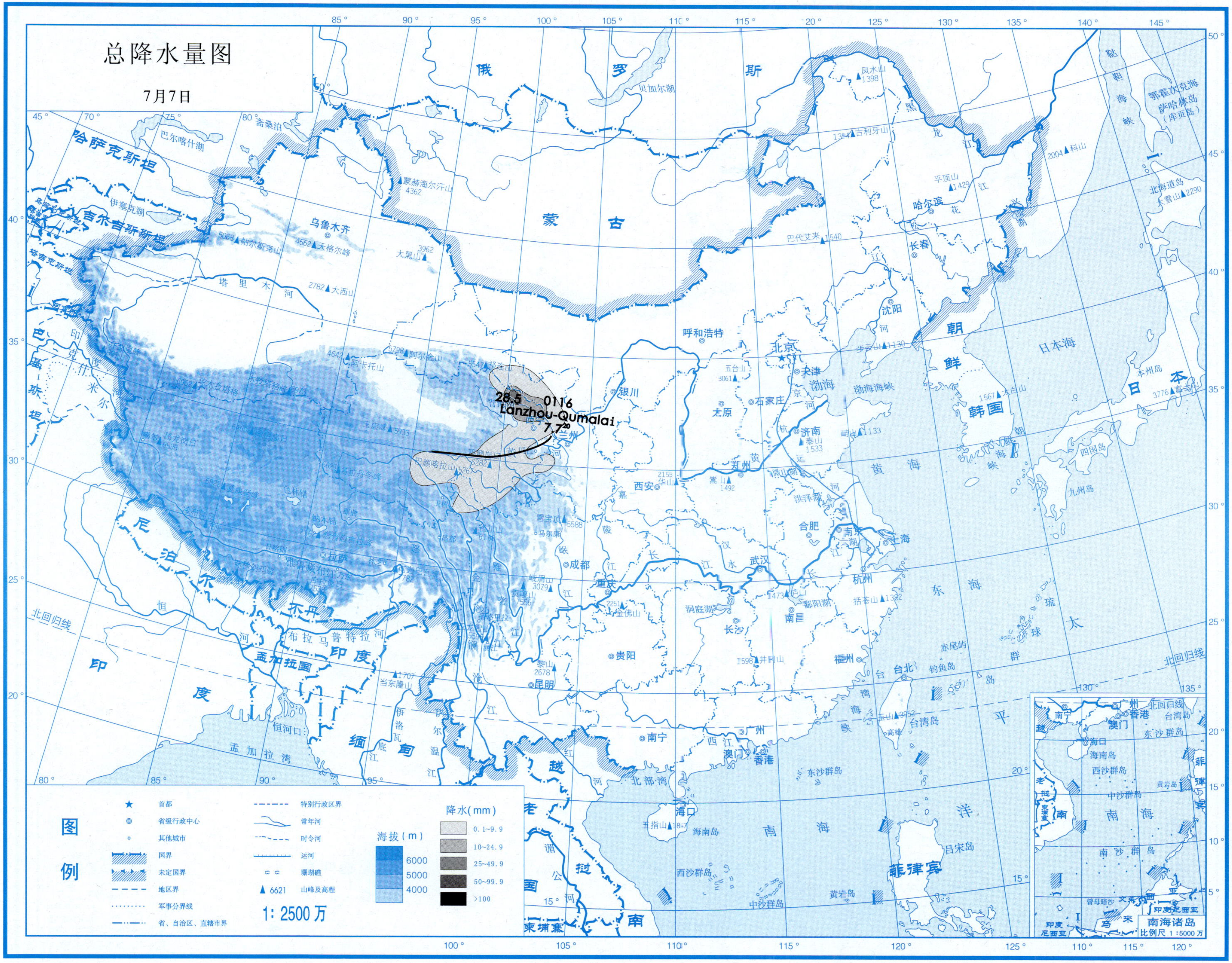
总降水量图
7月7日
28.5
0116
Lanzhou-Qumalai
7.7
图例
首都
省级行政中心
其他城市
国界
未定国界
地区界
军事分界线
省、自治区、直辖市界
特别行政区界
常年河
时令河
运河
珊瑚礁
山峰及高程
1: 2500 万
海拔（m）
6000
5000
4000
降水(mm)
0.1~9.9
10~24.9
25~49.9
50~99.9
>100
南海诸岛
比例尺 1:5000 万

总降水日数图

7月7日

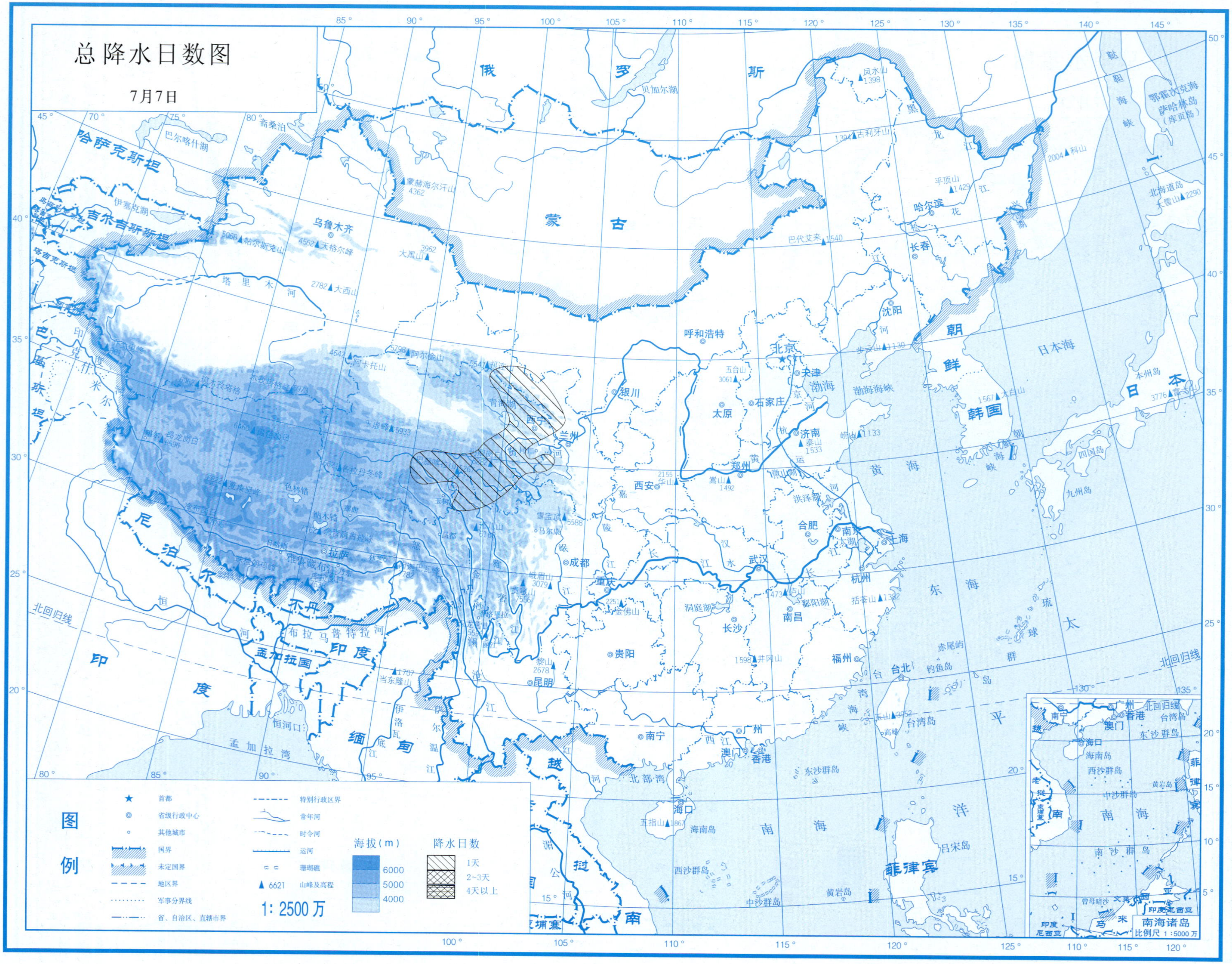
图例
首都
省级行政中心
其他城市
国界
未定国界
地区界
军事分界线
省、自治区、直辖市界
特别行政区界
常年河
时令河
运河
珊瑚礁
6621 山峰及高程
海拔(m)
6000
5000
4000
降水日数
1天
2~3天
4天以上
1: 2500 万
南海诸岛
比例尺 1:5000 万

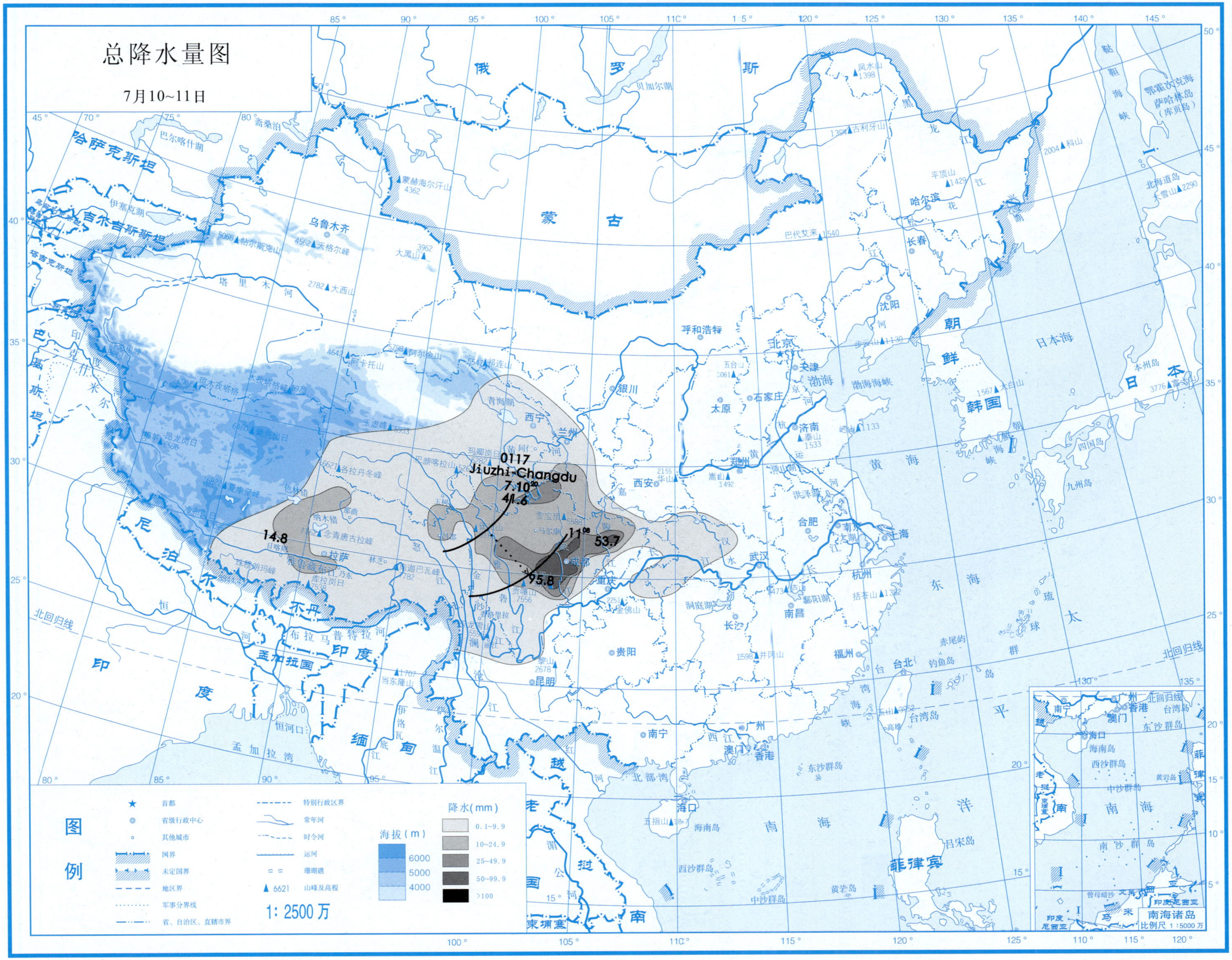
总降水量图
7月10~11日
0117
Jiuzhi-Changdu
7.10
41.6
14.8
11
53.7
95.8
图例
首都
省级行政中心
其他城市
国界
未定国界
地区界
军事分界线
省、自治区、直辖市界
特别行政区界
常年河
时令河
运河
珊瑚礁
6621 山峰及高程
1: 2500 万
海拔(m)
6000
5000
4000
降水(mm)
0.1~9.9
10~24.9
25~49.9
50~99.9
>100
南海诸岛
比例尺 1:5000 万

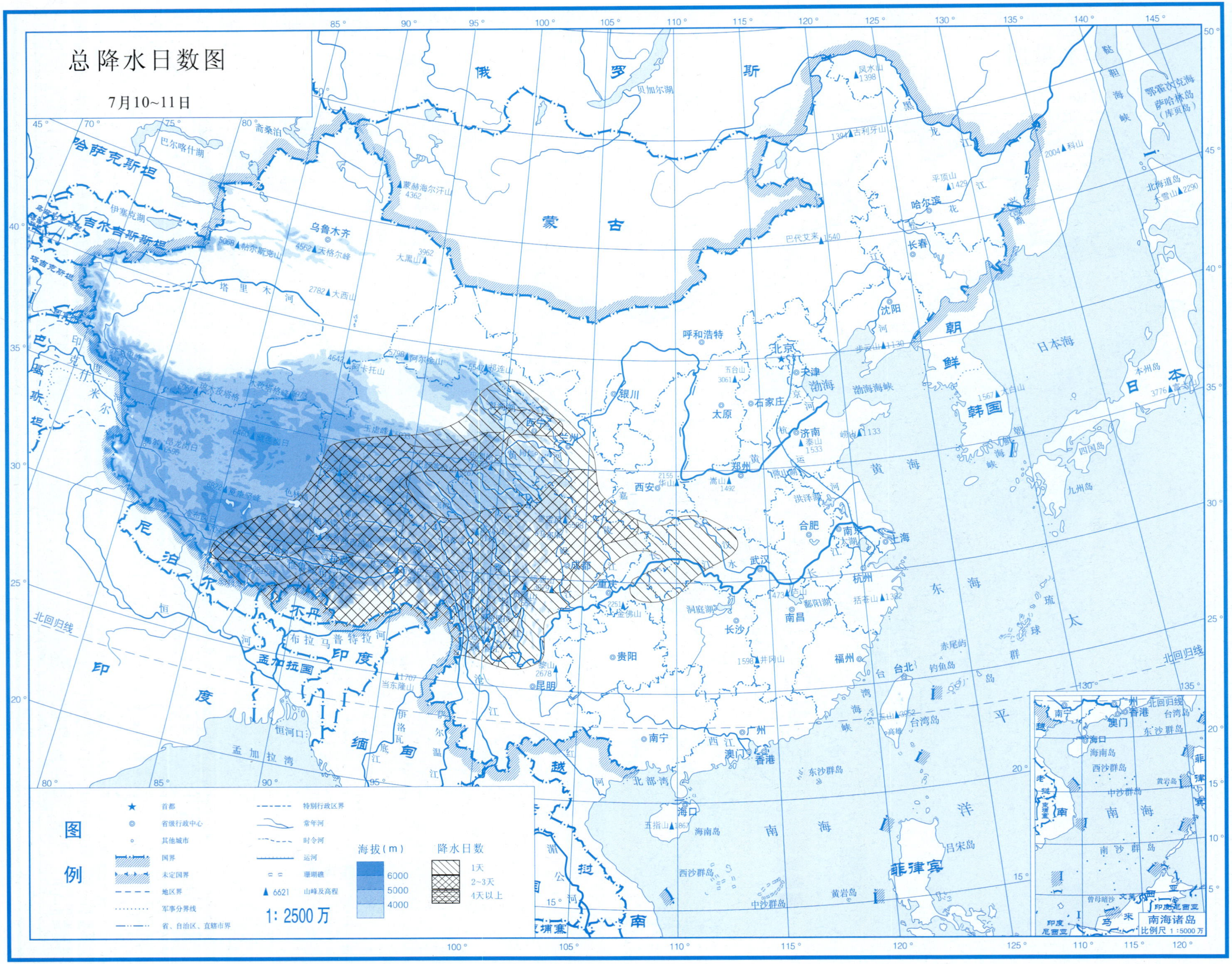
总降水日数图
7月10~11日
图例
首都
省级行政中心
其他城市
国界
未定国界
地区界
军事分界线
省、自治区、直辖市界
特别行政区界
常年河
时令河
运河
珊瑚礁
6621 山峰及高程
1: 2500 万
海拔(m)
6000
5000
4000
降水日数
1天
2~3天
4天以上
南海诸岛
比例尺 1:5000 万

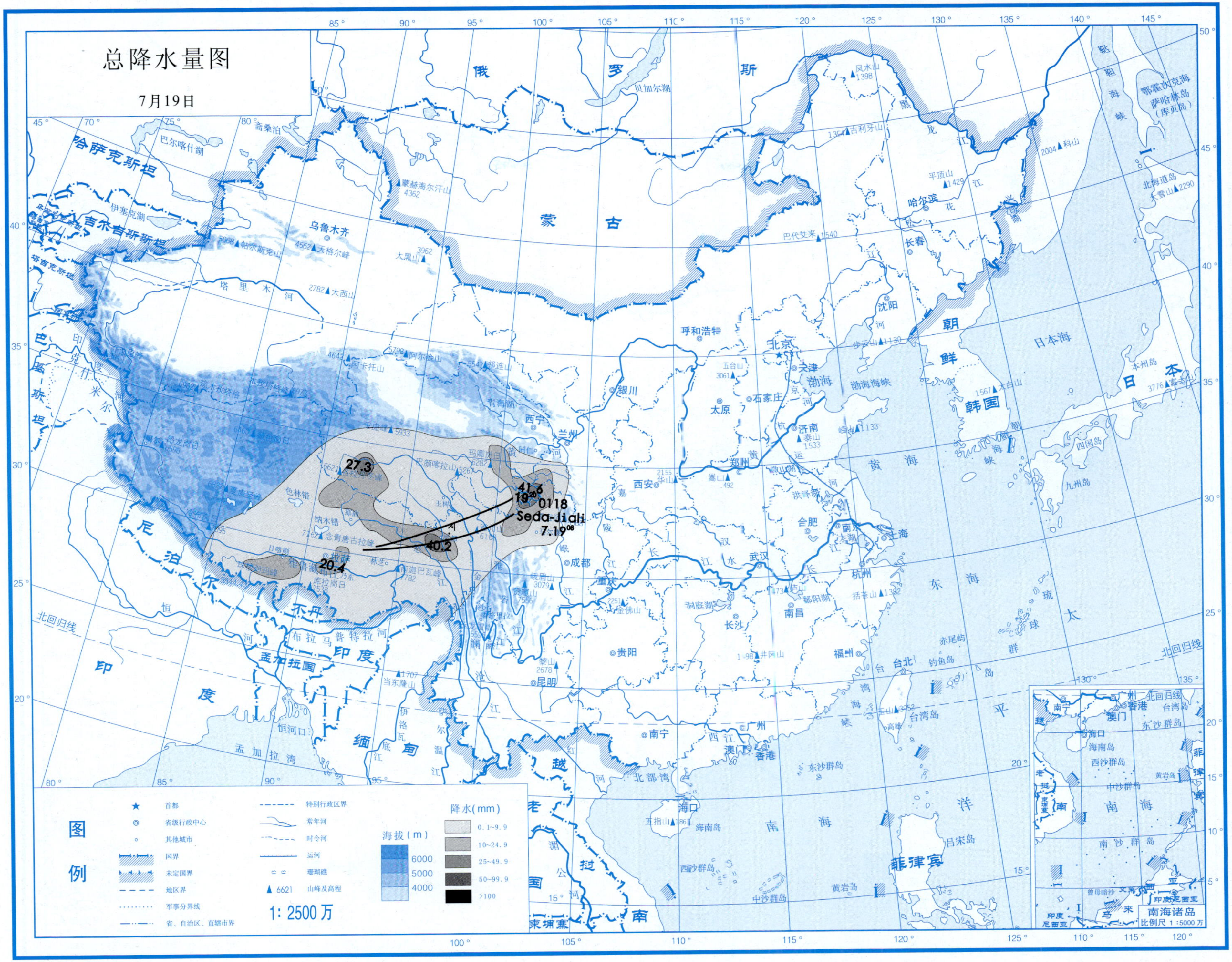
总降水量图
7月19日
27.3
41.6
19³⁰ 0118
Seda-Jiali
7.19⁰⁸
40.2
20.4
图例
首都
省级行政中心
其他城市
国界
未定国界
地区界
军事分界线
省、自治区、直辖市界
特别行政区界
常年河
时令河
运河
珊瑚礁
6621 山峰及高程
1:2500万
海拔(m)
6000
5000
4000
降水(mm)
0.1~9.9
10~24.9
25~49.9
50~99.9
>100
南海诸岛
比例尺 1:5000万

总降水日数图

7月19日

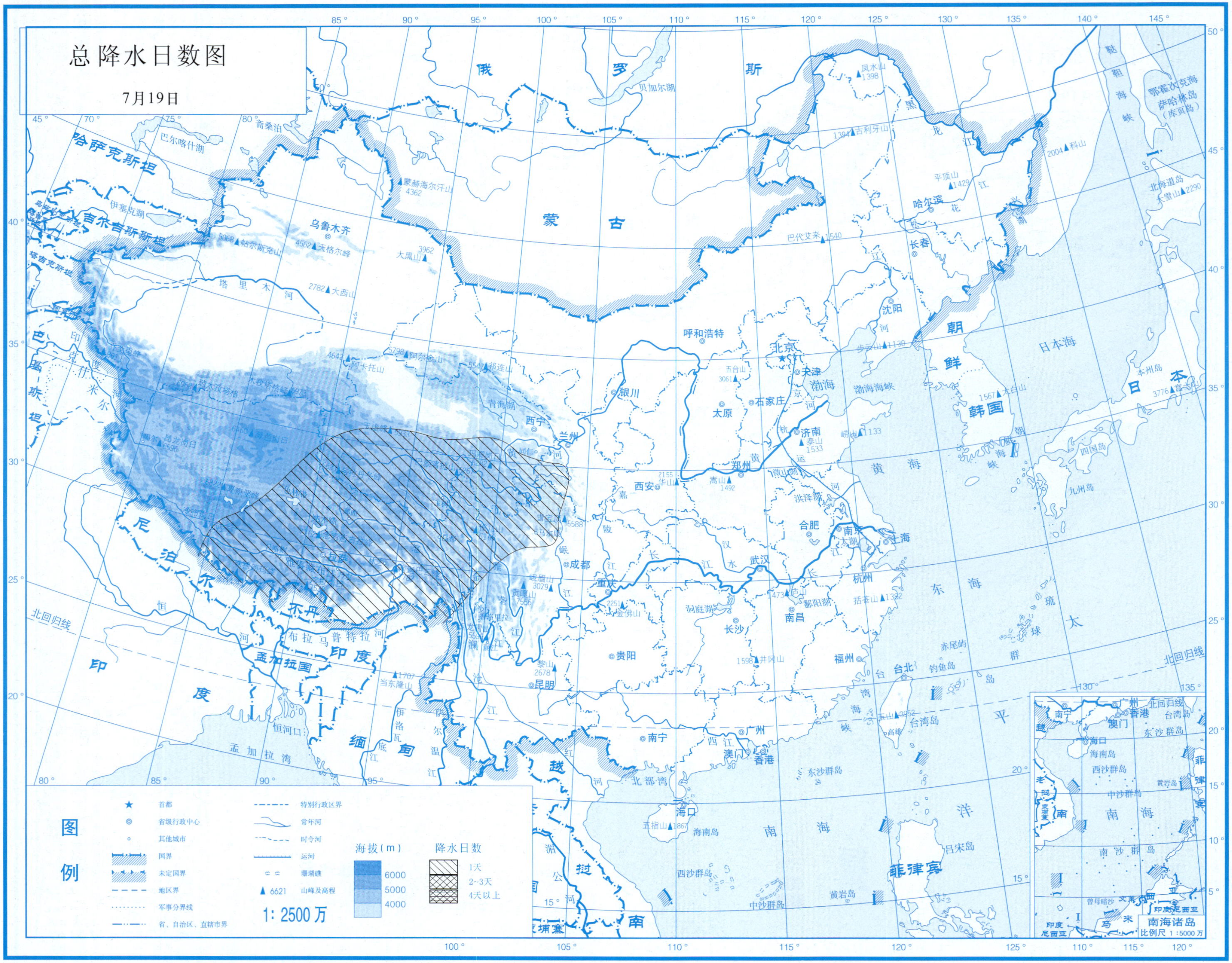

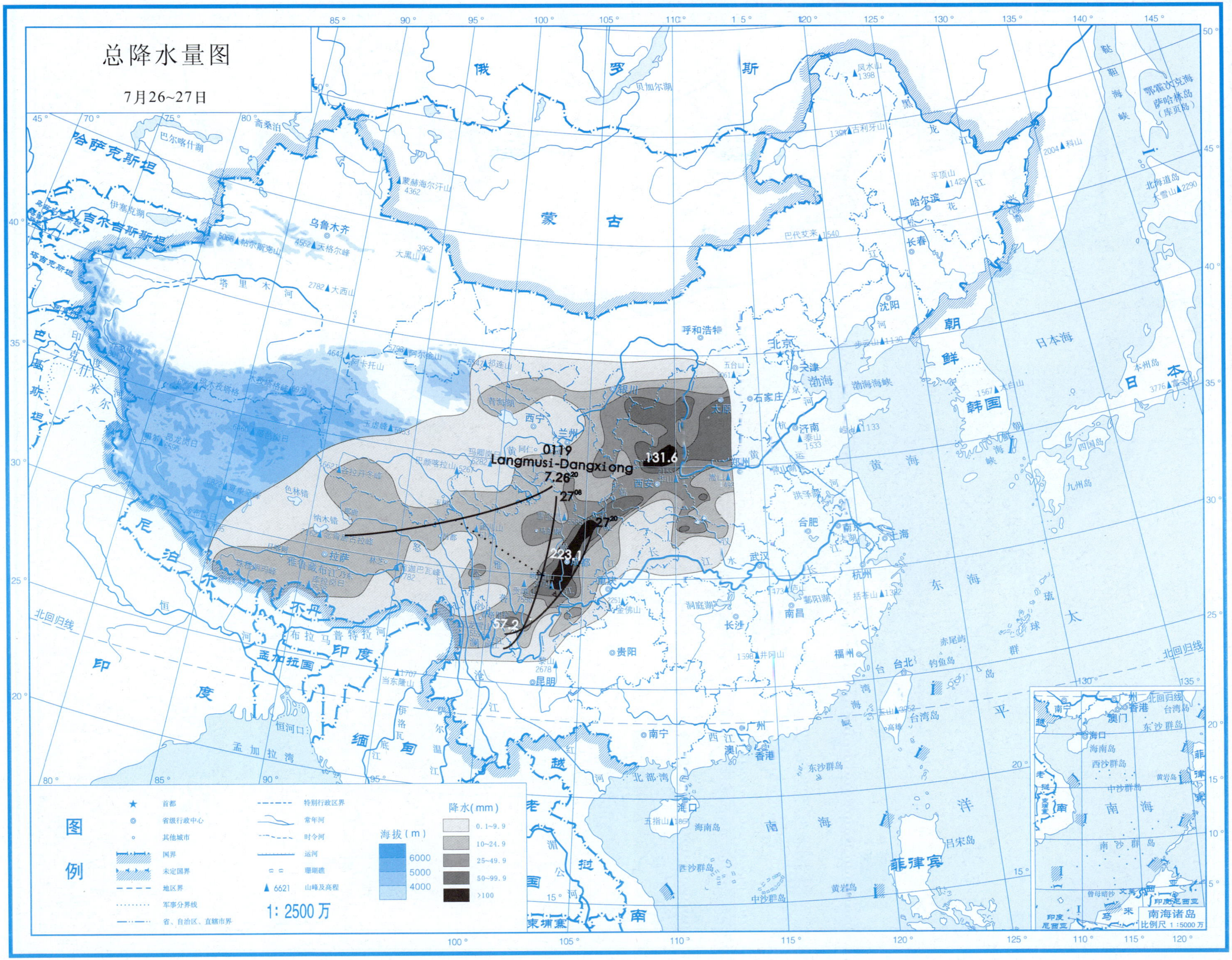
总降水量图
7月26~27日
0119
Langmusi-Dangxiong
7.26 20
27 08
27 20
131.6
223.1
57.2
图例
首都
省级行政中心
其他城市
国界
未定国界
地区界
军事分界线
省、自治区、直辖市界
特别行政区界
常年河
时令河
运河
珊瑚礁
6621 山峰及高程
海拔(m)
6000
5000
4000
降水(mm)
0.1~9.9
10~24.9
25~49.9
50~99.9
>100
1:2500万
南海诸岛
比例尺 1:5000万

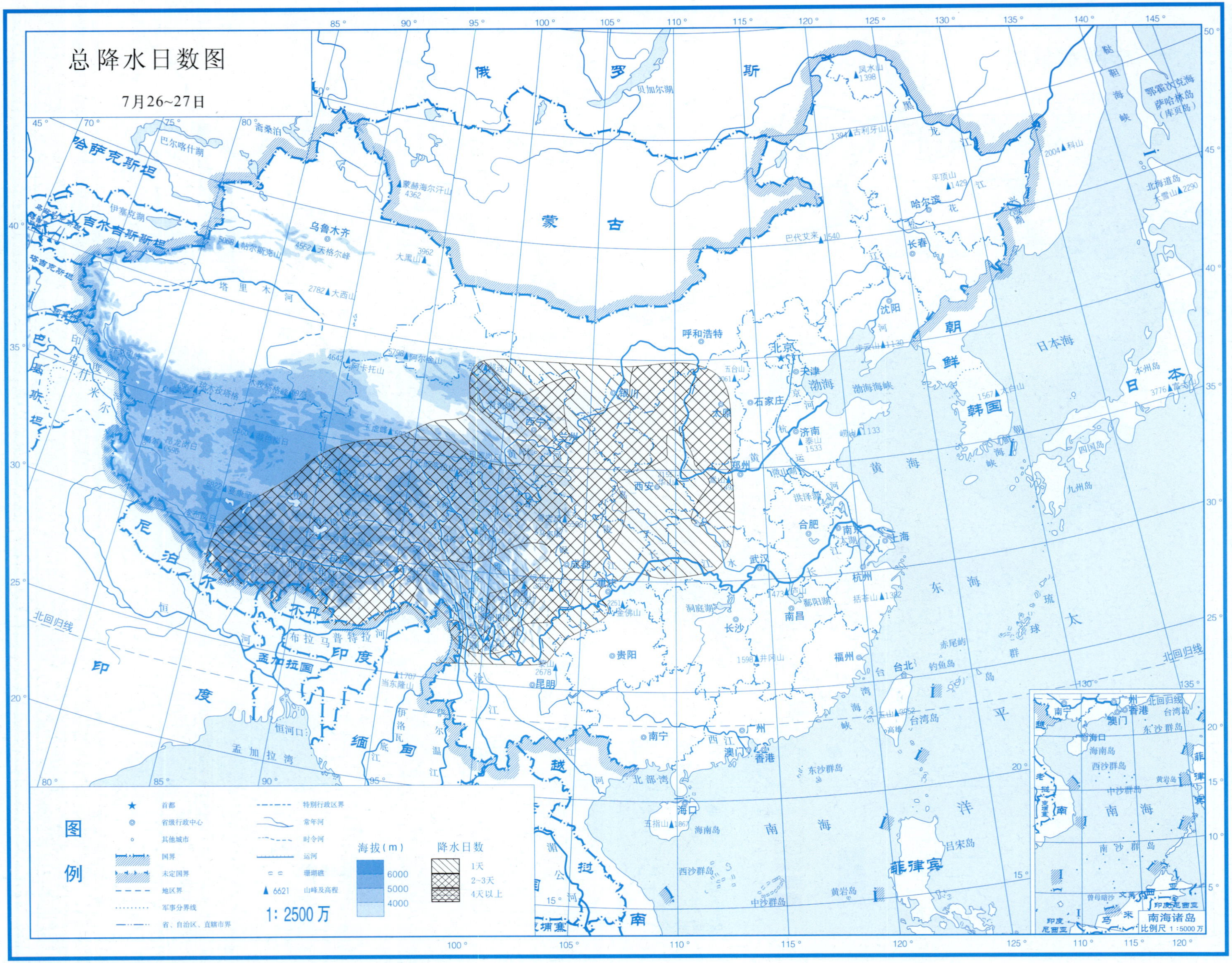
总降水日数图
7月26~27日
图例
首都
省级行政中心
其他城市
国界
未定国界
地区界
军事分界线
省、自治区、直辖市界
特别行政区界
常年河
时令河
运河
珊瑚礁
▲ 6621 山峰及高程
1: 2500万
海拔(m)
6000
5000
4000
降水日数
1天
2~3天
4天以上
南海诸岛
比例尺 1:5000万

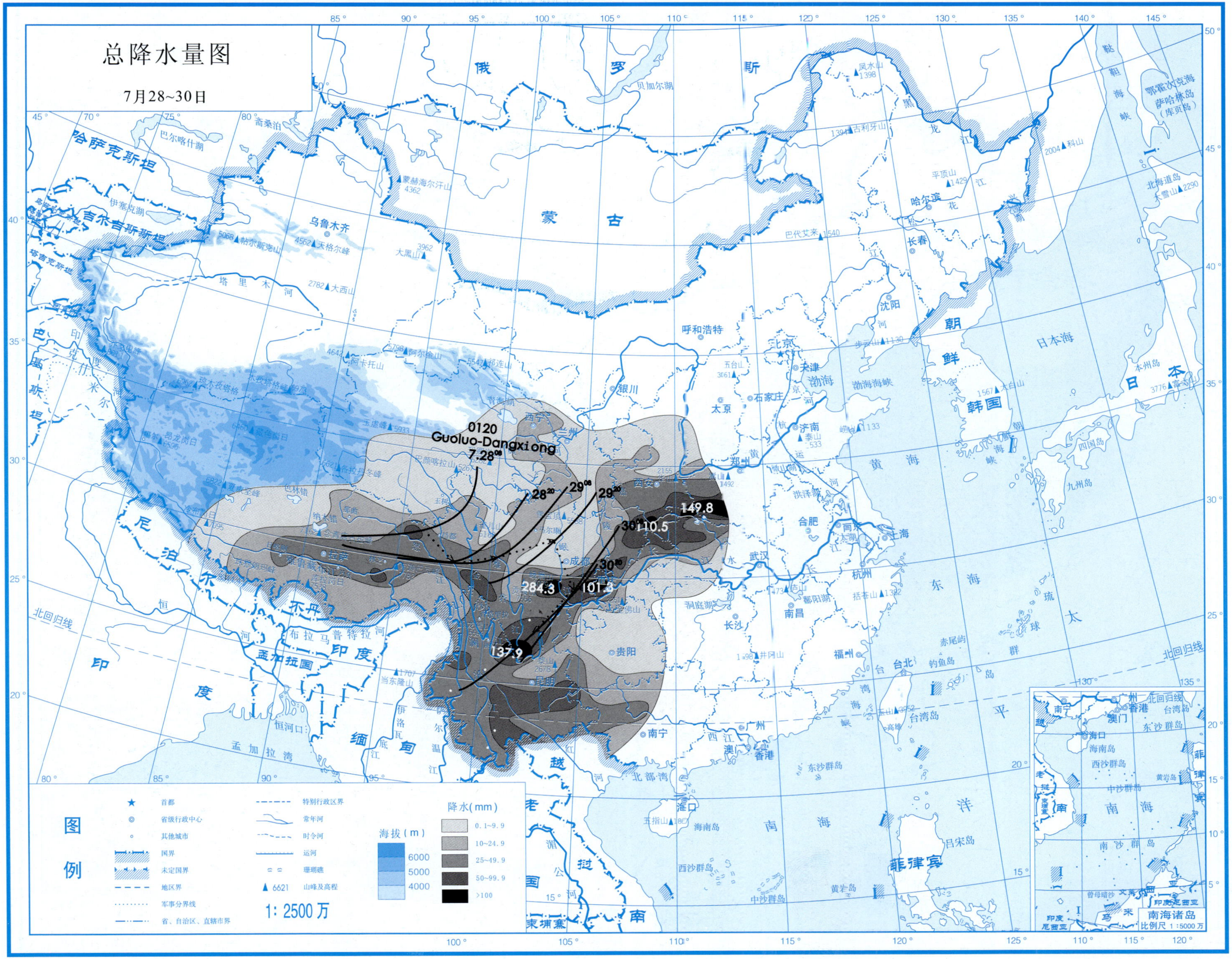
总降水量图
7月28~30日
0120
Guoluo-Dangxiong
7.28⁰⁸
28²⁰
29⁰⁸
29²⁰
30⁰⁸
30²⁰
149.8
110.5
284.3
101.3
137.9
图例
首都
省级行政中心
其他城市
国界
未定国界
地区界
军事分界线
省、自治区、直辖市界
特别行政区界
常年河
时令河
运河
珊瑚礁
6621 山峰及高程
海拔（m）
6000
5000
4000
降水(mm)
0.1~9.9
10~24.9
25~49.9
50~99.9
>100
1: 2500 万
南海诸岛
比例尺 1 : 5000 万

总降水日数图

7月28~30日

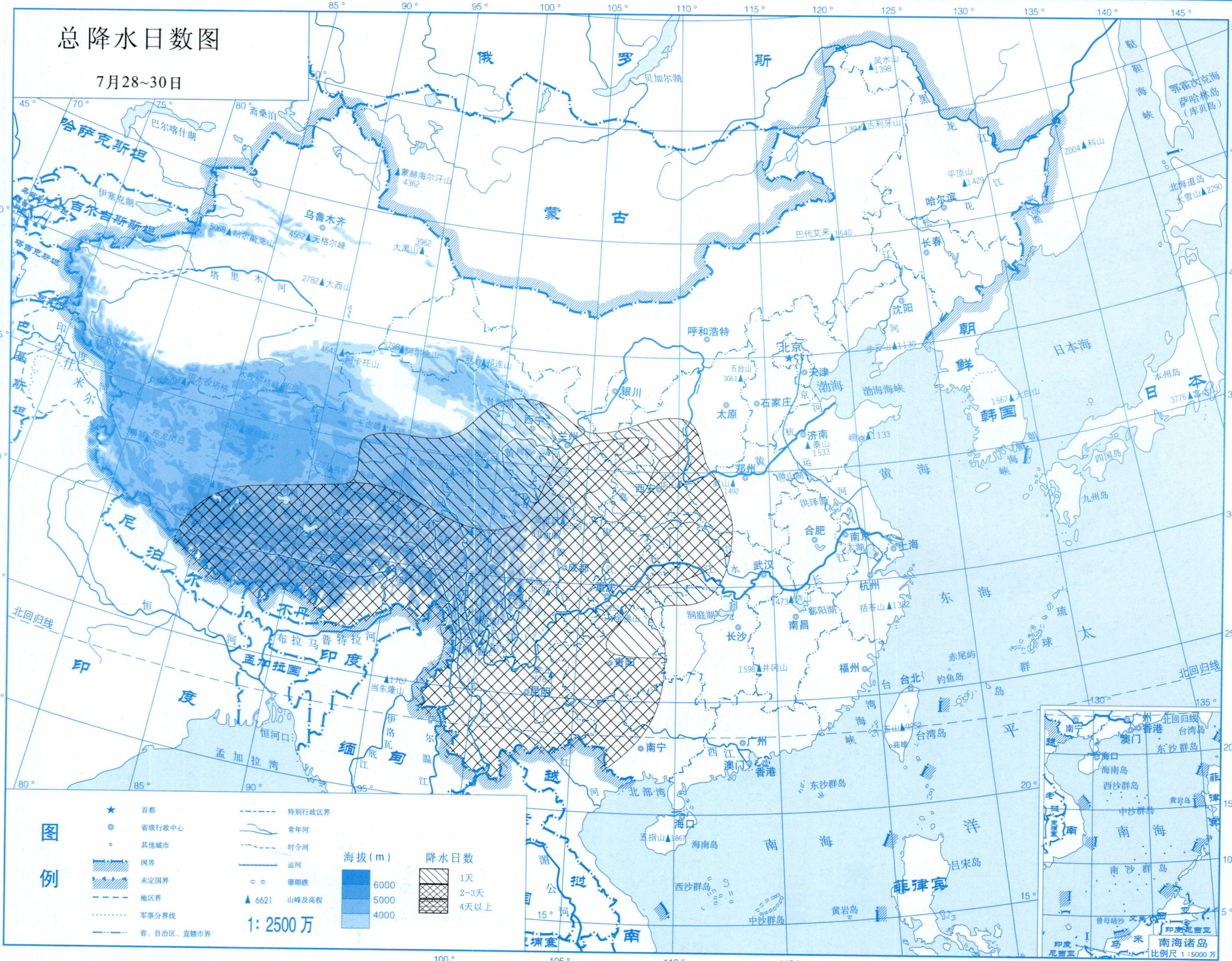

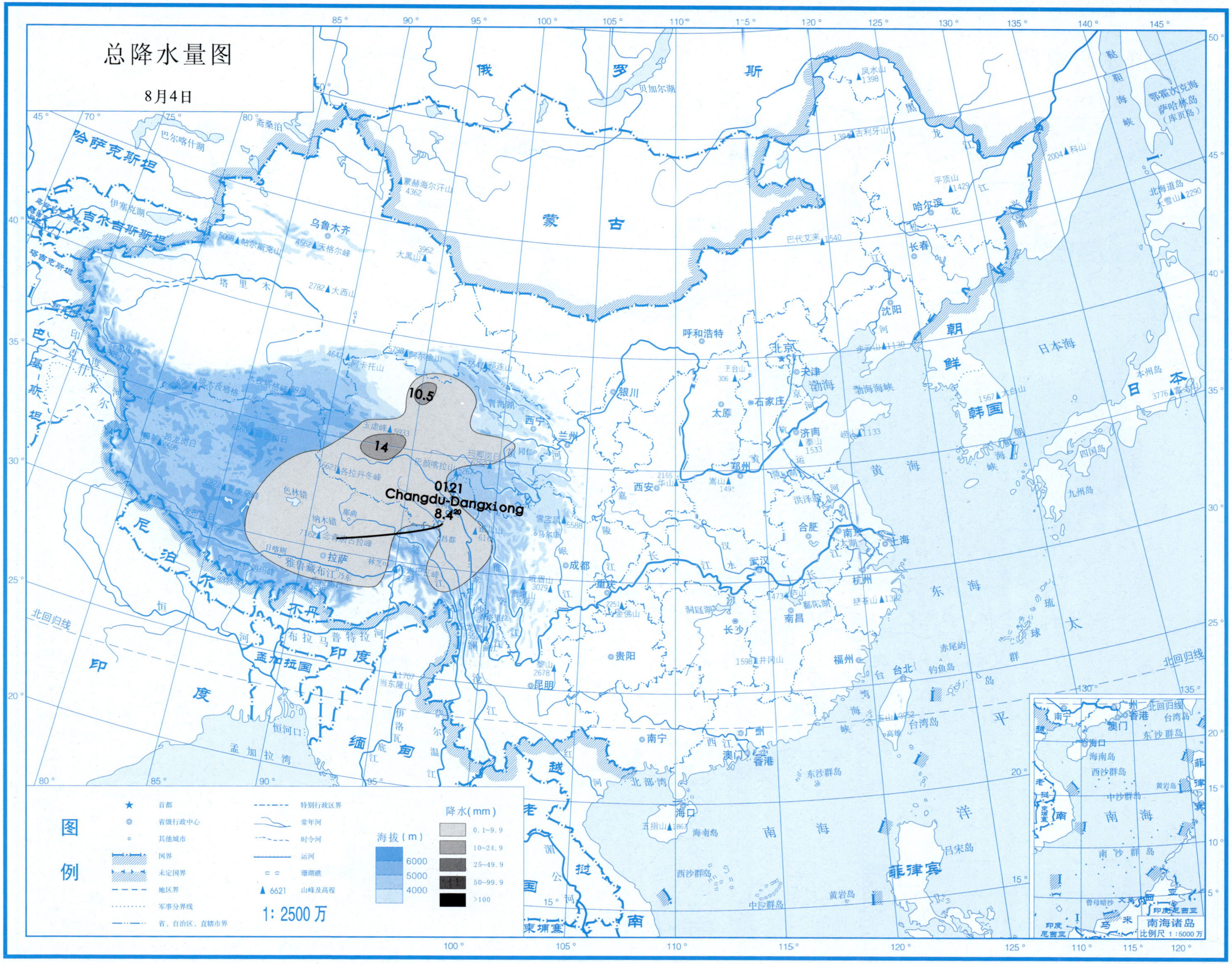
总降水量图
8月4日
10.5
14
0121
Changdu-Dangxiong
8.4
图例
首都
省级行政中心
其他城市
国界
未定国界
地区界
军事分界线
省、自治区、直辖市界
特别行政区界
常年河
时令河
运河
珊瑚礁
6621 山峰及高程
海拔（m）
6000
5000
4000
降水(mm)
0.1~9.9
10~24.9
25~49.9
50~99.9
>100
1: 2500万
南海诸岛
比例尺 1:5000万

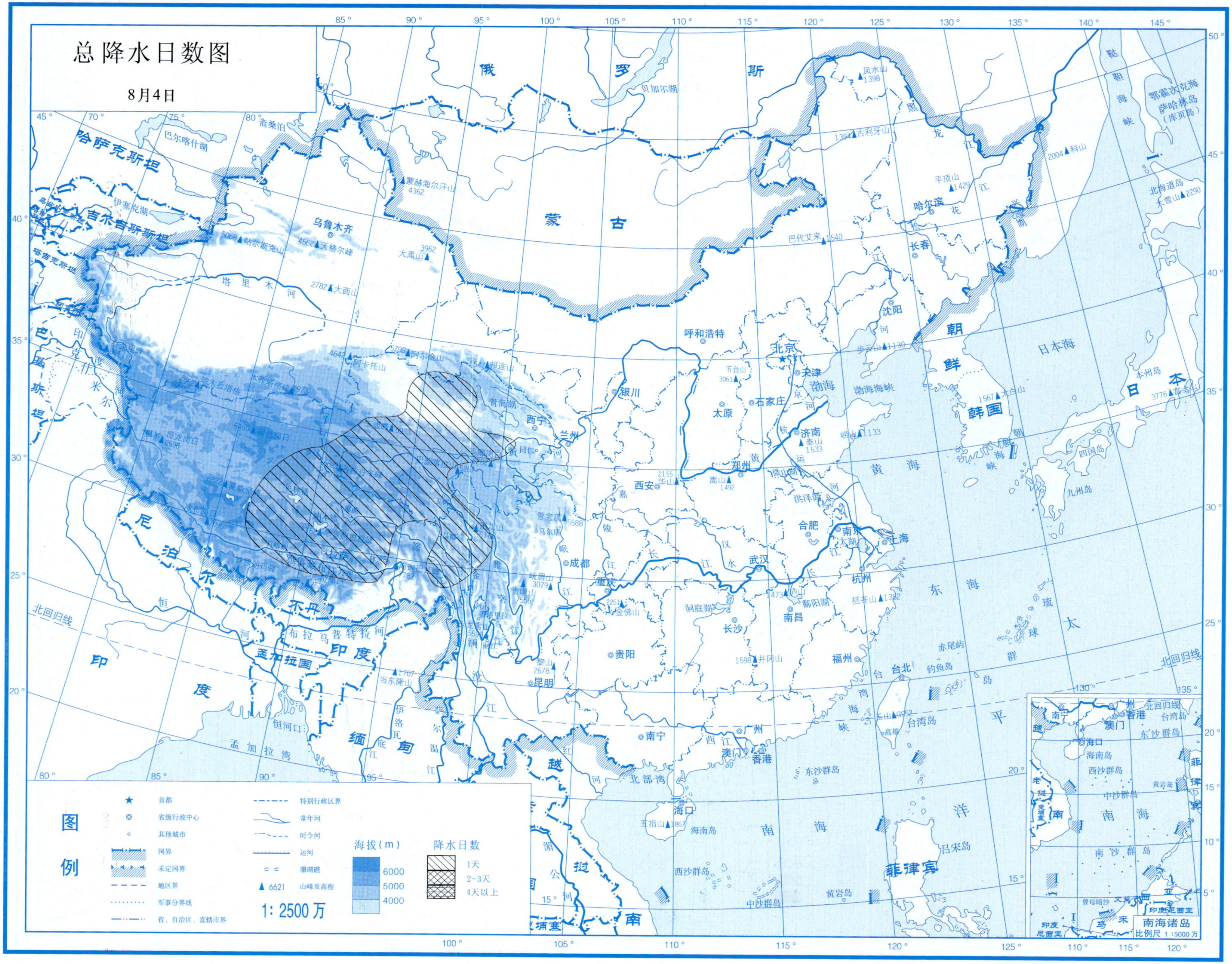

总降水日数图
8月4日
图例
首都
省级行政中心
其他城市
国界
未定国界
地区界
军事分界线
省、自治区、直辖市界
特别行政区界
常年河
时令河
运河
珊瑚礁
6621 山峰及高程
海拔（m）
6000
5000
4000
降水日数
1天
2~3天
4天以上
1: 2500万
南海诸岛
比例尺 1:5000万

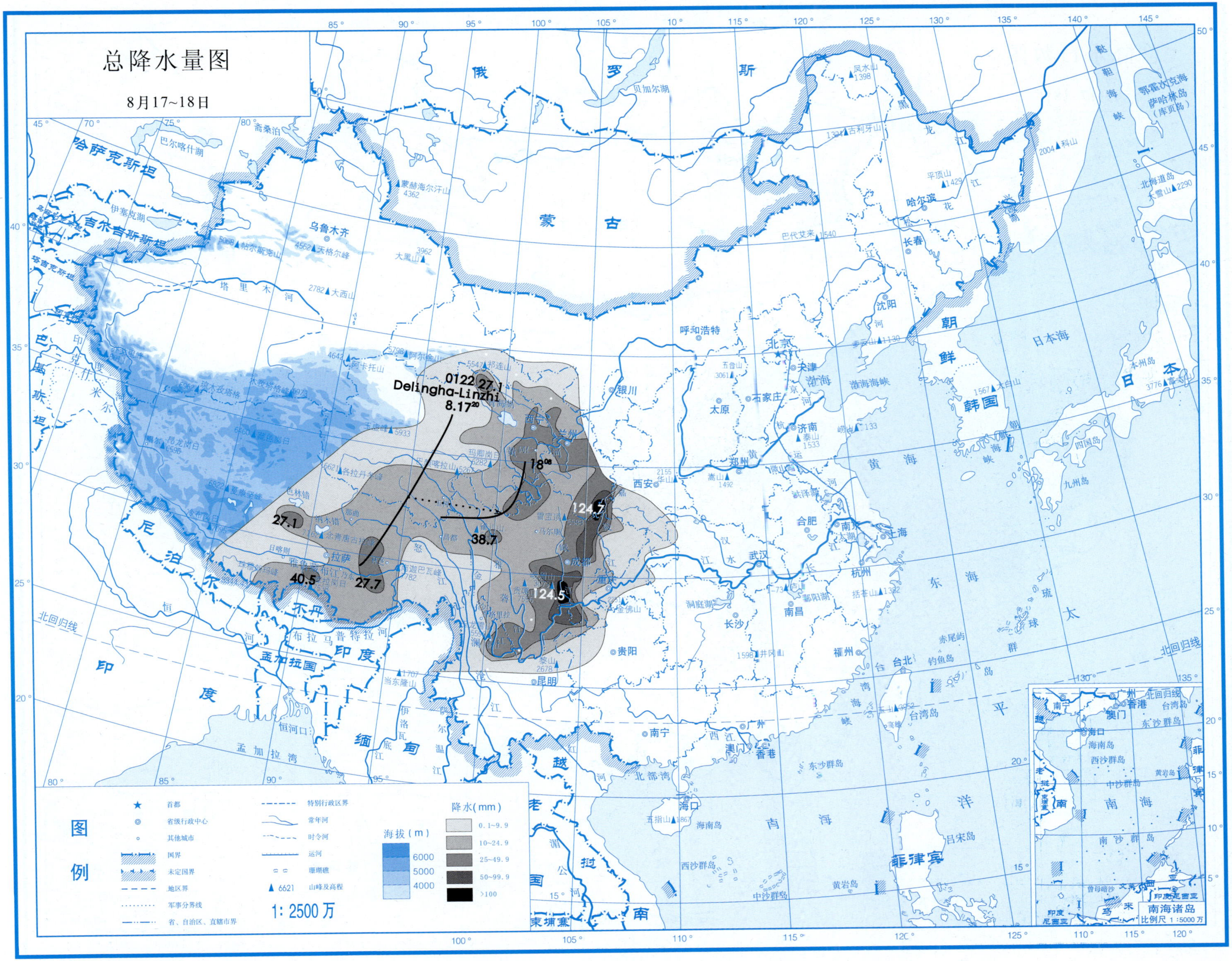
总降水量图
8月17~18日
0122 27.1
Delingha-Linzhi
8.17 20
18 06
124.7
124.5
38.7
27.1
40.5
27.7
图例
首都
省级行政中心
其他城市
国界
未定国界
地区界
军事分界线
省、自治区、直辖市界
特别行政区界
常年河
时令河
运河
珊瑚礁
6621 山峰及高程
1: 2500万
海拔（m）
6000
5000
4000
降水（mm）
0.1~9.9
10~24.9
25~49.9
50~99.9
>100
南海诸岛
比例尺 1：5000万

总降水日数图

8月17~18日

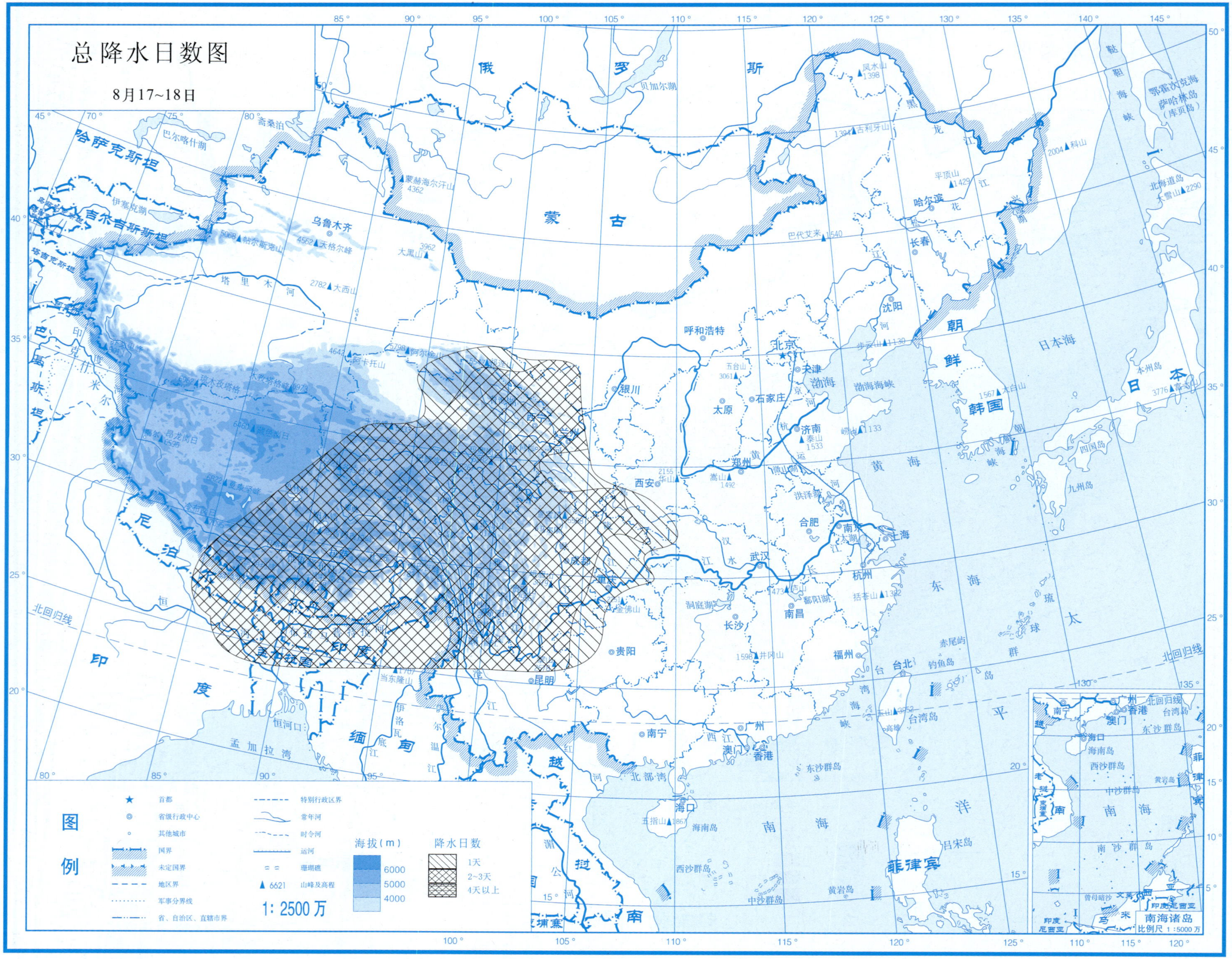

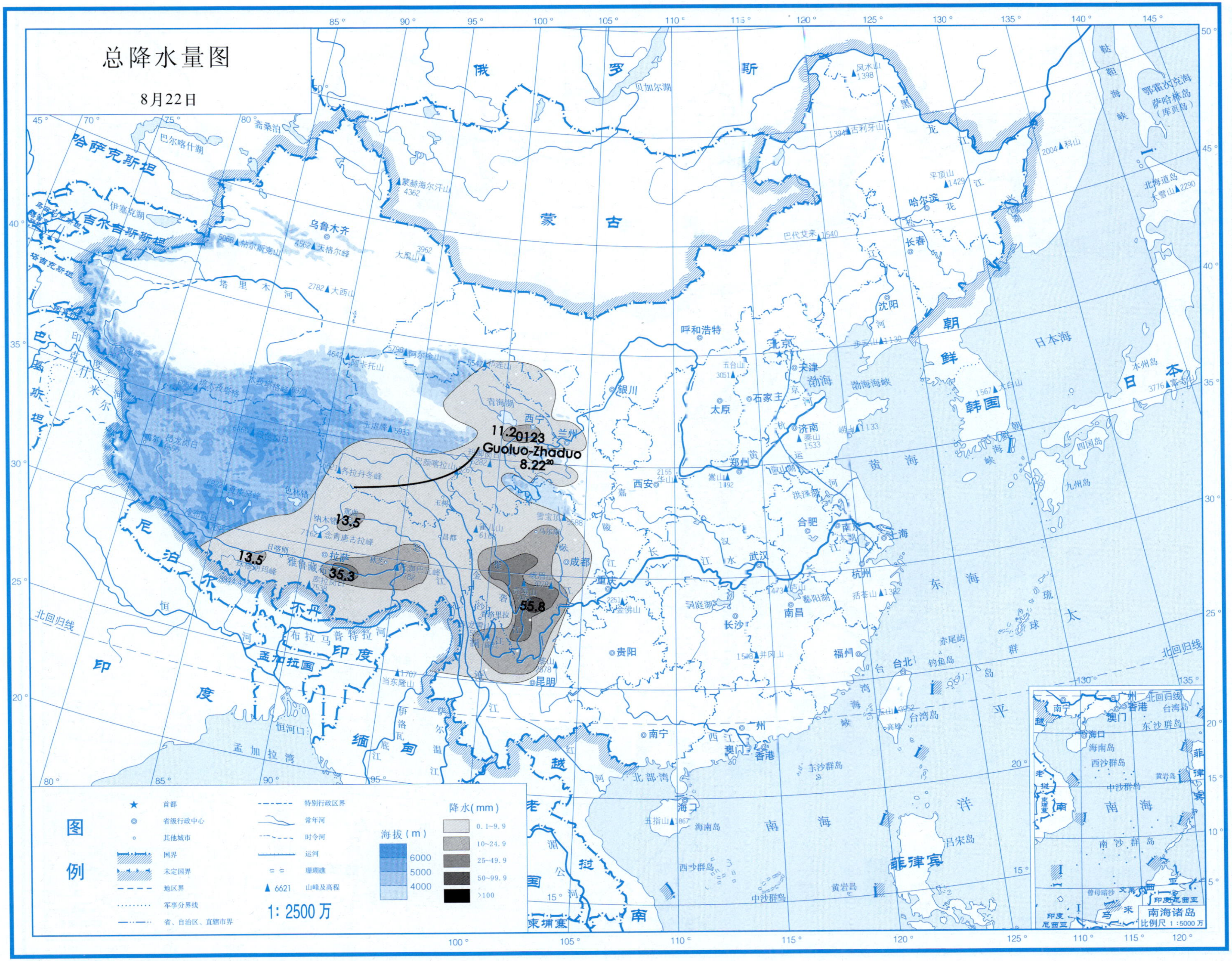
总降水量图
8月22日
11.2
0123
Guoluo-Zhaduo
8.22 20
13.5
13.5
35.3
55.8
图例
首都
省级行政中心
其他城市
国界
未定国界
地区界
军事分界线
省、自治区、直辖市界
特别行政区界
常年河
时令河
运河
珊瑚礁
6621 山峰及高程
1: 2500万
海拔（m）
6000
5000
4000
降水(mm)
0.1~9.9
10~24.9
25~49.9
50~99.9
>100
南海诸岛
比例尺 1:5000万

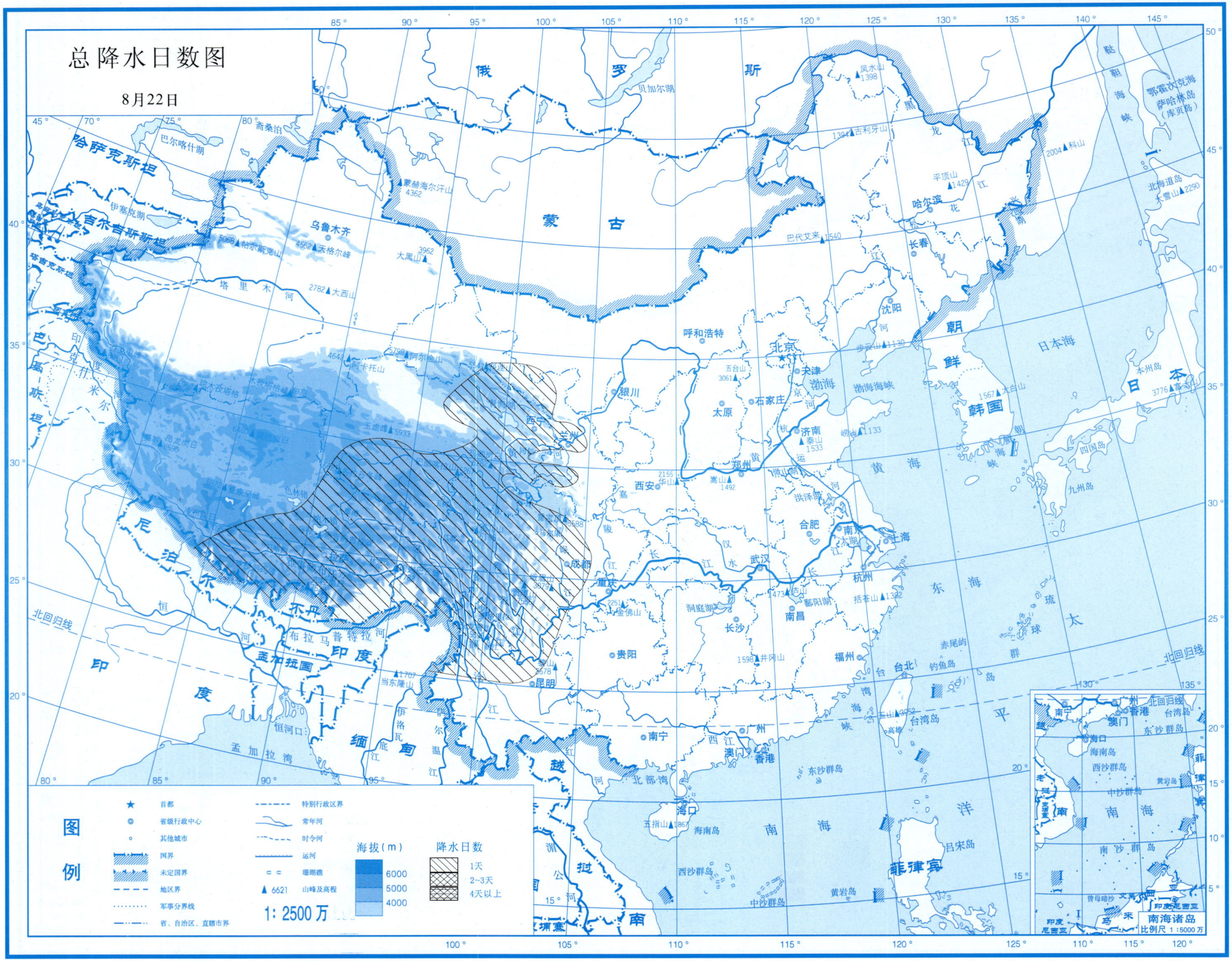
总降水日数图
8月22日
图例
首都
省级行政中心
其他城市
国界
未定国界
地区界
军事分界线
省、自治区、直辖市界
特别行政区界
常年河
时令河
运河
珊瑚礁
6621 山峰及高程
海拔(m)
6000
5000
4000
降水日数
1天
2~3天
4天以上
1: 2500万
南海诸岛
比例尺 1:5000万
俄罗斯
蒙古
哈萨克斯坦
吉尔吉斯斯坦
塔吉克斯坦
印度
尼泊尔
不丹
孟加拉国
缅甸
越南
朝鲜
韩国
日本
菲律宾
北京
天津
石家庄
太原
呼和浩特
沈阳
长春
哈尔滨
济南
郑州
西安
银川
兰州
西宁
乌鲁木齐
成都
重庆
贵阳
昆明
南宁
广州
香港
澳门
海口
长沙
武汉
南昌
合肥
南京
上海
杭州
福州
台北
渤海
黄海
东海
南海
日本海
太平洋
北回归线

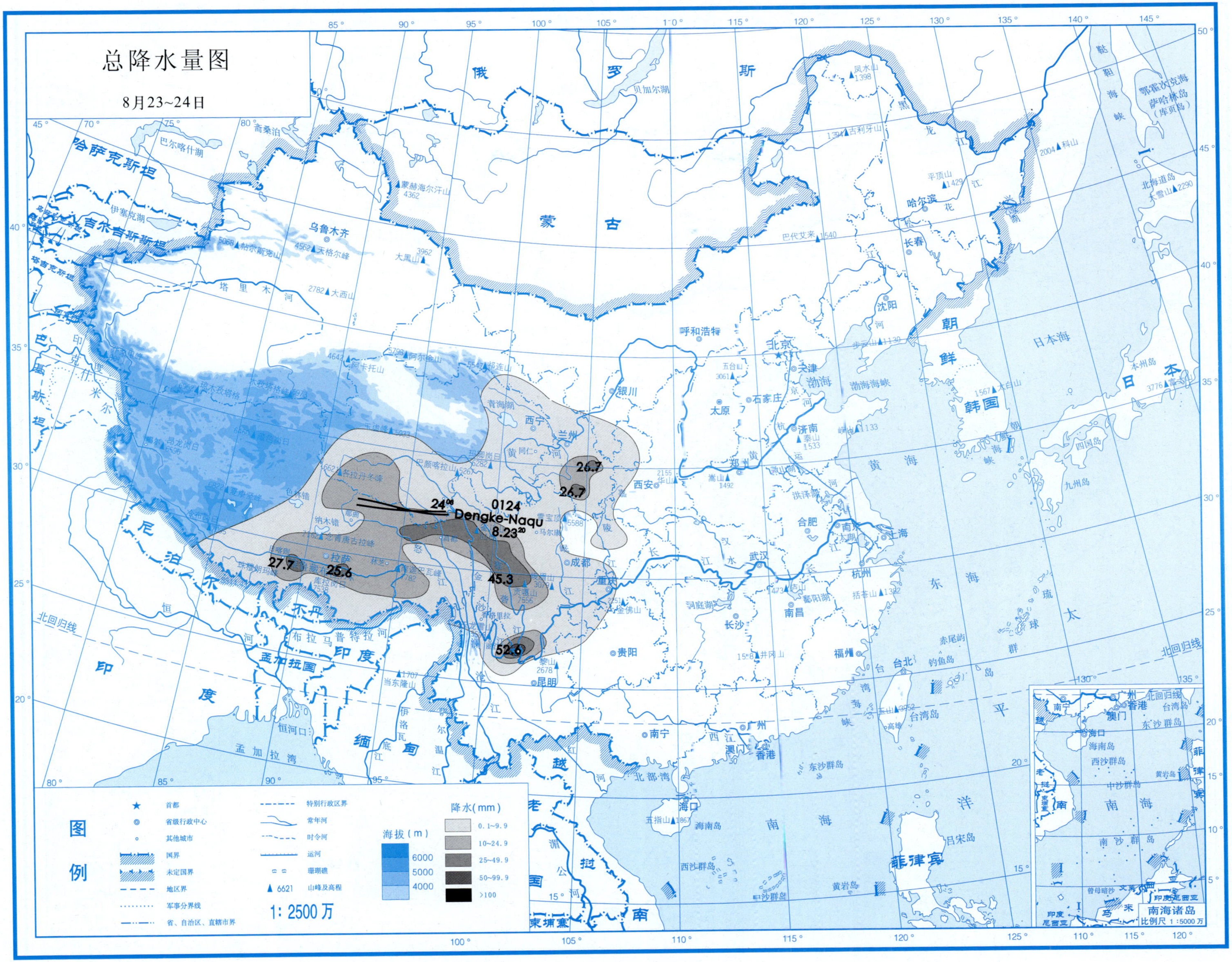

总降水量图

8月23~24日

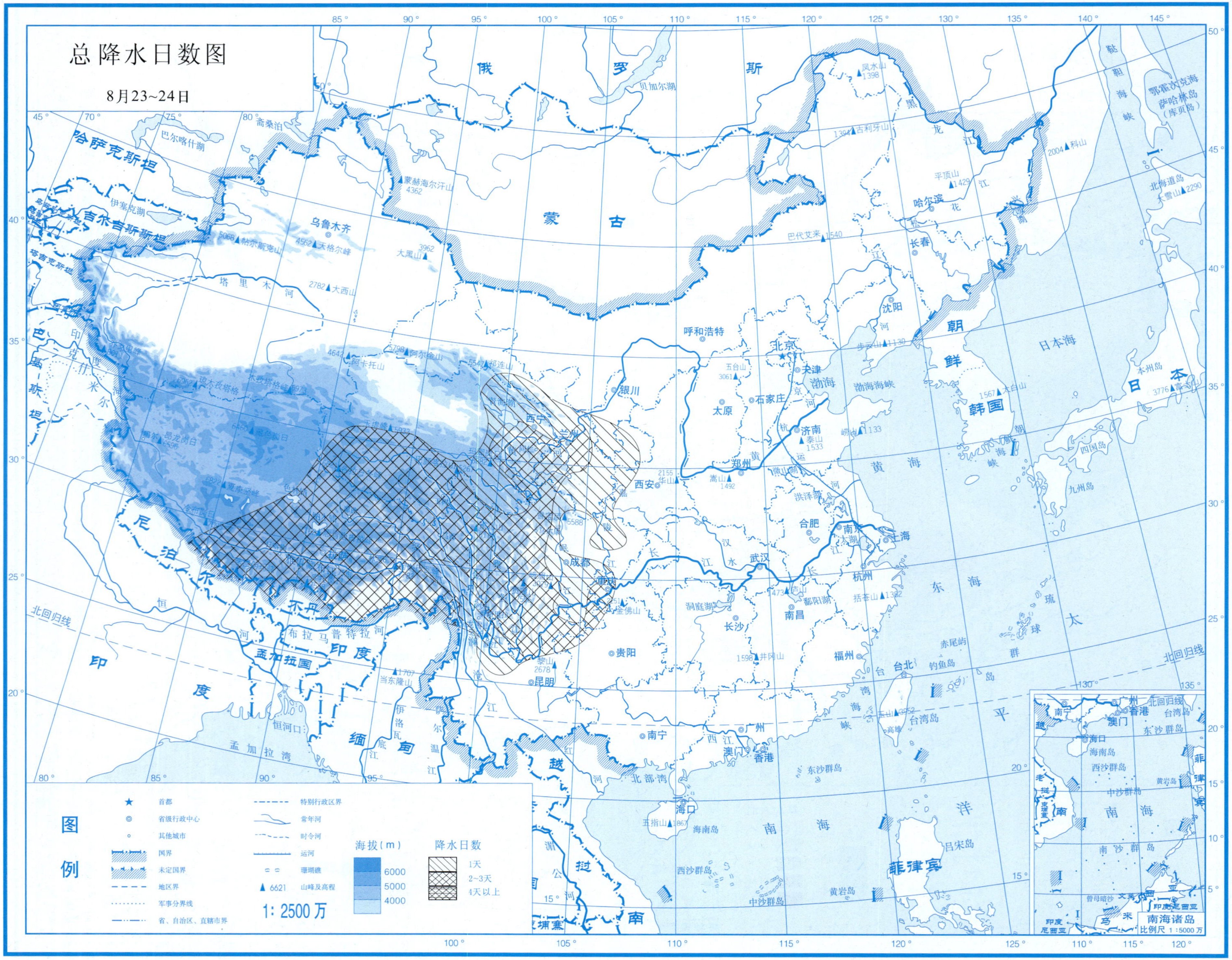
总降水日数图
8月23~24日
图例
首都
省级行政中心
其他城市
国界
未定国界
地区界
军事分界线
省、自治区、直辖市界
特别行政区界
常年河
时令河
运河
珊瑚礁
6621 山峰及高程
1: 2500万
海拔（m）
6000
5000
4000
降水日数
1天
2~3天
4天以上
南海诸岛
比例尺 1:5000万

总降水量图

8月25日

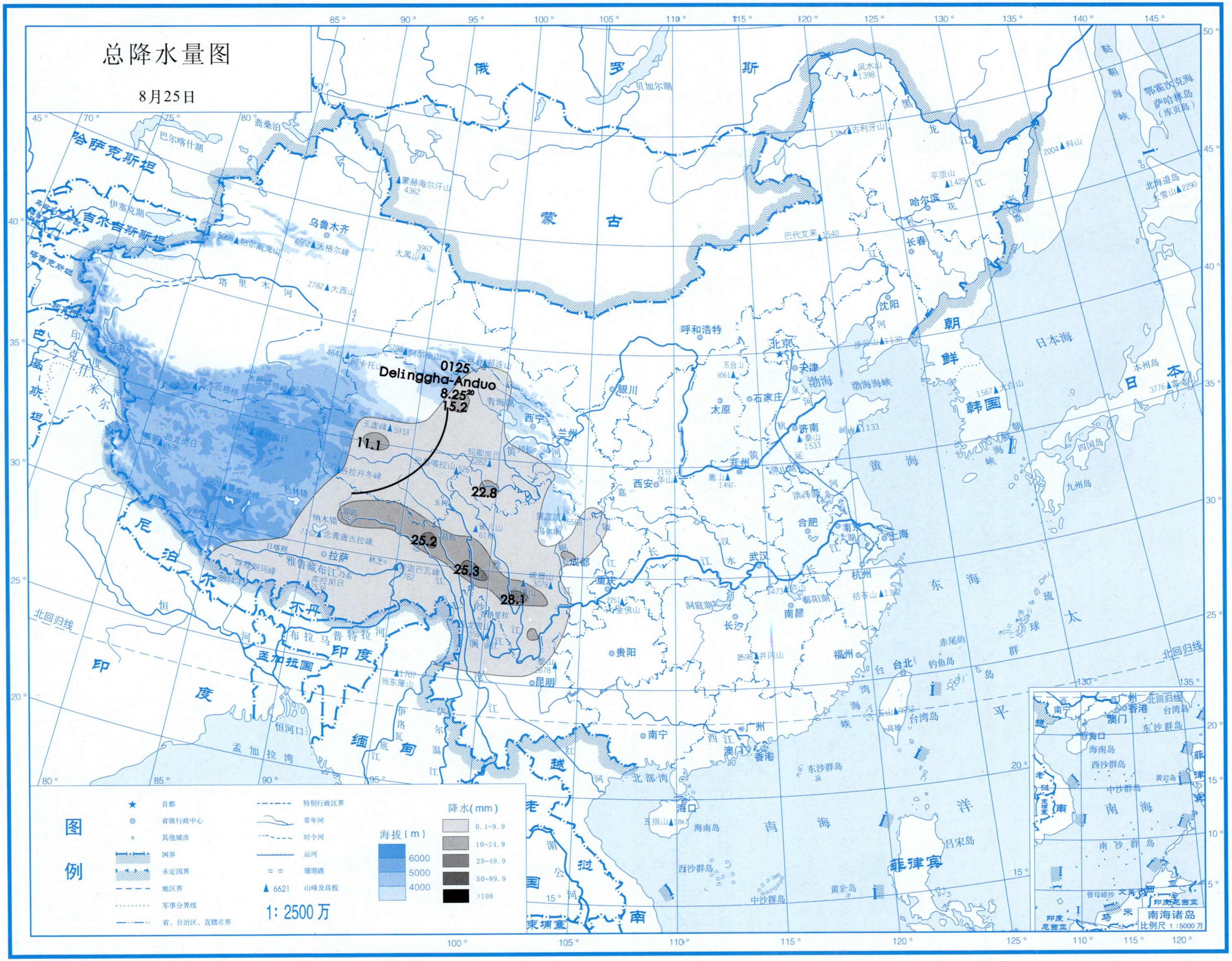
0125
Delinggha-Anduo
8.25[20]
15.2
11.1
22.8
25.2
25.3
28.1
图例
首都
省级行政中心
其他城市
国界
未定国界
地区界
军事分界线
省、自治区、直辖市界
特别行政区界
常年河
时令河
运河
珊瑚礁
6621 山峰及高程
海拔(m)
6000
5000
4000
降水(mm)
0.1~9.9
10~24.9
25~49.9
50~99.9
>100
1: 2500万
南海诸岛
比例尺 1:5000万

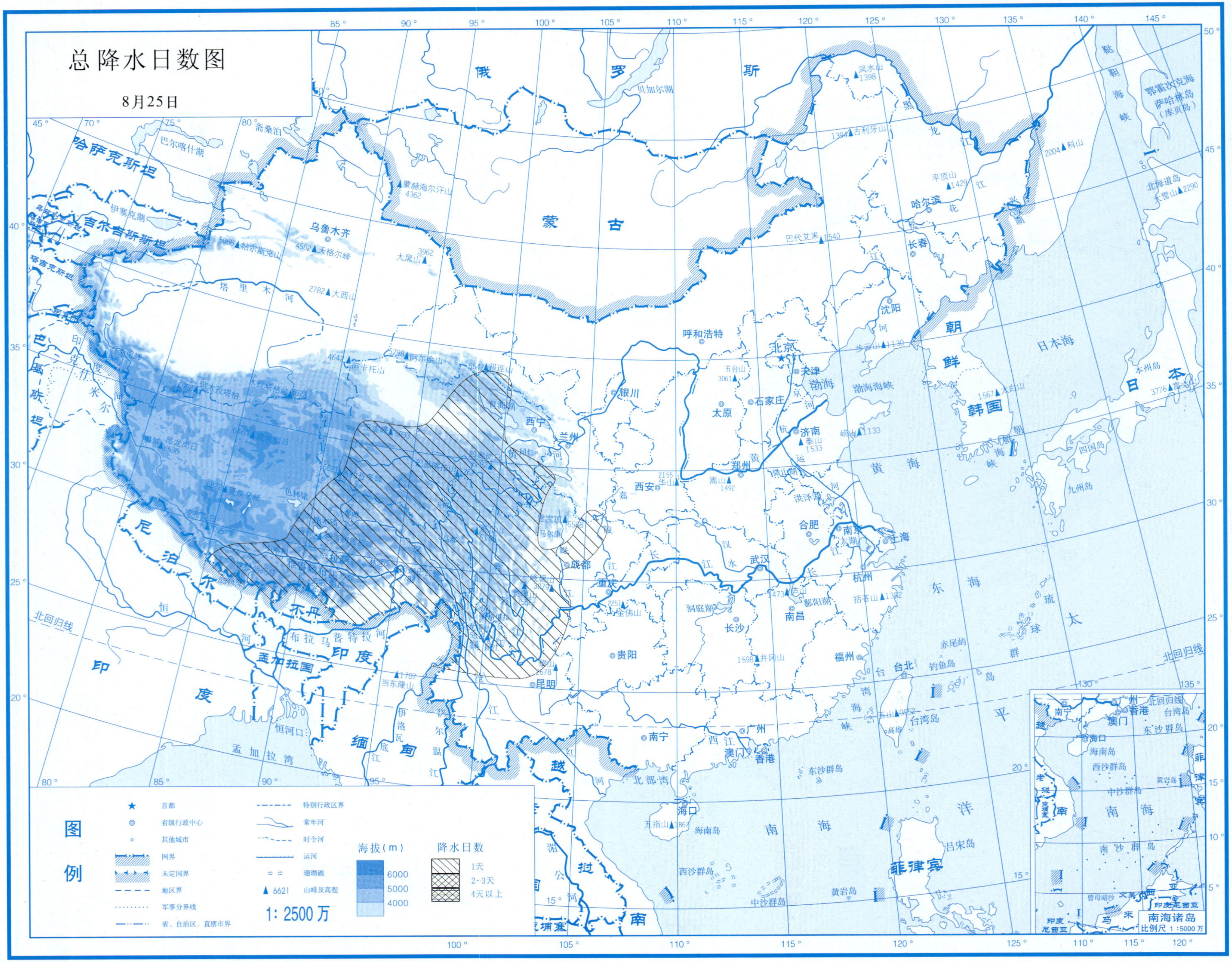

总降水日数图
8月25日
图例
首都
省级行政中心
其他城市
国界
未定国界
地区界
军事分界线
省、自治区、直辖市界
特别行政区界
常年河
时令河
运河
珊瑚礁
6621 山峰及高程
1:2500万
海拔（m）
6000
5000
4000
降水日数
1天
2~3天
4天以上
南海诸岛
比例尺 1:5000万

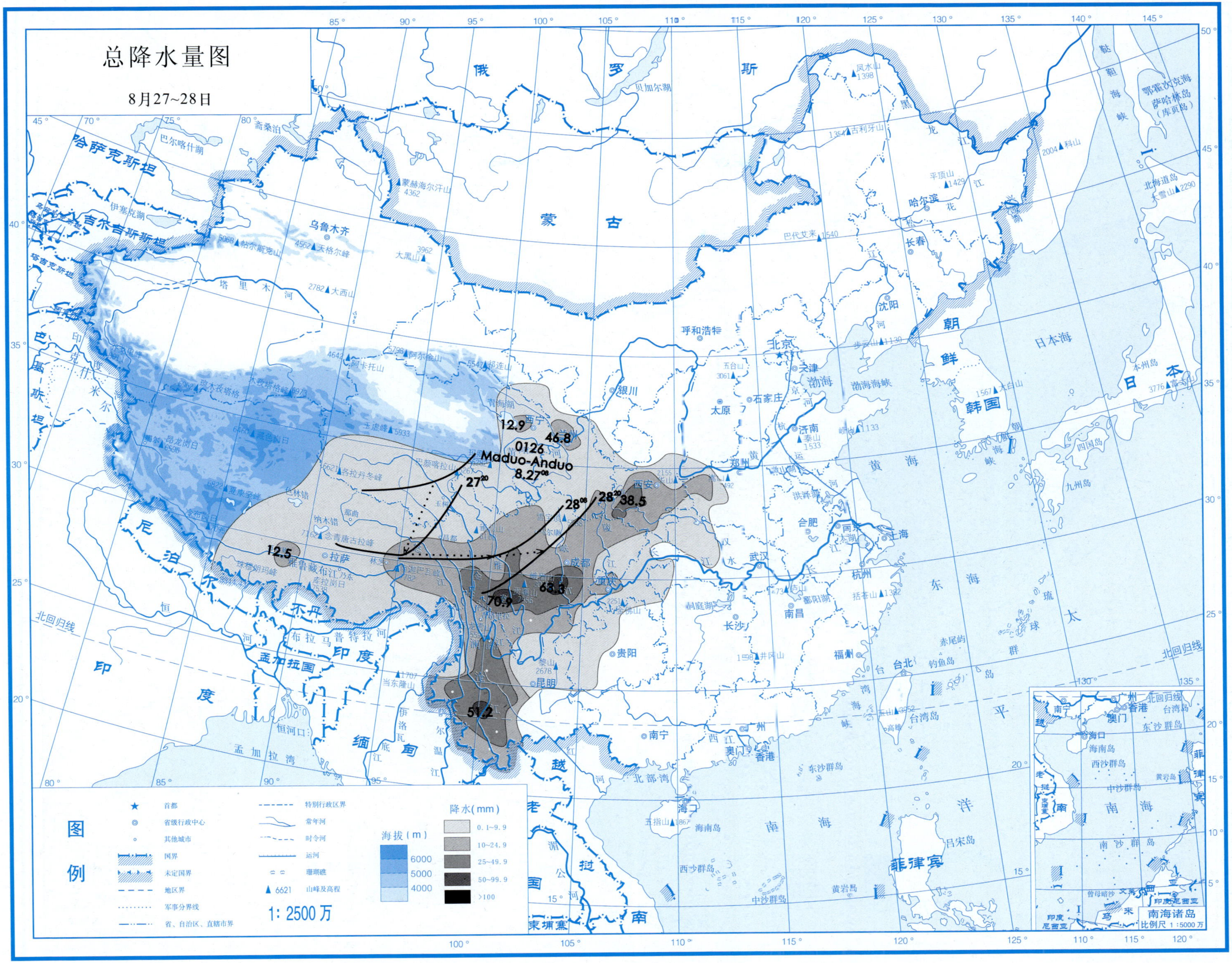
总降水量图
8月27~28日
Maduo-Anduo
0126
12.9
46.8
12.5
38.5
63.3
70.9
51.2
俄
罗
斯
蒙
古
哈萨克斯坦
吉尔吉斯斯坦
塔吉克斯坦
巴基斯坦
尼泊尔
不丹
孟加拉国
印度
缅甸
老挝
越南
泰国
柬埔寨
朝鲜
韩国
日本
菲律宾
日本海
渤海
黄海
东海
南海
太平洋
北回归线
乌鲁木齐
拉萨
西宁
兰州
银川
呼和浩特
北京
天津
石家庄
太原
济南
郑州
西安
成都
重庆
武汉
合肥
南京
上海
杭州
南昌
长沙
贵阳
昆明
南宁
广州
福州
台北
香港
澳门
海口
沈阳
长春
哈尔滨
图例
首都
省级行政中心
其他城市
国界
未定国界
地区界
军事分界线
省、自治区、直辖市界
特别行政区界
常年河
时令河
运河
珊瑚礁
山峰及高程
海拔(m)
6000
5000
4000
降水(mm)
0.1~9.9
10~24.9
25~49.9
50~99.9
>100
1: 2500万
南海诸岛
比例尺 1:5000万

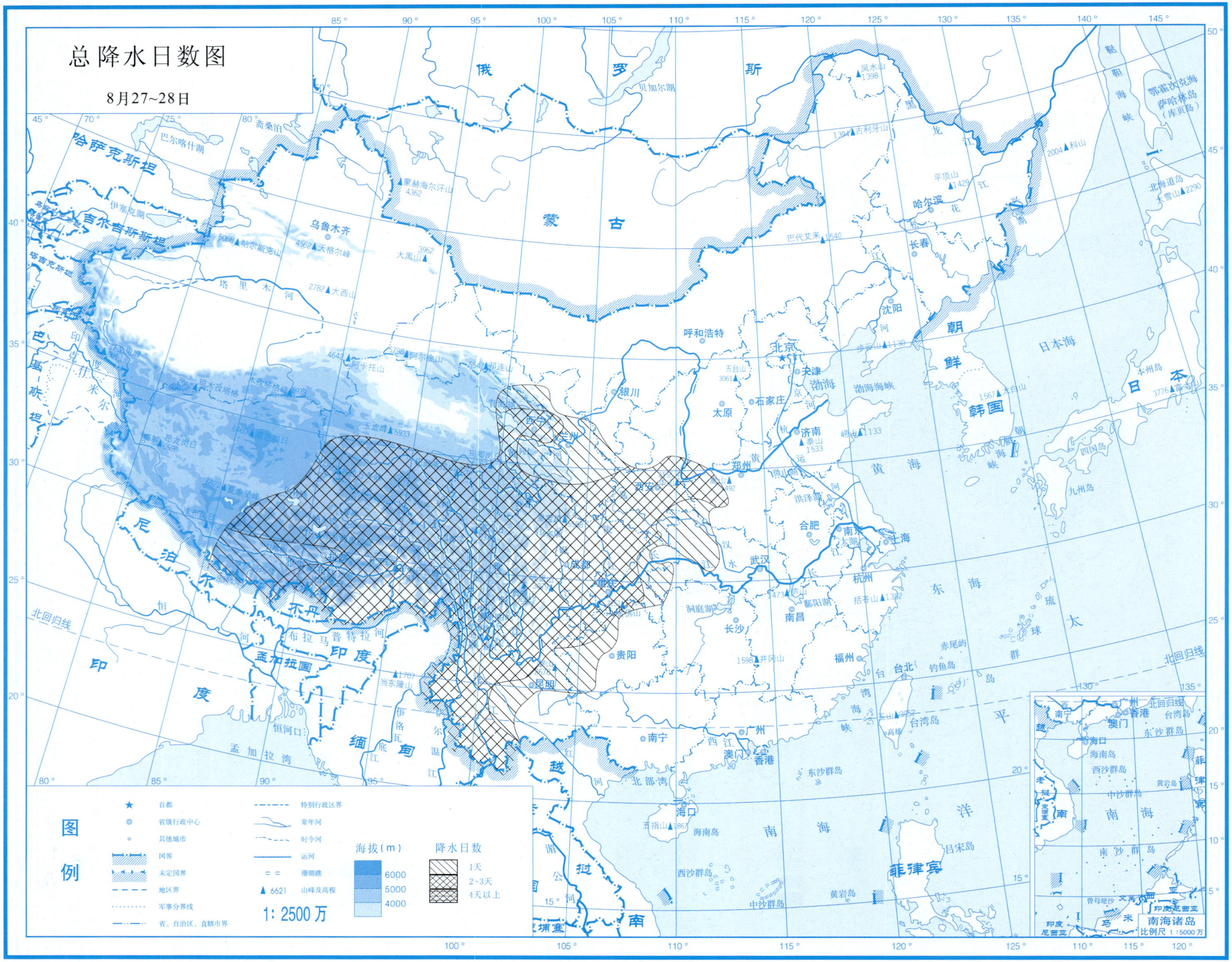
总降水日数图
8月27~28日
俄 罗 斯
蒙 古
哈萨克斯坦
吉尔吉斯斯坦
塔吉克斯坦
巴基斯坦
尼泊尔
不丹
孟加拉国
印度
缅甸
越南
老挝
泰国
柬埔寨
朝鲜
韩国
日本
菲律宾
乌鲁木齐
呼和浩特
北京
天津
石家庄
太原
银川
西宁
兰州
西安
郑州
济南
合肥
南京
上海
武汉
杭州
南昌
长沙
福州
台北
贵阳
成都
重庆
昆明
南宁
广州
澳门
香港
海口
哈尔滨
长春
沈阳
渤海
黄海
东海
日本海
南海
太平洋
图例
首都
省级行政中心
其他城市
国界
未定国界
地区界
军事分界线
省、自治区、直辖市界
特别行政区界
常年河
时令河
运河
珊瑚礁
山峰及高程
海拔(m)
6000
5000
4000
降水日数
1天
2~3天
4天以上
1: 2500万
南海诸岛
比例尺 1:5000万

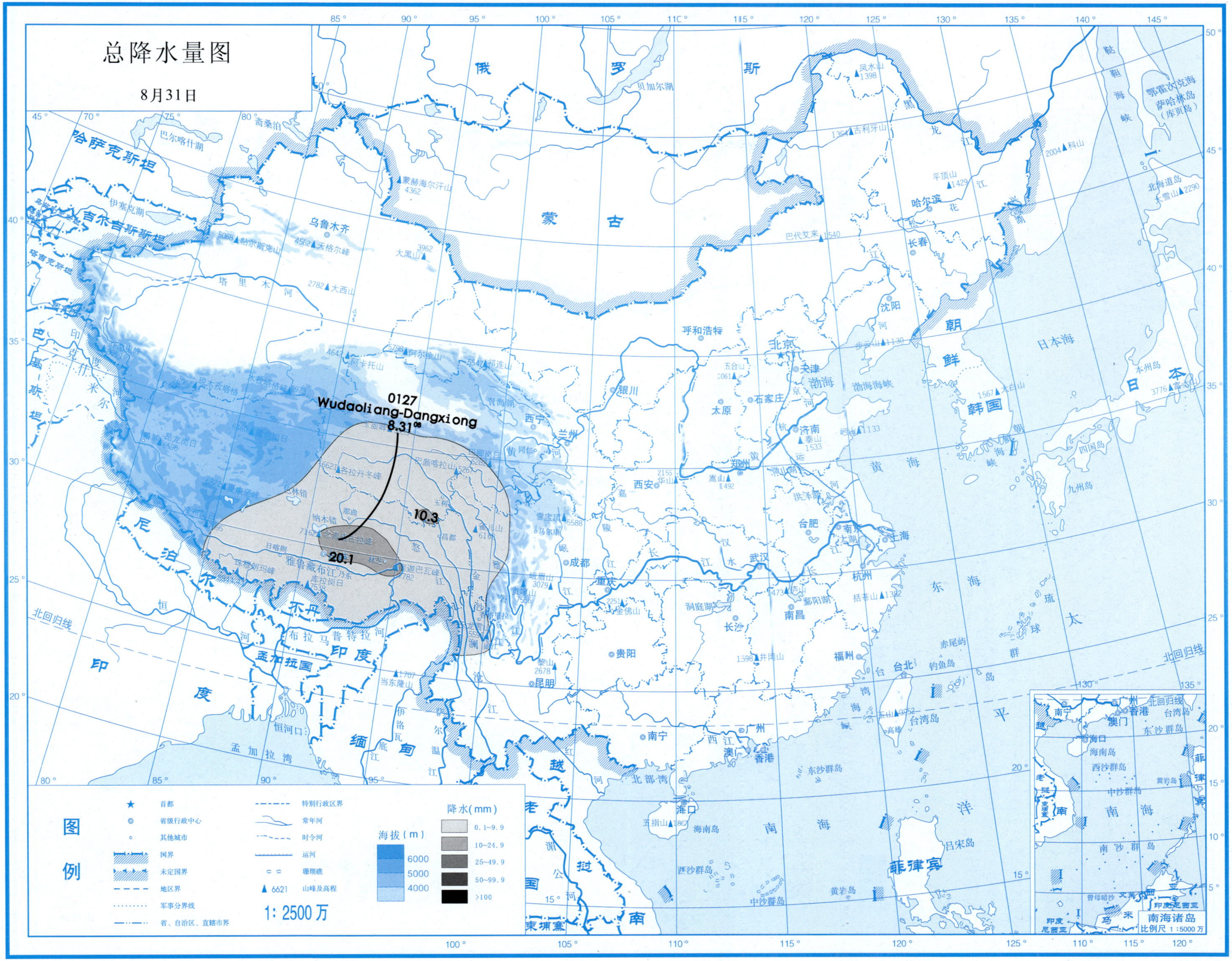
总降水量图
8月31日
0127
Wudaoliang-Dangxiong
8.31[08]
10.3
20.1
图例
首都
省级行政中心
其他城市
国界
未定国界
地区界
军事分界线
省、自治区、直辖市界
特别行政区界
常年河
时令河
运河
珊瑚礁
6621 山峰及高程
海拔（m）
6000
5000
4000
1：2500万
降水（mm）
0.1~9.9
10~24.9
25~49.9
50~99.9
>100
南海诸岛
比例尺 1：5000万

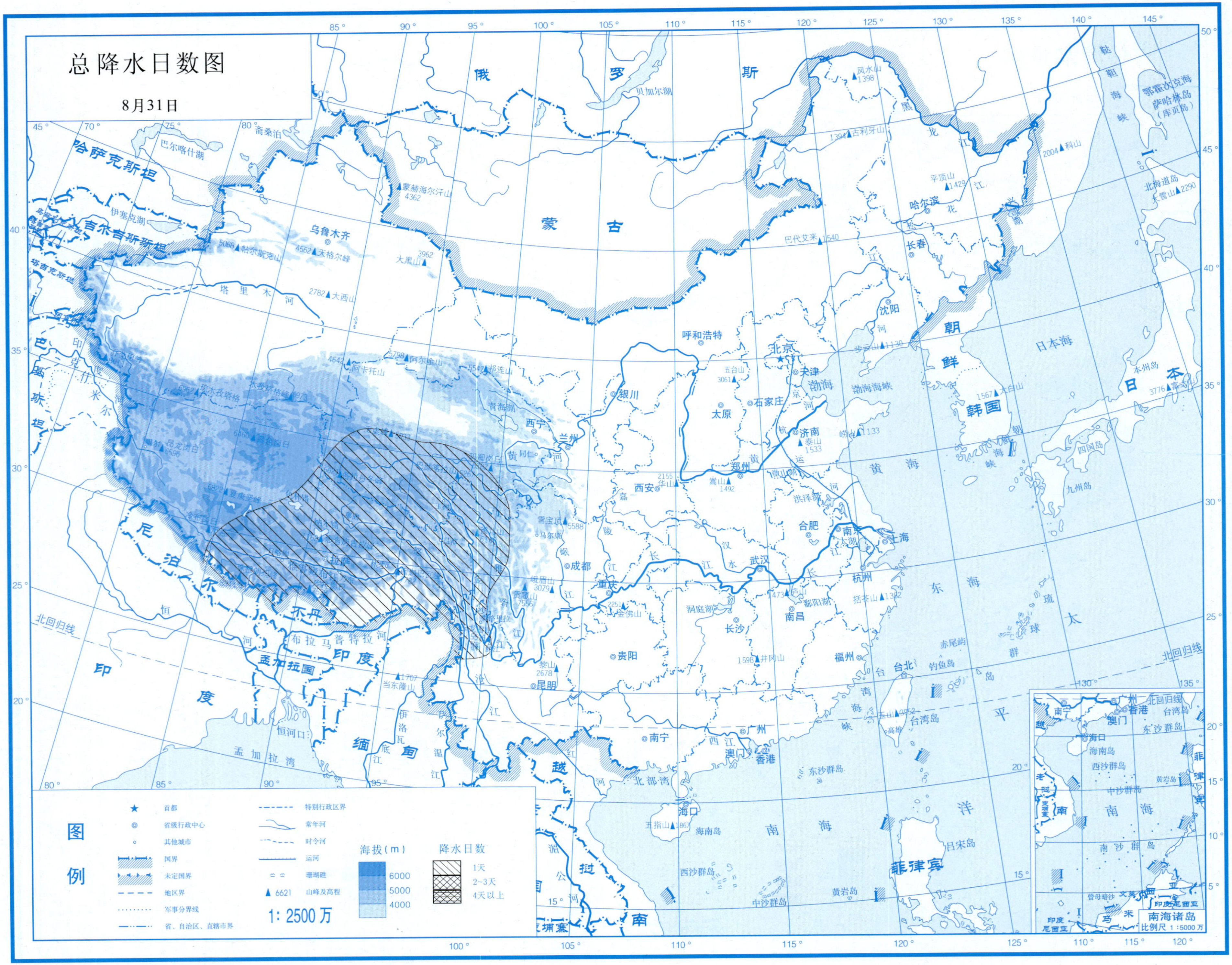
总降水日数图
8月31日
图例
首都
省级行政中心
其他城市
国界
未定国界
地区界
军事分界线
省、自治区、直辖市界
特别行政区界
常年河
时令河
运河
珊瑚礁
山峰及高程
1: 2500 万
海拔（m）
6000
5000
4000
降水日数
1天
2~3天
4天以上
南海诸岛
比例尺 1:5000 万

总降水量图

9月29日

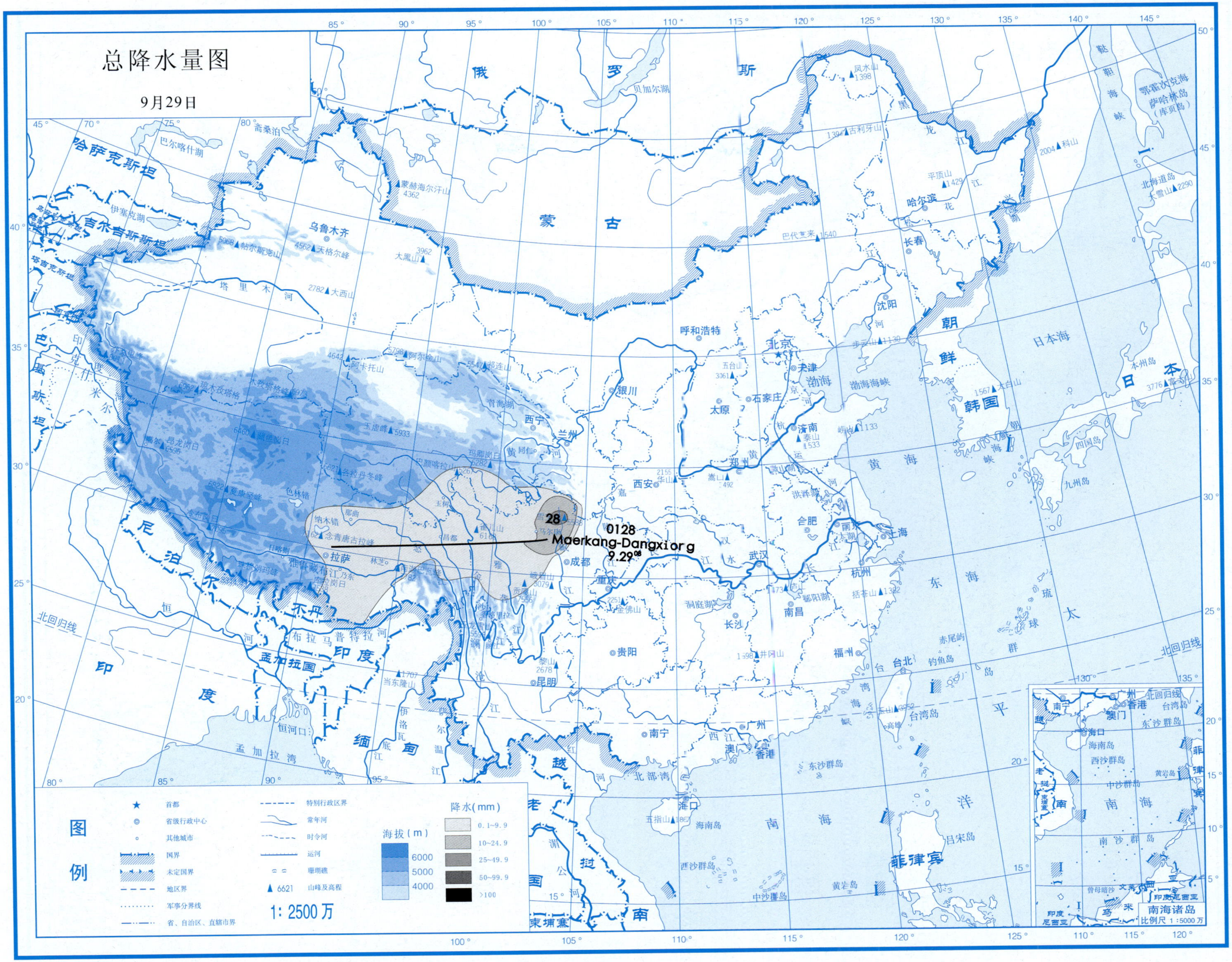
28
0128
Maerkang-Dangxiong
9.29[08]
图例
首都
省级行政中心
其他城市
国界
未定国界
地区界
军事分界线
省、自治区、直辖市界
特别行政区界
常年河
时令河
运河
珊瑚礁
6621 山峰及高程
海拔（m）
6000
5000
4000
降水(mm)
0.1~9.9
10~24.9
25~49.9
50~99.9
>100
1: 2500万
南海诸岛
比例尺 1:5000万

总降水日数图

9月29日

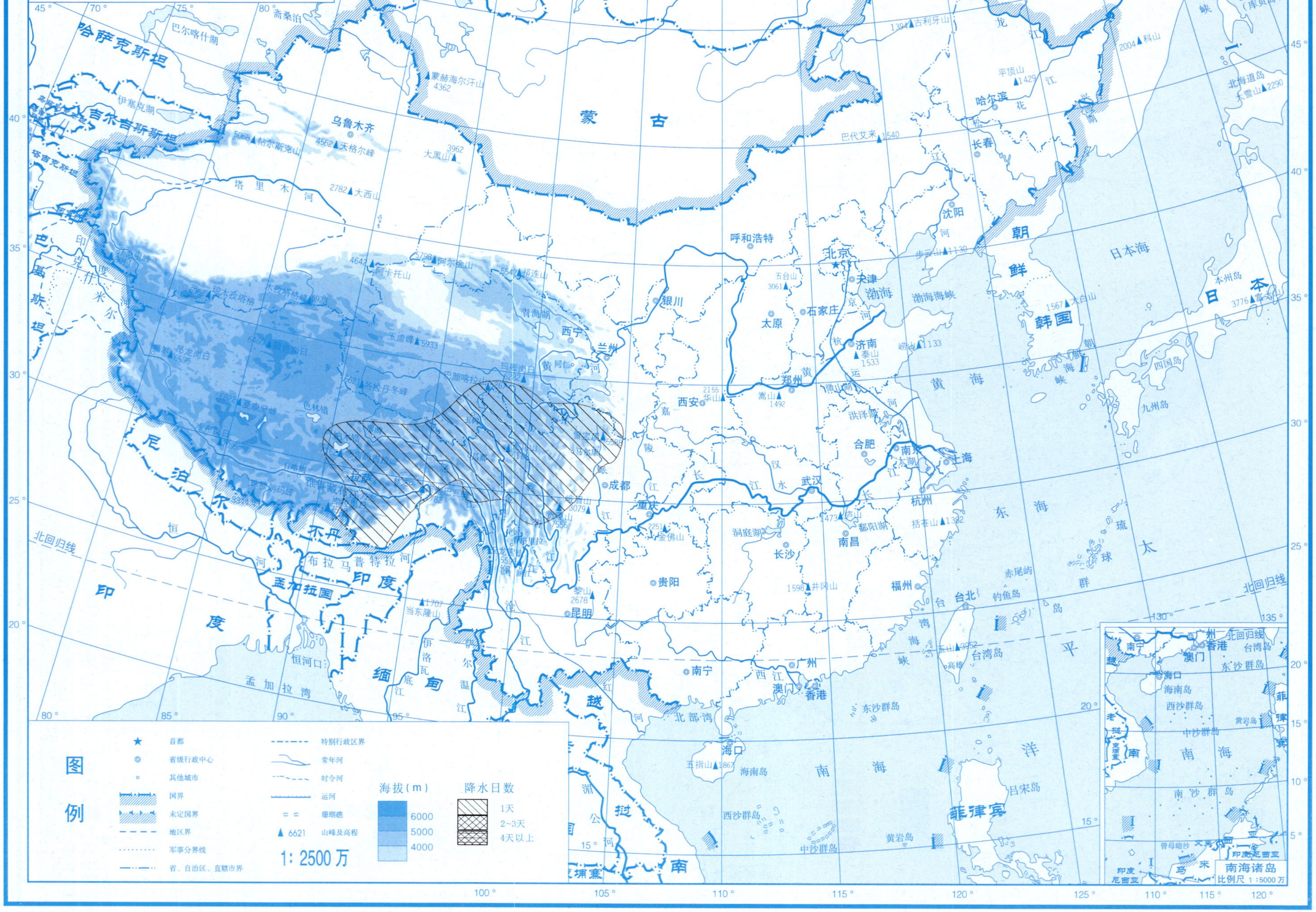

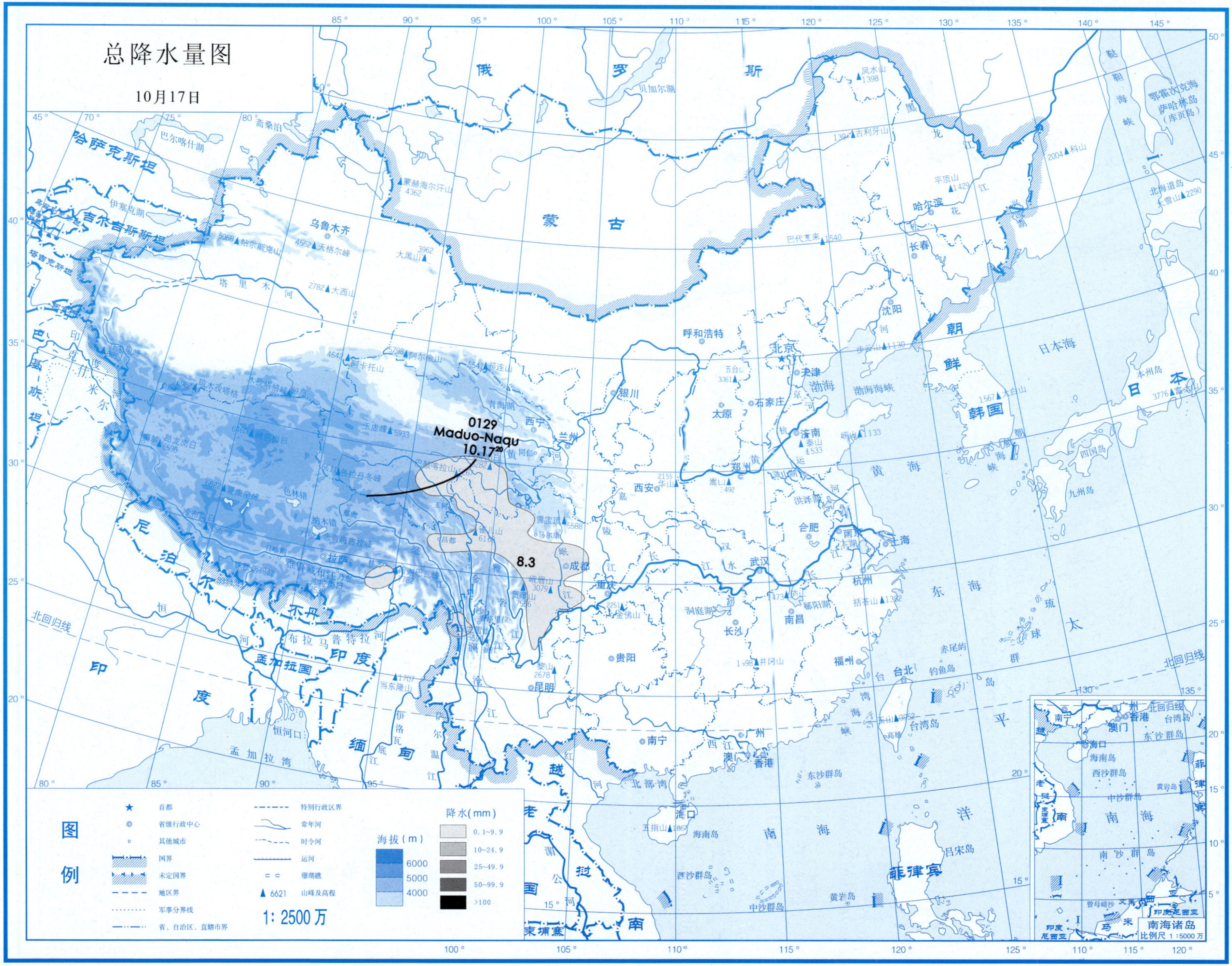
总降水量图
10月17日
0129
Maduo-Nagu
10.17[20]
8.3
图例
首都
省级行政中心
其他城市
国界
未定国界
地区界
军事分界线
省、自治区、直辖市界
特别行政区界
常年河
时令河
运河
珊瑚礁
6621 山峰及高程
1: 2500 万
海拔(m)
6000
5000
4000
降水(mm)
0.1~9.9
10~24.9
25~49.9
50~99.9
>100
南海诸岛
比例尺 1:5000 万

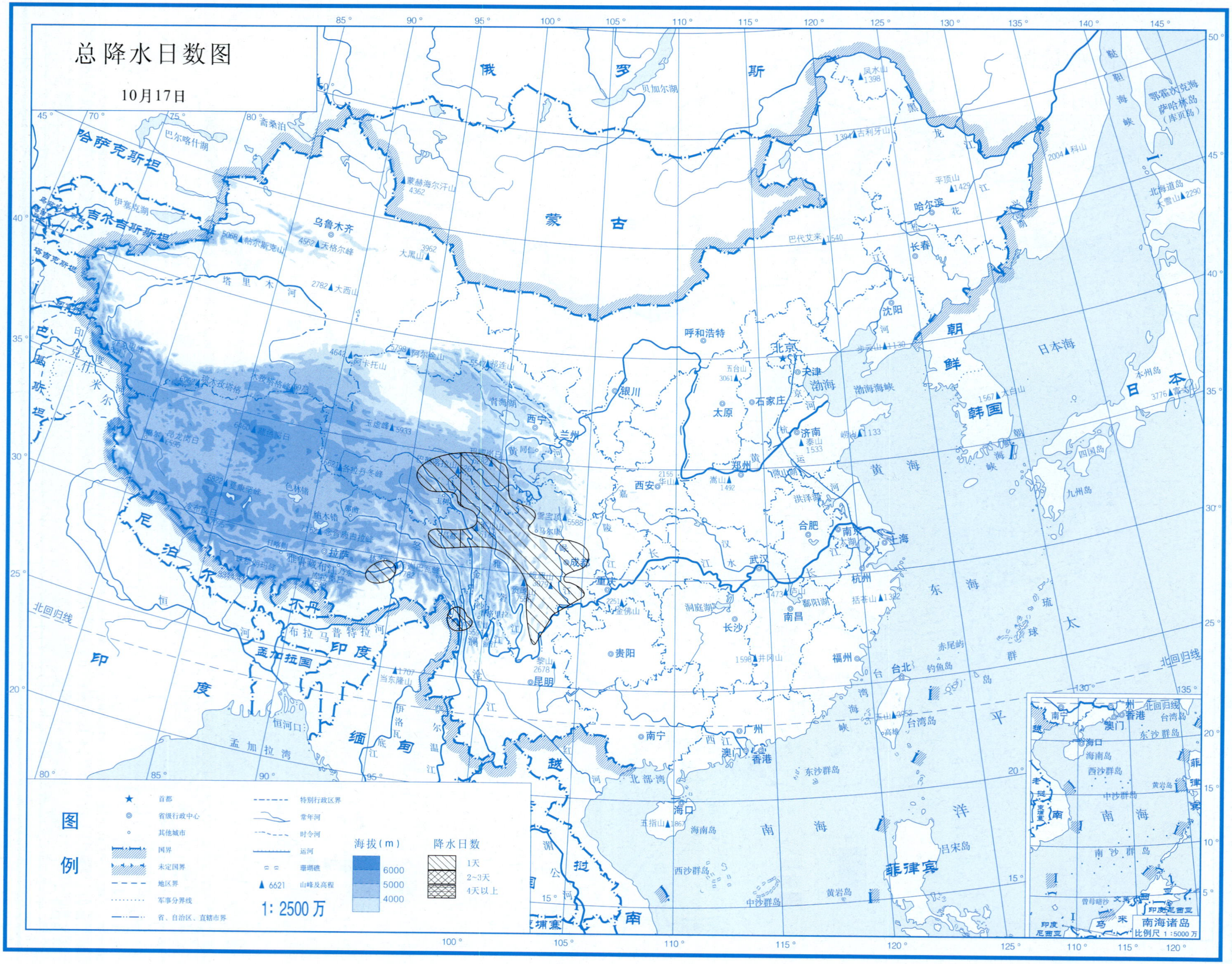

总降水日数图
10月17日
图例
首都
省级行政中心
其他城市
国界
未定国界
地区界
军事分界线
省、自治区、直辖市界
特别行政区界
常年河
时令河
运河
珊瑚礁
6621 山峰及高程
1: 2500万
海拔(m)
6000
5000
4000
降水日数
1天
2~3天
4天以上
南海诸岛
比例尺 1:5000万

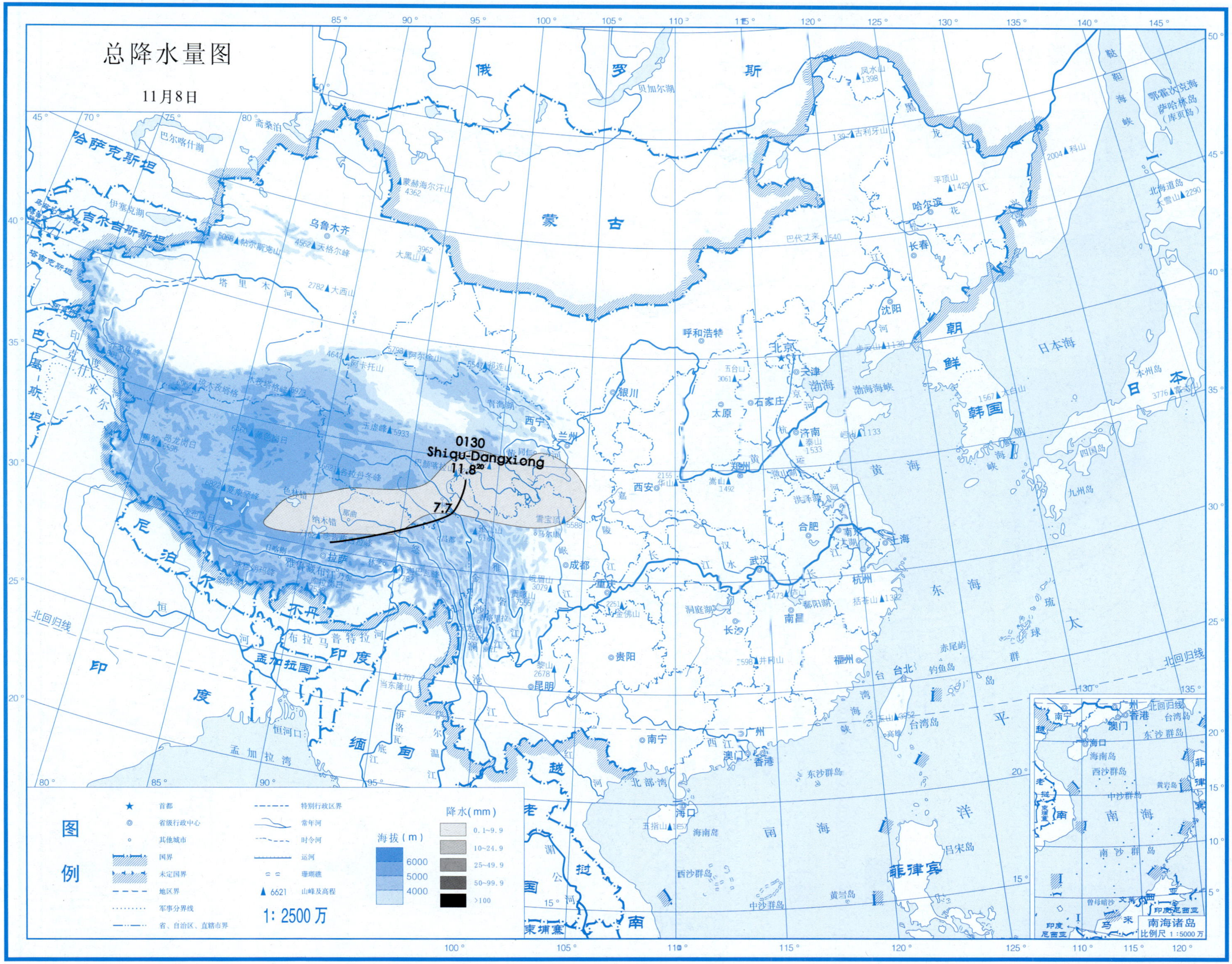
总降水量图
11月8日
0130
Shiqu-Dangxiong
11.8
7.7
图例
首都
省级行政中心
其他城市
国界
未定国界
地区界
军事分界线
省、自治区、直辖市界
特别行政区界
常年河
时令河
运河
珊瑚礁
6621 山峰及高程
1: 2500万
海拔(m)
6000
5000
4000
降水(mm)
0.1~9.9
10~24.9
25~49.9
50~99.9
>100
南海诸岛
比例尺 1:5000万

总降水日数图

11月8日

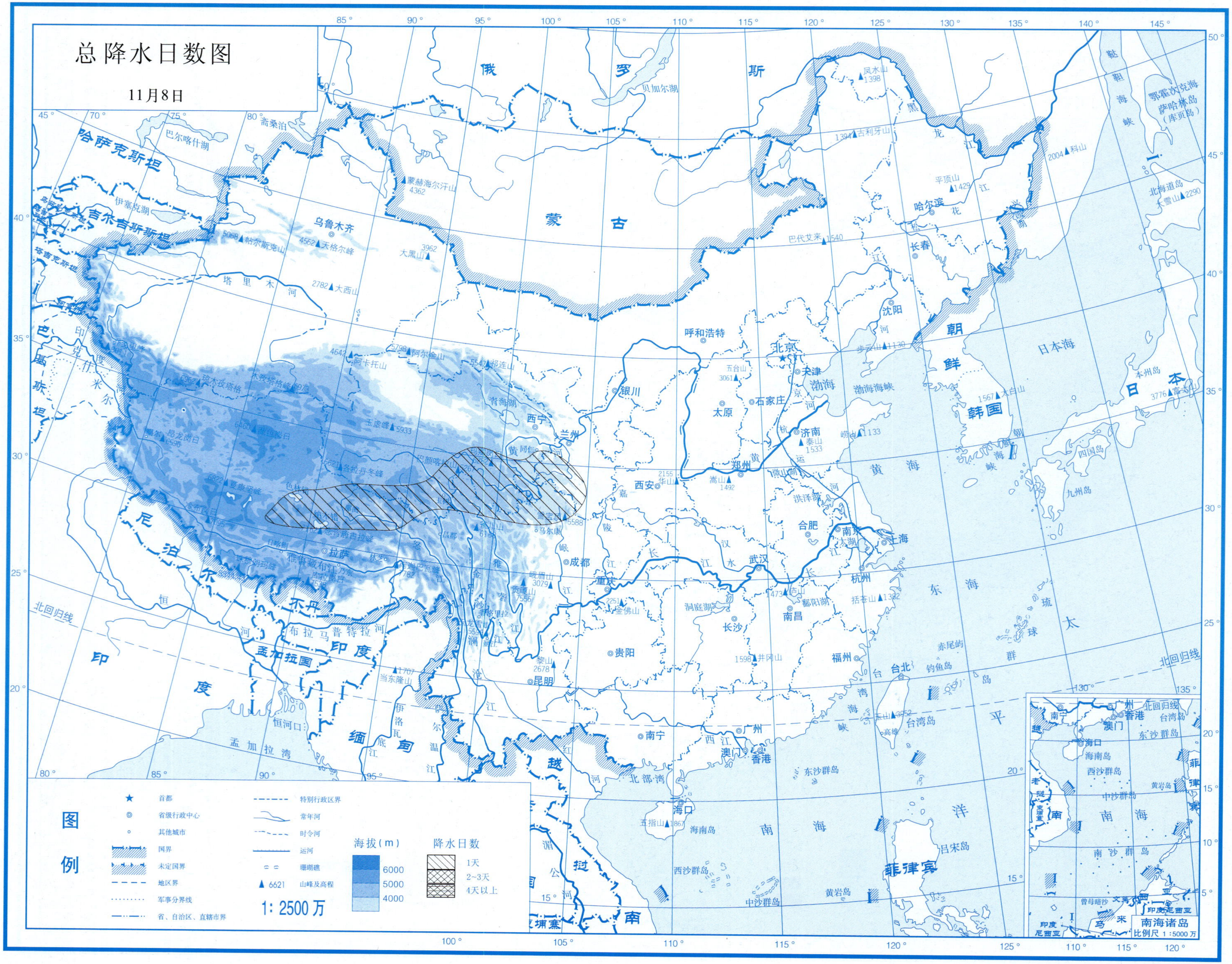

高原切变线位置资料表

月	日	时	起点位置		中点位置		拐点位置		终点位置		切变线两侧最大风速	
			北纬/(°)	东经/(°)	北纬/(°)	东经/(°)	北纬/(°)	东经/(°)	北纬/(°)	东经/(°)	北侧 / (m/s)	南侧 / (m/s)
① 1月13日 (S0101)曲麻莱–当雄， Qumalai–Dangxiong												
1	13	8	34.3	96	31.7	94.7			30.4	92.1	10	14
消失												
② 2月24日 (S0102)果洛–托托河, Guoluo–Tuotuohe												
2	24	20	35	98.8	34	96.1			33.2	93.5	8	6
消失												
③ 3月10日 (S0103)邓柯–扎多, Dengke–Zhaduo												
3	10	20	32.4	98.2	32.5	95.5			32.5	92.5	8	4
消失												
④ 3月11日 (S0104)石渠–当雄, Shiqu–Dangxiong												
3	11	20	33.8	98.3	31.2	95.5	31.2	95.5	30.2	91.3	6	6
消失												

高原切变线位置资料表(续-1)

月	日	时	起点位置		中点位置		拐点位置		终点位置		切变线两侧最大风速	
			北纬/(°)	东经/(°)	北纬/(°)	东经/(°)	北纬/(°)	东经/(°)	北纬/(°)	东经/(°)	北侧 /(m/s)	南侧 /(m/s)
⑤ 4月15日 (S0105)久治–昂欠, Jiuzhi–Angqian												
4	15	20	33.2	101.3	32.4	98.8			32.5	96	12	12
消失												
⑥ 5月4日 (S0106)托勒–那曲, Tuole–Naqu												
5	4	20	33.2	98.2	31.7	95.5			30.6	91.2	4	14
消失												
⑦ 5月5日 (S0107)曲麻莱–锋当, Qumalai–Fengdang												
5	5	8	33.9	95	31.1	94			29	92.2	10	10
消失												
⑧ 5月12日 (S0108)治多–隆子, Zhiduo–Longzi												
5	12	20	33.6	95.1	30.5	94.8			28	93.5	6	8
消失												

高原切变线位置资料表(续-2)

月	日	时	起点位置		中点位置		拐点位置		终点位置		切变线两侧最大风速	
			北纬/(°)	东经/(°)	北纬/(°)	东经/(°)	北纬/(°)	东经/(°)	北纬/(°)	东经/(°)	北侧 / (m/s)	南侧 / (m/s)
⑨ 5月17~19日 (S0109)银川–巴塘, Yinchuan–Batang												
5	17	20	33.6	105.6	31	103	32.5	105.4	30.5	99	12	12
	18	8	32.5	110	31.2	107			30	104.5	6	10
		20	32.3	108	32.2	105.5			32	102.5	8	12
	19	8	32.5	107.8	31.4	104	31.4	104	33	99.3	4	16
消失												
⑩ 5月18日 (S0110)玛多–安多, Maduo–Anduo												
5	18	8	35.2	98.8	34	95.2			32.8	92.1	6	4
		20	32	103	32	98			30.7	92	8	12
消失												
⑪ 5月26~27日 (S0111)曲麻莱–拉萨, Qumalai –Lasa												
5	26	8	35	95	31.3	94.7	32.3	94.7	30.3	91.4	8	14
		20	33.8	101.2	32.2	97.4			32.3	91.9	12	18
5	27	8	33	107.8	32.1	105.8			32.6	92.4	12	18
消失												

高原切变线位置资料表(续-3)

月	日	时	起点位置		中点位置		拐点位置		终点位置		切变线两侧最大风速	
			北纬/(°)	东经/(°)	北纬/(°)	东经/(°)	北纬/(°)	东经/(°)	北纬/(°)	东经/(°)	北侧 / (m/s)	南侧 / (m/s)
⑫ 5月30日~6月2日 (S0112)曲麻莱–安多, Qumalai–Anduo												
5	30	8	35	96.2	33	94.5			32.7	92.4	10	10
		20	32.6	100	32.4	96.3			32.8	92	8	14
	31	8	32.6	101.4	31.8	96.3			30.7	91.8	14	14
		20	32	104.2	31.5	98.5			32.8	92.3	14	10
6	1	8	32	105.2	32.2	98.2			32.8	92.5	8	16
		20	34.3	104.5	32.8	99.5			31.3	94	12	8
	2	8	32.4	106.8	30.1	101.5			27.8	96.3	8	14
消失												
⑬ 6月10日 (S0113)甘孜–安多, Ganzi–Anduo												
6	10	20	32.4	100	32.5	96			32.8	92.4	4	6
消失												
⑭ 6月21日 (S0114)昂欠–当雄, Angqian–Dangxiong												
6	21	8	32.4	97.5	31	94.5			30.6	91.7	2	10
消失												

高原切变线位置资料表(续-4)

月	日	时	起点位置		中点位置		拐点位置		终点位置		切变线两侧最大风速	
			北纬/(°)	东经/(°)	北纬/(°)	东经/(°)	北纬/(°)	东经/(°)	北纬/(°)	东经/(°)	北侧 / (m/s)	南侧 / (m/s)
⑮ 6月27日 (S0115)诺木洪–那曲, Nuomuhong–Naqu												
6	27	8	36.4	96.5	34	95.1			32.5	92.1	6	6
		20	35.4	99.3	31.6	96.6			30.5	91.8	4	6
消失												
⑯ 7月7日 (S0116)兰州–曲麻莱, Lanzhou–Qumalai												
7	7	20	36.2	102.7	35	98			35	96	8	8
消失												
⑰ 7月10~11日 (S0117)久治–昌都, Jiuzhi–Changdu												
7	10	20	33.5	100.8	31.8	99.5			30.7	97.4	6	14
7	11	8	31.8	104	30	102			28.3	99	8	6
消失												
⑱ 7月19日 (S0118)色达–嘉黎, Seda–Jiali												
7	19	8	32.6	101	32	97.4			30.3	93	8	6
		20	33.5	100.8	32	97.7			30.5	93.6	6	4
消失												

高原切变线位置资料表(续-5)

月	日	时	起点位置		中点位置		拐点位置		终点位置		切变线两侧最大风速	
			北纬/(°)	东经/(°)	北纬/(°)	东经/(°)	北纬/(°)	东经/(°)	北纬/(°)	东经/(°)	北侧 / (m/s)	南侧 / (m/s)
⑲ 7月26~27日 (S0119)朗木寺–当雄， Langmusi–Dangxiong												
7	26	20	34	103	32	97.8			30.7	92	8	14
	27	8	33.5	103.2	30	102.7			26.5	101	8	10
		20	32.5	105.4	29	103.4			27.2	101	8	6
消失												
⑳ 7月28~30日 (S0120)果洛–当雄， Guoluo–Dangxiong												
7	28	8	34.6	98.8	31.4	96.3	32	97.4	30.6	91.8	12	14
		20	33.6	101.7	30.2	98	30.5	99	30.2	92	6	8
	29	8	34	104	30.6	100.3	30.6	100.3	30.1	95	10	10
7	29	20	33.8	105.5	31.7	103.2			29.4	100	12	4
	30	8	32.5	106.8	29.5	104.5			26	102	4	8
		20	30.6	105.8	27.5	102.6			24.5	99	8	8
消失												

高原切变线位置资料表(续-6)

月	日	时	起点位置		中点位置		拐点位置		终点位置		切变线两侧最大风速	
			北纬/(°)	东经/(°)	北纬/(°)	东经/(°)	北纬/(°)	东经/(°)	北纬/(°)	东经/(°)	北侧 / (m/s)	南侧 / (m/s)
㉑ 8月4日 (S0121)昌都–当雄, Changdu–Dangxiong												
8	4	20	32.1	97	31.2	94.7			30.6	91.7	6	6
消失												
㉒ 8月17~18日 (S0122)德令哈–林芝， Delingha–Linzhi												
8	17	20	36.8	97	32.8	95			29.5	93	10	8
	18	8	35	101.4	32.7	100.3	32.7	100.3	32.2	96.8	6	16
消失												
㉓ 8月22日 (S0123)果洛–扎多， Guoluo– Zhaduo												
8	22	20	35.4	98.8	33.4	95.6	97.5	345	32 9	92.1	8	12
消失												

高原切变线位置资料表(续-7)

月	日	时	起点位置		中点位置		拐点位置		终点位置		切变线两侧最大风速	
			北纬/(°)	东经/(°)	北纬/(°)	东经/(°)	北纬/(°)	东经/(°)	北纬/(°)	东经/(°)	北侧 / (m/s)	南侧 / (m/s)
㉔ 8月23~24日 (S0124)邓柯－那曲, Dengke–Naqu												
8	23	20	32.4	97.4	32.4	94.6			32.5	92.3	4	12
	24	8	32.5	97.3	32.3	94.5			32.2	92.3	8	14
消失												
㉕ 8月25日 (S0125)德令哈－安多, Delingha–Anduo												
8	25	20	37	96.6	34.6	96			32.5	92	8	4
消失												
㉖ 8月27~28日 (S0126)玛多－安多, Maduo–Anduo												
8	27	8	35.2	98.4	33.6	96.2			32.8	92.5	10	10
		20	33.7	98	30.3	95.3	30.3	95.3	30.3	91.5	8	4
	28	8	33.2	103.8	30.6	100	30.8	100.5	30.1	95	6	12
		20	33.6	105.5	31.2	102.8			29	99.6	8	4
消失												

高原切变线位置资料表(续-8)

月	日	时	起点位置		中点位置		拐点位置		终点位置		切变线两侧最大风速	
			北纬/(°)	东经/(°)	北纬/(°)	东经/(°)	北纬/(°)	东经/(°)	北纬/(°)	东经/(°)	北侧 / (m/s)	南侧 / (m/s)
㉗ 8月31日 (S0127)伍道梁–当雄, Wudaoliang–Dangxiong												
8	31	8	35.6	94	32.5	93.7			30.4	91.7	12	14
消失												
㉘ 9月29日 (S0128)马尔康–当雄, Maerkang–Dangxiong												
9	29	8	31.5	103	31	97.5			30.1	91.3	8	12
消失												
㉙ 10月17日 (S0129)玛多–那曲, Maduo–Naqu												
10	17	20	35	98.5	33.6	96			32.6	92.8	6	14
消失												
㉚ 11月8日 (S0130)石渠–当雄， Shiqu– Dangxiong												
11	8	20	34	98.2	31.8	95.5	32.5	97.6	30.3	91.3	10	8
消失												